S. von Basch

Allgemeine Physiologie und Pathologie des Kreislaufs

S. von Basch

Allgemeine Physiologie und Pathologie des Kreislaufs

ISBN/EAN: 9783744658935

Hergestellt in Europa, USA, Kanada, Australien, Japan

Cover: Foto ©berggeist007 / pixelio.de

Weitere Bücher finden Sie auf **www.hansebooks.com**

ALLGEMEINE

PHYSIOLOGIE und PATHOLOGIE

DES

KREISLAUFS

VON

DR S. von BASCH

K. K. A. Ö. PROFESSOR FÜR EXPER. PATHOLOGIE A. D. WIENER UNIVERSITÄT.

WIEN 1892.

ALFRED HÖLDER

K. U. K. HOF- UND UNIVERSITÄTS-BUCHHÄNDLER

I. ROTHENTHURMSTRASSE 15

CARL LUDWIG

IN LEIPZIG

IN DANKBARER VEREHRUNG GEWIDMET

VOM

VERFASSER.

Vorwort.

Ich habe das vorliegende Buch meinem Lehrer Carl Ludwig, von dem ich in das Kreislaufsexperiment eingeführt wurde, gewidmet.

Der Inhalt desselben baut sich zum grossen Theile auf eigenen Erfahrungen auf, die ich während meiner Laufbahn als Arzt und Experimentator am Krankenbette, im Laboratorium und am Secirtische sammeln konnte.

Trotzdem nun dieses Buch seiner Anlage nach kein Lehrbuch in gewöhnlichem Stile ist, glaube ich dennoch, dass es den Zweck erfüllen dürfte, den ein Lehrbuch anstrebt.

Ich hoffe, der Leser wird durch dasselbe neue Kenntnisse gewinnen, und er wird in demselben zugleich alte Kenntnisse wiederfinden. Letztere wohl in veränderter Gestalt, aber in einer solchen, die es ihm leichter machen soll, sie in einen festen Rahmen zu fügen und so festzuhalten.

Für den Anfänger ist dieses Buch nicht berechnet, wer aber mit physiologischen und pathologisch-anatomischen Kenntnissen bereits ausgerüstet, und wer zudem mit der Untersuchung und Beobachtung von Kranken vertraut ist, dürfte in demselben Manches finden, was ihm zu wissen wünschenswert scheinen wird.

Nicht der Fleiss des Sammlers, sondern die redliche Mühe des Arbeiters, der im Kampfe mit den Erscheinungen nach Aufklärung ringt, ist bei der Abfassung dieses Buches thätig gewesen.

Marienbad, 15. September 1891.

v. Basch.

Inhalt.

                                                                           Seite

I. Abschnitt 1

Allgemeines 1
   I. Einleitung 1
   II. Kreislaufmodell 5
   III. Modellversuche 9
     1. Aufnahme der Thätigkeit beider Ventrikel 11
     2. Verstärkung der Arbeit des linken oder rechten Ventrikels 13
     3. Sistirung der Arbeit beider Ventrikel 16
     4. Sistirung der Arbeit des linken oder rechten Ventrikels 17
     5. Vergrösserung der Widerstände im Aortengebiete 20
     6. Verkleinerung der Widerstände im Aortengebiete 30
     7. Vermehrte und verminderte Füllung des Kreislaufsystems 33
     8. Vergrösserung der Widerstände im Gebiete der Pulmonalarterie . . 33
     9. Herabsetzung der Widerstände im Gebiete der Pulmonalarterie . . 36
   IV. Ueber die Füllung und Spannung der Gefässe in den verschiedenen Gebieten des Kreislaufs 38
   V. Ueber das Strömen bei gleichmässiger und ungleichmässiger Arbeit der Ventrikel und über die Vertheilung der Flüssigkeit im Kreislaufe 44
   VI. Allgemeine Definition des physiologischen und pathologischen Kreislaufs 56

II. Abschnitt 58

Allgemeine Physiologie des Kreislaufs 58
   I. Verlangsamte Schlagfolge des Herzens 60
   II. Beschleunigte Schlagfolge des Herzens 63
   III. Vermehrter Widerstand im Aortengebiete 66
   IV. Ueber den verminderten Widerstand in der arteriellen Strombahn . . . 78
   V. Ueber Regulations-, Accommodations- und Compensationseinrichtungen im physiologischen Kreislaufe 90

III. Abschnitt 103

Allgemeine Pathologie des Kreislaufs 103
   I. Primäre ungleichmässige Herzarbeit bei geringerer Leistung des linken Ventrikels 104
   II. Insufficienz der Mitralklappe 106
   III. Mitralstenose 125

Seite

IV. Insufficienz der Aortenklappen 134
V. Aortenstenose 139
VI. Combinirte Klappenfehler des linken Ventrikels 143
VII. Primäre Insufficienz des linken Ventrikels ohne Klappenfehler 145
VIII. Primäre Ungleichmässigkeit der Herzarbeit bei geringerer Leistung des
      rechten Ventrikels. Klappenfehler des rechten Herzens 146
IX. Primär herabgesetzte Arbeit beider Ventrikel, bedingt durch combinirte
      Klappenfehler 152
X. Allgemeine Bemerkungen zur Lehre von der sogenannten Compensation
      und Compensationsstörung der Herzfehler 158
XI. Primäre Insufficienz der Ventrikel 160
XII. Secundäre Insufficienz der Ventrikel 170
XIII. Störungen der Regulation, Accommodation und Compensation 173
XIV. Bemerkungen über die allgemeinen Aufgaben der Therapie der Herz-
      und Gefässerkrankungen 180

I. Abschnitt.

Allgemeines.

I.

Einleitung.

Wenn in einem Kreislaufsysteme, in welches bloss ein Herz eingeschaltet ist, letzteres sich in Ruhe befindet, dann verharrt auch selbstverständlich die Flüssigkeit in demselben in Ruhe. Stellen wir uns vor, dass das Herz und die Gefässröhren an allen Stellen die gleiche Elasticität besässen, dann müsste in einem solchen ruhenden Kreislaufsysteme die Flüssigkeit vollständig gleichmässig vertheilt sein, es müsste in diesem mit Flüssigkeit gefüllten Systeme an allen Stellen der gleiche Druck herrschen, und dieser Druck wäre nur abhängig von der Flüssigkeitsmenge, die jeweilig in diesem Systeme enthalten ist.

Wenn aber wie im Kreislaufsysteme der Wirbelthiere die Elasticität der verschiedenen Abschnitte verschieden ist, d. i. wenn sie in einem Abschnitte höher ist als in dem anderen, dann muss auch im ruhenden Zustande die Flüssigkeit sich in diesem Systeme ungleichmässig vertheilen. Dort wo die Elasticität am geringsten, d. i. wo die Gefässwände am dehnbarsten sind, wird eine grössere Flüssigkeitsansammlung stattfinden müssen, als da, wo die Gefässe vermöge ihrer grösseren Elasticität weniger ausdehnbar sind. Da die Arterien elastischer, d. i. weniger dehnbar sind als die Venen, so werden bei ruhendem Kreislaufe die Arterien weit weniger gefüllt sein als die Venen, und die Füllung des Herzens wird von jenem Elasticitätsgrade abhängen, den es in dem Ruhezustande besitzt.

Geräth in einem solchen Systeme das Herz in Bewegung, d. i. verengert und erweitert sich dasselbe abwechselnd, dann geräth auch die in demselben enthaltene Flüssigkeit in Bewegung. Die Richtung dieser Bewegung ist durch die Anordnung der beiden Herzklappen bedingt. Wären diese nicht vorhanden, so würde bei der Systole des Herzens die Flüssigkeit nach beiden Seiten, d. i. gegen die Arterien und Venen hin ausweichen und

v. Basch, Allg. Phys. u. Path. d. Kreislaufs.

1

bei der Diastole wieder von beiden Seiten zum Herzen zurückkehren. Das wäre kein Kreislauf, das wäre ein Hin- und Herpendeln des Blutes.

Durch die beiden Klappen wird das Herz zu einer Pumpe mit einem Saug- und Druckventile, es schöpft bei der Diastole, während das Saugventil, d. i. die Klappe am *ostium venosum* sich öffnet und das Druckventil, d. i. die Semilunarklappe am *ostium arteriosum*, sich schliesst, Blut aus den Venen und befördert dasselbe, während das Druckventil sich öffnet und gleichzeitig das Saugventil sich schliesst, in die Arterien. Durch diese Arbeit des Herzens erniedrigt sich der Druck in jenem Gefässgebiete, aus welchem das Herz schöpft und erhöht sich in jenem Gebiete, in welches die geschöpfte Flüssigkeit hineingetrieben wird. Es entsteht somit ein Druckunterschied zwischen dem Gefässgebiete jenseits der Druck-, d. i. Aortenklappe und demjenigen jenseits der Saugklappe, d. i. der Klappe am *ostium venosum*, der das Fliessen im Kreise bewirkt.

In einem Kreislaufsysteme mit einem Herzen ist das eine Gebiet, d. i. dasjenige, in welches das Herz seinen Inhalt presst, das der Arterien, das andere Gebiet, d. i. dasjenige, aus welchem das Herz schöpft, das der Venen.

Von einem solchen Kreislaufsysteme mit einem Herzen gilt der von E. H. Weber aufgestellte Satz, dass mit dem Steigen des Druckes in den Arterien der Druck in den Venen sinken muss und umgekehrt. Solange die Blutmenge in einem solchen Systeme sich gleich bleibt, kann nämlich die stärkere Füllung des Arteriengebietes und die hiedurch bedingte Drucksteigerung nur auf Kosten des Inhalts des Venengebietes, aus welchem das Herz bei stärkerer oder rascherer Arbeit mehr schöpft, erfolgen, in diesem letzteren, d. i. den Venen, muss also der Druck sinken, wenn er in den Arterien steigt. Je schwächer und je langsamer dagegen das Herz arbeitet, d. i. je mehr es seiner Ruhelage zustrebt, um so geringer wird die Füllung und der Druck in den Arterien, in welche geringe Blutmengen gelangen, um so grösser wird aber gleichzeitig Füllung und Druck in den Venen werden, weil das Blut, das sich in denselben infolge des Elasticitäts-Unterschiedes zwischen Arterie und Vene ansammelt, nicht mehr wie früher aus denselben vom Herzen geschöpft wird.

Die Erörterung des Kreislaufs mit einem Herzen, so wichtig dieselbe deshalb ist, weil sie die Grundlage für das Verständnis der Vorgänge im Kreislaufe mit zwei Herzen, der uns ja vor allem interessirt, bildet, hat nur theoretische Bedeutung. Eigentlich praktische Bedeutung hat für uns erst das Verständnis für die Vorgänge in einem Kreislaufsysteme mit zwei Herzen.

Wenn in einem solchen Kreislaufsysteme, in welches zwei Herzen eingeschaltet sind, Ruhe herrscht, dann wird die in demselben enthaltene Blutmenge der Elasticität der verschiedenen Gefäss- und Herzgebiete entsprechend sich in bestimmter Weise vertheilen. Diese Blutvertheilung wird auch hier eine ungleichmässige sein. Die beiden Arteriengebiete, d. i. das Gebiet der Körper- und das der Lungenarterien, werden weniger Blut enthalten als die beiden Venengebiete, d. i. das der Körpervenen und das der Lungenvenen, und da die Wand des linken Ventrikels dicker ist als die des rechten, so dürfte auch unter übrigens gleichen Verhältnissen der ruhende rechte Ventrikel mehr Blut enthalten als der ruhende linke.

Beginnt die pumpende Thätigkeit der beiden Ventrikel — die Thätigkeit der Vorhöfe können wir bei der bloss allgemeinen Betrachtung ausser Acht lassen — dann wird die in den beiden Venengebieten angesammelte Blutmenge zum grössten Theile zunächst in die Arterien befördert, und zwar schöpft der rechte Ventrikel aus seinem Reservoir dem rechten Vorhofe und den daselbst einmündenden Körpervenen das Blut und treibt es in die Pulmonalarterie, während der linke Ventrikel aus seinem Reservoir dem linken Vorhofe und den einmündenden Lungenvenen Blut entnimmt und es in die Aorta treibt. Bei der gleichzeitigen Thätigkeit beider Ventrikel füllt sich also der Hohlraum des Gebietes der Lungenarterie auf Kosten des Gebietes der Körpervenen und der Hohlraum des Gebietes der Körperarterien auf Kosten des Gebietes der Lungenvenen. Je mehr durch die Action der Ventrikel die ihnen zugehörigen Arteriengebiete gefüllt werden, und je höher infolge dessen der Druck in denselben ansteigt, um so geringer wird die Füllung der beiden Venengebiete und der Druck, der in denselben herrscht. Das Umgekehrte muss geschehen, wenn die beiden Ventrikel schwächer und weniger arbeiten, d. i. ihrem Ruhezustande zustreben. Mit anderen Worten, der Druck in den Körperarterien muss sich umgekehrt verhalten wie der Druck in den Lungenvenen, und der Druck in den Lungenarterien muss sich umgekehrt verhalten wie der Druck in den Körpervenen.

Es ist aber durchaus nicht gestattet, den Wortlaut des Satzes von E. H. Weber, dass der Druck in den Arterien sich umgekehrt verhalte wie der Druck in den Venen, der in dieser Fassung nur für den Kreislauf mit einem Herzen Geltung hat, auf den Kreislauf mit zwei Herzen zu übertragen. Denn ein Kreislauf mit einem Herzen hat, wenn man sich so ausdrücken darf, nur einen Anfang und ein Ende. Den Anfang bedeutet hier die Arterie, das Ende die Vene. Der Druckunterschied, der durch die Thätigkeit eines Ventrikels zwischen Arterie und Vene hergestellt wird, bringt das Blut zum Fliessen.

Dieses Fliessen ist in einem solchen Systeme mit einem Herzen ein vollständig gleichmässiges, und der Druckabfall von der Arterie zur Vene ist auch ein vollständig gleichmässiger, denn er ist im grossen und ganzen durch die Art und Weise bedingt, mit welcher die von dem einen Ventrikel ausgehende Triebkraft in der Gefässbahn aufgezehrt wird.

Der Kreislauf mit zwei Herzen hat aber im Vergleiche zum Kreislaufe mit einem Herzen zweierlei Anfänge und zweierlei Enden. Wir können nämlich ebensogut sagen, dass das Blut den linken Ventrikel durch die Aorta verlässt, und nachdem es die Kreisbahn durchsetzt, durch den linken Vorhof wieder zum linken Ventrikel zurückkehrt, als wir sagen können, dass das Blut vom rechten Ventrikel und der Pulmonalarterie ausgeht, und nachdem es die Kreisbahn durchlaufen, durch den rechten Vorhof wieder zu dem Orte, von dem es seinen Ausgang genommen, d. i. zum rechten Ventrikel, zurückkehrt.

In einem Kreislaufe mit zwei Herzen haben wir zweierlei Druckgefälle, und zwar liegen die Orte des höchsten und des niedrigsten Druckes je eines Gefälles vor dem Druck- und hinter dem Saugventile je eines Herzens.

In einem Kreislaufe mit zwei Herzen verhalten sich die Drücke vor dem Druckventile umgekehrt wie die Drücke hinter dem Saugventile, oder anders ausgedrückt, es verhalten sich die Drücke, die in den Ventrikeln herrschen, umgekehrt wie die Drücke in den ihnen zugehörigen Reservoirs, d. i. den Vorhöfen.

In dieser allgemeinen Fassung gilt der Satz sowohl für einen Kreislauf mit einem als für einen solchen mit zwei Herzen, und er würde ebenso für einen Kreislauf Geltung haben, in dem statt zwei Herzen x Herzen eingeschaltet wären.

Die Einschaltung eines zweiten Herzens in den Kreislauf ändert solange nichts an der Grundeinrichtung des Kreislaufs, als die Herzklappen sich in der gleichen Stromrichtung öffnen und schliessen und die Blutmasse nur nach einer Richtung hin verschoben wird. Die Einschaltung des zweiten Herzens ändert nur die continuirliche Gleichmässigkeit des Fliessens in der gesammten Strombahn, sowie die Gleichmässigkeit des Druckabfalles.

Denken wir uns, der Kreislauf beginne von dem linken Ventrikel, d. i. von der Aorta, so würde, wenn in die Bahn der Venen nicht ein zweites Herz, das rechte nämlich, eingeschaltet wäre, wie ich schon früher erwähnte, das Blut gleichmässig dem linken Vorhofe zuströmen und es würde der Druck von der Aorta bis zum linken Vorhofe allmählich absinken. Durch Einschaltung des rechten Ventrikels erhält aber die kreisende Flüssigkeit neue beschleunigende Bewegungsimpulse. Infolge dieser neuen Impulse wachsen Geschwindigkeit und Druckhöhe plötzlich an, das Venenblut wird nun plötzlich unter höherem Druck weiter in die Lunge befördert und nun erst erfolgt wieder ein gleichmässigeres Abfliessen unter geringerem Drucke in den linken Vorhof.

Dieselbe Betrachtung gilt für den Fall, als wir den Kreislauf vom rechten Ventrikel ausgehen lassen, denn hier erfährt der Lungenvenenstrom eine Beschleunigung durch Einschaltung der motorischen Kraft des linken Ventrikels.

Bei der nun folgenden Analyse der Vorgänge, die im normalen und
gestörten Kreislaufe stattfinden, beabsichtige ich durchaus nicht in der
Weise zu verfahren, dass ich von den eben vorgebrachten Grund-Be-
trachtungen ausgehend alle Erfahrungen, die uns bisher das physiologische
und pathologische Experiment geliefert, sowie das klinische Experiment,
das uns die Natur zur Begründung vorlegt, discutire, sondern ich will
zunächst untersuchen, ob diese Grundbetrachtungen richtig sind und zu
diesem Zwecke dieselben der experimentellen Kritik unterziehen.

II.
Kreislaufmodell.

Der Weg, den eine solche Untersuchung zu nehmen hat, ist durch
E. H. Weber vorgezeichnet. Es handelt sich darum, nach dem Vorbilde
eines Kreislaufs mit zwei Herzen ein Modell zu construiren und dieses
für das Studium der allgemeinen Gesetze des Kreislaufs zu benützen.

Solche Modelle sind schon wiederholt construirt und beschrieben
worden. So hat beispielsweise Marey ein ziemlich complicirtes Kreislaufsmodell hergestellt, um an demselben die Pulsform unter normalen und
pathologischen Verhältnissen zu studiren.

Eine solche Absicht lag mir vollständig ferne. Mir handelte es sich
im wesentlichen darum, mit Hilfe eines Kreislaufsmodells zu erfahren, wie
sich unter verschiedenen Bedingungen die Drücke in den verschiedenen Abschnitten des künstlich hergestellten Kreislaufsystems ändern.

Diese verschiedenen Abschnitte mussten also wie beim einfachen
Kreislaufsmodell von E. H. Weber mit Manometern in Verbindung gesetzt werden.

Um sicher zu sein, dass die Aenderungen der Drücke wirklich von
dem eingeführten Wechsel gewisser Bedingungen abhängig seien, war es
in erster Reihe unbedingt nothwendig, diese Bedingungen wie in einem
exacten physikalischen Versuche von vorneherein möglichst constant zu
machen und auch für längere Dauer constant zu erhalten; denn nur so
konnte man die Ueberzeugung gewinnen, dass die beobachteten Druckänderungen auch wirklich mit dem Wechsel der sonst constanten Bedingungen ursächlich zusammenhängen.

Wie leicht einzusehen, handelte es sich darum, folgende Bedingungen
constant zu erhalten:

1. Die Grösse der Modellherzen.
2. Die der Systole und Diastole entsprechenden Volumsänderungen derselben.
3. Die Kraft, welche diese Volumsänderungen bewirkt.
4. Die Widerstände, die die Flüssigkeit bei ihrem Durchgange vom linken
   Ventrikel bis zum rechten Vorhofe, sowie vom rechten Ventrikel bis
   zum linken Vorhofe zu überwinden hat.

5. Das vollständige Schliessen der den Vorhofs- und Aortenklappen entsprechenden Klappen des Modells.

Die Vorhofscontraction habe ich in meinem Modelle nicht eingeführt:
Der Druck, mit dem die Flüssigkeit in die beiden Ventrikel einströmt,
war hier durch eine Flüssigkeitssäule von bestimmter Höhe gegeben. Diese
Höhe muss selbstverständlich auch constant erhalten werden.

Um an diesem Modelle Versuche anstellen zu können, welche lehren,
von welchen Folgen der Wechsel dieser constanten Bedingungen begleitet
wird, musste für die Möglichkeit gesorgt werden, sämmtliche dieser Bedingungen beliebig zu variiren. Die Hauptaufgabe, die der Modellversuch
zu lösen hat, besteht ja in der Beantwortung der Frage, wie sich mit
dem Wechsel der Constanten die Drücke in den verschiedenen Abschnitten
des Kreislaufssystems ändern.

Die Erfüllung dieser Aufgabe erfordert die Einführung folgender
Aenderungen:

1. Es muss möglich sein, die Volumsveränderung der beiden Ventrikel
grösser und kleiner zu machen.

2. Es müssen Einrichtungen vorhanden sein, durch welche die Widerstände in den Gefässbahnen vergrössert und auch verkleinert werden
können.

3. Es müssen Vorrichtungen bestehen, durch welche die Schluss-
fähigkeit der verschiedenen Klappen aufgehoben werden kann.

4. Es muss für die Möglichkeit gesorgt werden, die Wege, welche
den Vorhofs- und Aortenostien entsprechen, zu verengern, d. i. zu
stenosiren.

Nachdem ich auseinandergesetzt habe, welchen Anforderungen ein
Kreislaufsmodell zu genügen hat, um es zu aufklärenden Versuchen über
die Grundgesetze des Kreislaufs benützen zu können, will ich dasselbe
genauer beschreiben. Aus dieser Beschreibung wird sich ergeben, in welcher
Weise ich bei der Construction des Modells den aufgestellten Forderungen
gerecht wurde.

Die nachstehende Zeichnung in Fig. 1 soll diese Beschreibung ver-
ständlicher machen.

Ich beginne mit den beiden Vorhöfen.

Dies sind in meinem Modelle zwei Glasröhren, die in der Abbildung
mit *l. Vh* (linker Vorhof) und *r. Vh* (rechter Vorhof) bezeichnet sind.

Der Niveaustand der Flüssigkeit in diesen beiden Röhren ist durch
die Zeichnung ersichtlich.

Von diesen beiden Vorhöfen führen zwei Röhren a und a_1 zu den
Quecksilber-Manometern m und m_1. Der Manometer m, beziehungsweise
der in demselben sitzende Schwimmer, zeigt also den Druck im linken
und der Schwimmer des Manometers m_1 zeigt den Druck im rechten
Vorhofe an.

Nach Abgang dieser zu den Manometern führenden Verbindungs-
röhren a und a_1 befindet sich an dem unteren Ende beider Vorhöfe eine
Schraubenklemme. Dieselbe markirt gewissermassen die Stelle des *ostium*

Fig. 1.

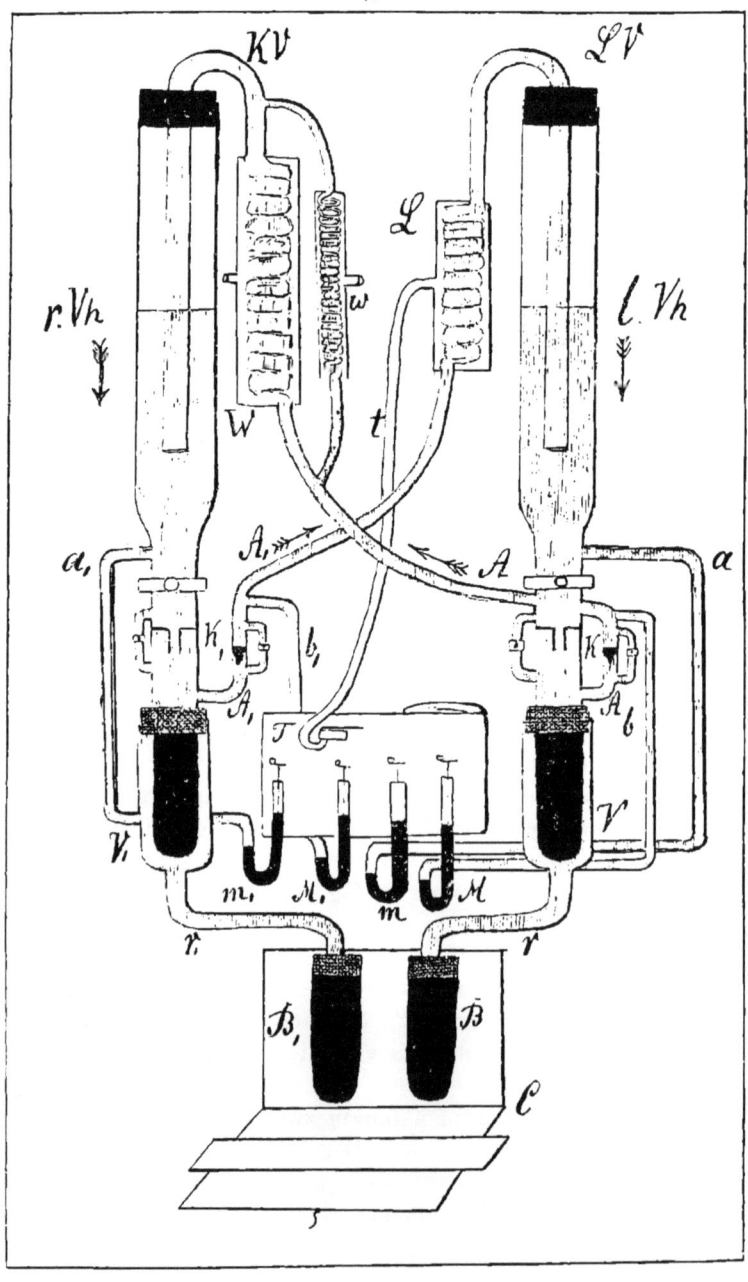

venosum, d. i. den Uebergang aus dem Vorhofe in den Ventrikel. Die
Klemme selbst dient dazu, diesen Uebergang zu verengern. Weiter nach
unten von derselben befinden sich die beiden Vorhofsventile K und K_1.
Das Ventil K entspricht der Mitralklappe, das Ventil K_1 der Tricaspidal-
klappe des menschlichen Kreislaufs. Neben jedem dieser Ventile ist als
Nebenleitung ein Rohr eingeschaltet, das durch eine Klemme verschliessbar
ist. Wenn diese Nebenleitung verschlossen ist, kann der Flüssigkeitsstrom
nur jene Richtung nehmen, die ihm durch die Stellung der beiden Klappen
gestattet ist. Sind aber die Nebenleitungen geöffnet, dann kann die Flüssigkeit an den Klappen vorbei sowohl vor- als rückwärts strömen, d. h. die
Klappen werden durch Eröffnung der Nebenleitungen insufficient.

Unterhalb dieser beiden Vorhofsklappen beginnen jene Abschnitte,
die den Ventrikeln entsprechen. Die Enden dieser Abschnitte bilden
Kautschukbeutel. Dies sind, wenn ich mich so ausdrücken darf, die eigentlichen Ventrikel des Modells. d. i. jene Abschnitte, die abwechselnd kleiner
werden. Diese beiden, die Ventrikel darstellenden Kautschukbeutel V V_1
sind mittelst Stöpsel wasserdicht in zwei Glasröhren eingepasst. Von diesen
gehen die Schläuche r und r_1 ab, welche mit zwei anderen Kautschuk-
beuteln B und B_1 communiciren. Durch Compression dieser beiden Beutel
B und B_1 werden die beiden Ventrikel V und V_1 mitcomprimirt. Die
Compression der beiden Beutel B und B_1 wird durch eine Vorrichtung
bewerkstelligt, deren Construction aus der Zeichnung ersichtlich ist.

Kehren wir, nachdem wir gezeigt, auf welche Weise die Volumsverkleinerung der Ventrikel im Modelle bewirkt wird, zu den Ventrikeln
selbst zurück.

Von jedem derselben zweigt ein Rohr A und A_1 ab. Das Rohr A,
das vom linken Ventrikel abzweigt, bedeutet die Aorta; das Rohr A_1, das
vom rechten Ventrikel ausgeht, die Pulmonalarterie.

In jeder dieser beiden Röhren ist ein Ventil eingefügt, das in
der Zeichnung als schwarzer Keil bemerkbar ist. Diese beiden Ventile
öffnen sich, wie man aus der Zeichnung ersieht, in der Richtung des von
den Ventrikeln ausgehenden Flüssigkeitsstroms. Das Ventil in A entspricht
also der Semilunarklappe der Aorta, und das Ventil in A_1 der Semilunarklappe der Lungenarterie.

Neben jedem dieser beiden Ventile befindet sich so wie neben den
Vorhofsklappen eine Nebenleitung, deren Freigebung die Klappe insufficient macht, d. i. der während der Systole ausgestossenen Flüssigkeit
wieder den Rückweg in den Ventrikel — der während der Diastole, wenn
die Klappen sufficient sind, geschlossen ist — gestattet.

Das Rohr A, welches, wie erwähnt, die Aorta bedeutet, mündet in
ein in eine Spirale aufgewundenes Kautschukrohr W. Diese Rohrspirale
ist in einem weiten T-Rohr aus Glas luftdicht eingeschlossen. Von dem
Rohr A zweigt sich überdies noch eine zweite Kautschukrohrspirale w

ab, die ebenfalls luftdicht in einem T-Rohr aus Glas eingefügt ist. Die beiden Spiralröhren W und w vereinigen sich zu dem gemeinschaftlichen Rohre KV, das die Körpervene darstellt und luftdicht in den rechten Vorhof r. Vh einmündet. Die beiden Rohrsysteme W und w sind verschieden construirt und von verschiedener Beschaffenheit.

Bei dem einen Systeme W ist das Kautschukrohr in lockerem, entspanntem Zustande auf ein breites weiches Kautschukrohr, bei dem anderen Systeme w ist dasselbe in gespanntem Zustande spiralig auf ein Glasrohr aufgewickelt. In dem Systeme W beruht demnach der Widerstand, den die Flüssigkeit beim Durchfliessen desselben findet, zum grössten Theile nur auf der Länge derselben, weil das Lumen des betreffenden Rohres von vornherein offensteht. Im Systeme w dagegen ist der Widerstand abgesehen von der Röhrenlänge auch dadurch bedingt, dass das Lumen derselben durch straffes Aufwickeln von vornherein verschlossen ist. Während das System W, wie leicht anzusehen, schon unter niedrigem Drucke angefüllt werden kann, ist die Füllung des Systems w erst dann möglich, wenn der Flüssigkeitsdruck gross genug ist, das versperrte Lumen des Spiralrohrs zu öffnen.

Ueber den Zweck dieser Anordnung, der dem einigermassen Eingeweihten wohl sofort einleuchten dürfte, will ich später sprechen.

Das Rohr A_1, welches die Pulmonalarterie darstellt, mündet in eine Rohrspirale L, die in gleicher Weise construirt ist wie das System W.

Dieses System L repräsentirt den Widerstand der Lungengefässe und stellt gewissermassen das Modell einer Lungenalveole dar. Dasselbe ist gleichfalls luftdicht in ein T-Rohr aus Glas eingefügt. Der Luftraum dieses T-Rohres steht vermittelst des Kautschukrohrs t mit einer Marey'schen Registrirtrommel T in Verbindung.

Das obere Ende der Spirale L, d. i. das Rohr LV, welches die Lungenvene darstellt, mündet luftdicht in den linken Vorhof LV.

Von den beiden Röhren A und A_1 zweigen die Röhren b und b_1 ab, welche zu den Quecksilber-Manometern M und M_1 führen. Der Manometer M registrirt den Aortendruck, der Manometer M_1 den Druck in der Pulmonalarterie. Das Papier des Kymographions ist in der Zeichnung im Umrisse angedeutet.

Zum Schlusse sei noch erwähnt, dass die Compressions-Vorrichtung C von einer kleinen Dampfmaschine aus in regelmässigen Betrieb gesetzt wird.

III.

Modellversuche.

Ehe ich zu den am Kreislaufsmodelle angestellten Versuchen übergehe, habe ich noch einiges über die Art und Weise zu bemerken, wie die vorhin angegebenen Constanten im Versuche variirt werden.

Bei den beiden Ventrikeln V und V_1 handelte es sich darum, die der Systole entsprechende Volumverkleinerung derselben zu ändern. Das kann bei meinem Modelle in zweifacher Weise geschehen. Es können nämlich die Ventrikel bald mehr, bald weniger zusammengedrückt, und es kann auch die systolische Verkleinerung derselben während des Versuches, d. i. ohne Unterbrechung derselben ganz aufgehoben werden.

Um die Ventrikel V und V_1 stärker zusammenzudrücken, braucht man nur unter die Compressionsbeutel B und B_1 eine Unterlage zu bringen, so werden diese letzteren bei ununterbrochen gleichem Niedergange des Compressionsbrettes stärker zusammengedrückt und hiemit auch die beiden Ventrikel V und V_1.

Will man im Versuche den einen oder anderen der beiden Ventrikel V und V_1 weniger zusammendrücken, respective die der Systole entsprechende Volumverkleinerung geringer machen, so braucht man nur eine der beiden Röhren r und r_1 zu verengern. Zu diesem Zwecke sind in dieselben Hähne — die in der Zeichnung weggelassen sind — eingeschaltet. Durch theilweises Abdrehen des einen oder anderen Hahnes wird dann die entsprechende Volumverkleinerung des einen oder des anderen Ventrikels geringer, durch gänzliches Abdrehen des einen oder anderen Hahnes kann man mithin im Versuche einen Stillstand bald des einen, bald des anderen Ventrikels erzeugen.

Eine Aenderung der Diastolen konnte ich in meinen Modellversuchen nicht einführen.

Wie man jede einzelne Klappe in meinem Modelle insufficient machen kann, das ergibt sich von selbst aus der obigen Beschreibung. Man braucht zu diesem Zwecke nur die Nebenleitungen zu öffnen, und das kann ebenfalls mitten im Versuche ohne Unterbrechung derselben geschehen.

Behufs Verengerung der venösen und arteriellen Ostien braucht man die oberhalb der Vorhofsklappen und die unterhalb der Aorten- und Pulmonalarterien-Klappen befindlichen Schraubenklemmen — letztere fehlen in der Zeichnung — zusammenzudrücken.

Wie die Beschreibung lehrt, habe ich in die Strombahn zwischen Arterie A und Körpervene KV die Widerstände der Systeme W und w eingeschaltet.

Wenn man von dem Seitenrohre des T-Rohres aus, in welchem das System W luftdicht eingefügt ist, die Luft verdichtet, und hiemit das Spiralrohr W zusammendrückt, so wird der Widerstand in demselben grösser, und er wird kleiner, wenn man die Luft im T-Rohre verdünnt und hiemit das Spiralrohr erweitert. Man sieht leicht ein, dass ich mittelst dieser Vorrichtung im Versuche die constrictorische und dilatatorische Wirkung der Gefässmuskulatur nachzuahmen suche.

Man kann auch in einfacher Weise den Widerstand in jedem der beiden Systeme W und w unendlich gross machen, indem man das zu dem Systeme W oder w führende Rohr verschliesst. Der Eingriff ist dann der gleiche wie die Gefässligatur im Thierexperimente.

Die Compression des zum Systeme W führenden Rohres entspricht ungefähr der Ligatur der Aorta oberhalb des Zwerchfells, die Compression des zum System w führenden Rohres der Ligatur der Aorta oberhalb des Abganges der *Arter. iliacae.*

Um kurz zu wiederholen, ich kann in den Modellversuchen:
1. Die Herzcontraction mehr oder weniger ausgiebig machen, d. i. ich kann vollständigere und unvollständige, also insufficiente Herzactionen erzeugen.
2. Ich kann die Widerstände im sogenannten grossen Kreislaufe vergrössern und verkleinern.
3. Ich kann sämmtliche Klappen mehr oder weniger insufficient machen.
4. Ich kann schliesslich die venösen und arteriellen Ostien verengern.

Aber auch das, was man mit dem Ausdrucke Reservekraft des Herzens zu bezeichnen pflegt, und was man von teleologischer Auffassungsweise geleitet als eine ganz besondere Eigenschaft des lebenden Herzens hinstellt, steht mir bei meinem todten aus anorganischen Stoffen geformten Modelle zur Verfügung, denn die Dampfmaschine, die die Compressionsverrichtung treibt, arbeitet, wenn ich mich so ausdrücken darf, mit latentem Kraftüberschusse, sie geht in gleichem Tempo weiter, wenn ich im Versuche Bedingungen einführe, die eine erhöhte Arbeit des Herzens, welche sich in der Steigerung der Drücke ausspricht, zur Folge haben, mit anderen Worten, die Arbeit meiner Maschine genügt auch für eine grössere Kraftentwicklung.

Um den Versuch am Modelle anschaulich zu machen, benütze ich bei Anstellung desselben die graphische Methode. Zu diesem Behufe sind auf den vier Manometern mit Schreibfedern versehene Schwimmer aufgesetzt, desgleichen ist die Marey'sche Registrirtrommel mit einer Schreibfeder versehen. Die Curven wurden auf einem Ludwig'schen Kymographion mit fortlaufendem Papiere aufgezeichnet. Die graphische Darstellung verfolgt nebstbei den Zweck, die Modellversuche zu demonstriren.

So dient mein Modell nicht bloss dem Studium der allgemeinen Gesetze des Kreislaufs, es ist zugleich, wie ich mich überzeugt habe, ein wichtiges Lehrmittel.

1. Aufnahme der Thätigkeit beider Ventrikel.

Die erste Frage, die wir durch den Versuch beantworten wollen, lautet, wie ändern sich die Drücke in den beiden Arterien- und den beiden Venensystemen mit dem Beginne des Kreislaufs, d. i. wenn die Herzen aus dem Zustande der Ruhe in den der Thätigkeit übergehen? Während der Ruhe stehen die Schreiber der Manometer auf einer bestimmten Höhe und setzt man das Kymographion in Bewegung, so verzeichnen dieselben

Abscissen, die dem jeweiligen Nullpunkte der Manometer entsprechen.
Sowie die Thätigkeit des Compressions-Apparates C und mit ihm die der
beiden Herzen beginnt, so sieht man die Schwimmer der beiden Arterien-
Manometer allmählich unter Zeichnung von Pulsen ansteigen, und gleich-
zeitig sinken die Schwimmer der beiden Venenmanometer, respective die
Drücke in beiden Vorhöfen.

Fig. 2.

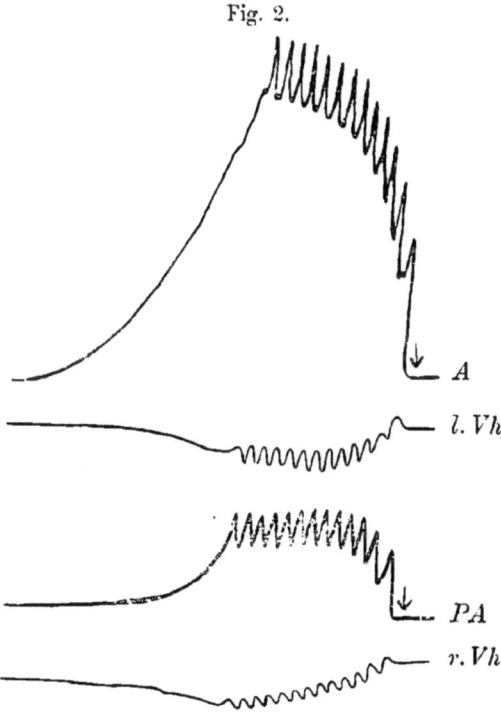

Die beistehende Figur 2
illustrirt diesen Versuch. A
bedeutet hier wie in allen
übrigen Figuren die Curve
des Aortendrucks, PA die
des Drucks in der Pulmonalarterie, l. Vh bedeutet die
Curve des Drucks im linken
Vorhofe und r. Vh die des
Drucks im rechten Vorhofe.
↓ markirt den Zeitmoment,
in dem die Herzarbeit be-
ginnt. Man sieht, wie sich bei
A und PA die Drücke plötzlich erheben und zugleich bei
l. Vh und r. Vh sinken.

Der Druck in A erreicht
sein Maximum erst später als
der Druck in PA, begreif-
licherweise deshalb, weil die
vollständige Anfüllung der
beiden Systeme W und w längere Zeit in Anspruch nimmt
als die des Systems L. Der Füllungsraum der ersteren ist nicht nur grösser
als der des letzteren, sondern es füllt sich in den Systemen W und w
letzteres erst dann, wenn der Druck eine bestimmte Höhe erreicht hat,
während das System L bald seine vollständige Füllung erreicht.

Bei Sistirung der Herzthätigkeit sieht man den Druck in A und PA,
d. i. in beiden Arteriensystemen, sinken und den Druck in beiden Vorhöfen
l. Vh und r. Vh wieder auf seine frühere Höhe zurückkehren. Hierüber
wird später noch ausführlicher gesprochen werden.

Beobachtet man während dieses Uebergangs aus der Ruhe in Thätigkeit die Flüssigkeitsniveaus in den beiden Vorhöfen, so sieht man, dass
dieselben sinken, und betrachtet man die Spiralschläuche, die von den
Arterienröhren ausgehen, so sieht man deutlich, wie dieselben sich anfüllen
und praller erscheinen. Mit anderen Worten, die beiden dem Gebiete der
Körper- und Lungengefässe entsprechenden Systeme haben sich auf Kosten

der aus den Vorhöfen entnommenen Flüssigkeit angefüllt, und zwar das Körpergefässgebiet, wie ich es jetzt der Kürze halber nennen will, auf Kosten der aus dem linken Vorhofe und das Lungengefässgebiet auf Kosten der aus dem rechten Vorhofe abfliessenden Flüssigkeit. Das Steigen des Druckes in jedem der beiden Gebiete ist also die Folge der Senkung in dem ihm zugehörigen Flüssigkeits-Reservoir.

Das Reservoir für die Füllung des Körpergefässgebietes ist der linke Vorhof und das Reservoir für die Füllung des Lungengefässgebietes ist der rechte Vorhof. Da diese Sätze sich, wie man leicht einwenden könnte, nur aus der Ueberlegung ergeben, aber aus dem Versuche selbst deshalb nicht erfliessen, weil hier ja in beiden Arteriensystemen ein Steigen und in beiden Venensystemen ein Sinken erfolgt, und weil man ja ebensogut das Sinken des Druckes im rechten Vorhofe auf das Steigen des Druckes in der Aorta beziehen könnte und umgekehrt, so will ich sie auch beweisen.

2. Verstärkung der Arbeit des linken oder rechten Ventrikels.

Verstärkt man nämlich in der oben angegebenen Weise bloss die Arbeit des linken Herzens, dann sinkt mit dem Ansteigen des Drucks in der Aorta der Druck im linken Vorhofe, d. i. in den Lungenvenen, aber der Druck im rechten Vorhofe selbst, d. i. in den Körpervenen, steigt, und verstärkt man wieder bloss die Arbeit des rechten Herzens, dann sinkt mit dem Steigen des Drucks in der Pulmonalarterie der Druck im rechten Vorhofe, d. i. in den Körpervenen, aber der Druck im linken Vorhofe, d. i. in den Lungenvenen, steigt.

Die beistehende Fig. 3 illustrirt den Modell-Versuch, in welchem bloss die Arbeit des linken Ventrikels verstärkt wurde. ↓ bezeichnet den Zeitpunkt der Verstärkung. In dieser Figur, wie auch in allen übrigen, sind fünf Curven verzeichnet. Neu ist in derselben gegen früher, d. i. Fig. 2, die Curve L, welche die Volumsänderungen der Lunge bezeichnet.

Fig. 3.

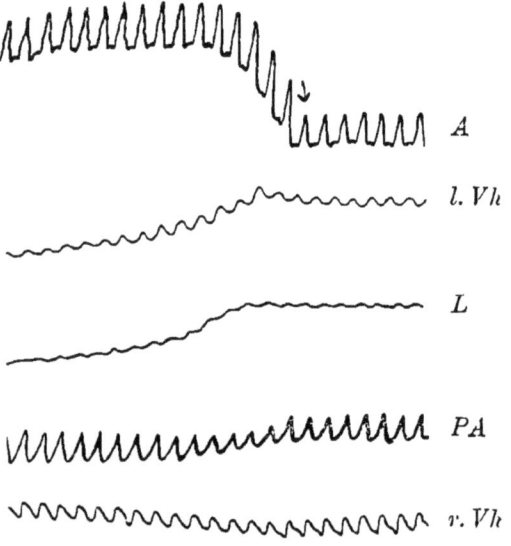

Man sieht, dass mit dem Steigen des Drucks in A, d. i. der Aorta, der Druck im linken Vorhofe sinkt. Ebenso sinkt der Druck in der Pulmonalarterie. Das Volum der Lungen ist kleiner geworden, der Druck im rechten Vorhofe dagegen ist angewachsen.

Fig. 4.

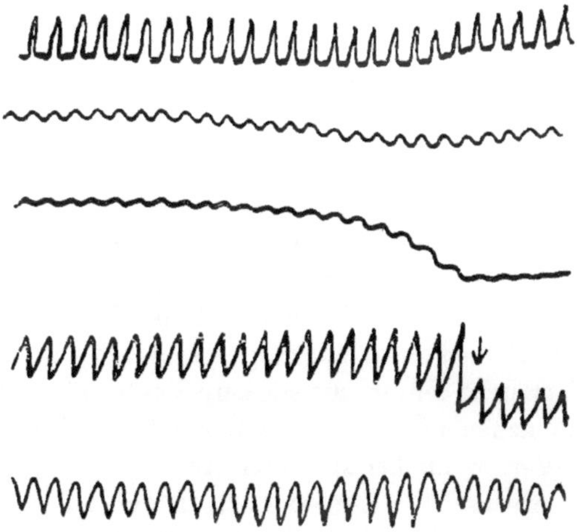

Fig. 4 entspricht dem Modellversuche, bei dem die Arbeit des rechten Ventrikels, und zwar bei ½ verstärkt wurde. Hier sieht man, wie mit dem Steigen des Drucks in der Pulmonalarterie *PA* der Druck im rechten Vorhofe *r. Vh* sinkt. Den Druck im linken Vorhofe *l. Vh* sieht man dagegen steigen und ebenso die Lunge *L* grösser werden, den Druck in der Aorta *A* dagegen sinken.

Die Erklärung für diese beiden Versuche liegt klar zu Tage. Die stärkere Arbeit des Herzens, d. i. die stärkere Compression desselben, verursacht eine stärkere Füllung des ihm zugehörigen Gefässgebietes, mit dieser stärkeren Füllung steigt die Spannung in dem betreffenden Gefässgebiete und diese stärkere Füllung und Spannung erfolgt wieder nur auf Kosten der Flüssigkeit in den jedem Herzen zugehörigen Reservoir, d. i. dem Vorhofe, und in diesen, sowie in den einmündenden Venen, d. i. Körpervenen und Lungenvenen, sinkt der Druck, je nachdem aus dem einen oder anderen Reservoir mehr geschöpft wird.

Die beiden Versuche lehren aber nicht bloss, dass die Spannung eines Gefässgebietes sich umgekehrt verhält zu der Spannung des Reservoirs, d. i. des Vorhofes, aus dem es gespeist wird; sie lehren zudem, dass die Spannungszunahme in einem Gefässgebiete sich nicht bloss auf den arteriellen Theil desselben beschränkt, sondern auch in den venösen Theil fortsetzt, denn mit der Spannung der Flüssigkeit in der Aorta wächst, wie Fig. 3 zeigt, zugleich die Spannung im rechten Vorhofe, d. i. in den Körpervenen, und mit der Spannung der Flüssigkeit in den Pulmonalarterien wächst, wie aus Fig. 4 ersichtlich ist, zugleich die Spannung in den Lungenvenen.

Dieses Resultat des Modellversuchs ist vollkommen begreiflich, wenn man den thatsächlichen Verhältnissen entsprechend die Körpervenenmündung des Aortenstromes in dem rechten Vorhofe noch dem Aortengebiete und die Lungenvenenmündung im linken Vorhofe noch dem Gebiete der Pulmonalarterien angehören lässt.

Die Mündung des Arteriengebietes, d. i. der rechte Vorhof, ist aber zugleich die Quelle, aus der das rechte Herz schöpft und das Gebiet der Pulmonalarterien versorgt, und die Mündung des Pulmonalarterien-Gebietes, d. i. der linke Vorhof, ist zugleich die Quelle, aus der das linke Herz schöpft und das Aortengebiet versorgt.

Die eben ausgesprochenen Sätze ergeben sich aus den Modellversuchen durch den Vergleich des Arteriendrucks mit dem Vorhofs- respective Venendruck.

Wenn wir nun weiters die Arteriendrücke selbst miteinander vergleichen, so sehen wir, wie Fig. 3 zeigt, dass mit der Steigung des Drucks in der Aorta A der Druck in der Pulmonalarterie PA absinkt, und ebenso lehrt Fig. 4, dass wenn der Druck in der Pulmonalarterie PA steigt, er in der Aorta absinkt. Dieses Sinken muss auffällig erscheinen, wenn man bedenkt, dass ja, wie die Versuche lehren, die stärkere Ventrikelarbeit gerade jenen Gefässgebieten, in denen der Druck sinkt, mehr Flüssigkeit zuführt. Man sollte glauben, dass, wenn bei stärkerer Arbeit des linken Ventrikels der Druck in der Körpervene steigt, er auch in der Lungenarterie steigen müsste, weil ja dem Reservoir des rechten Ventrikels mehr Flüssigkeit zugeführt wird, und ebenso wäre zu vermuthen, dass, wenn bei stärkerer Arbeit des rechten Ventrikels der Druck in den Lungenvenen steigt, auch der Druck in der Aorta steigen müsse, weil zu dem Reservoir des linken Ventrikels mehr Flüssigkeit zuströmt.

Dieses Sinken kann, wie die Ueberlegung ergibt, nur darauf beruhen, dass die durch die stärkere Arbeit eines Ventrikels bedingte Füllung des ihm zugehörigen Gefässgebietes nicht bloss auf Kosten des Reservoirinhalts, aus dem der betreffende Ventrikel schöpft, sondern auch auf Kosten jenes Gefässgebietes erfolgt, welches in dieses Reservoir mündet.

Bei verstärkter Arbeit des linken Ventrikels werden die Arterien und Venen und der rechte Vorhof stärker und unter höherem Drucke gefüllt; der rechte Ventrikel dagegen, sowie die Lungengefässe und der linke Vorhof sind weniger und unter geringerem Drucke gefüllt. Diese mangelhafte Füllung der Lungengefässe bewirkt, wie Fig. 3 lehrt, dass die Lunge kleiner wird. Bei verstärkter Arbeit des rechten Ventrikels werden die Lungengefässe stärker angefüllt, die Lunge wird grösser, siehe Fig. 4, dagegen muss im linken Ventrikel, in den Arterien und im rechten Vorhofe die Füllung abnehmen.

Diese Vorgänge gewinnen an Deutlichkeit, wenn man sich auf Grundlage der vorgeführten Versuche vorstellt. dass das Quellengebiet eines Ventrikels sich von seinem Vorhofe aus nach rückwärts über die Venen und Arterien hinaus bis zur nächsten Vorhofsklappe erstreckt.

An die eben vorgeführten Versuche. in denen wir bald den einen, bald den anderen Ventrikel durch stärkere Arbeit grössere Flüssigkeitsmengen

aus den Reservoirs, den Vorhöfen schöpfen liessen, knüpft sich die weitere
Frage, was geschieht, wenn der eine Ventrikel mehr aus seinem Reservoir
schöpft als der andere.

Wird das eine Reservoir mit der Zeit ʹerschöpft und leer und das
andere überfüllt, wird infolge dessen das eine Gefässgebiet so leer und
das andere so überfüllt, dass der Kreislauf aufhört?

Ich wollte diese Frage vorläufig nur aufgeworfen haben, um anzu-
deuten, dass sie auch zu denen gehört, die ich einer experimentellen
Prüfung unterziehen werde. Ich thue dies aber nicht sofort, weil ich
hiedurch meine Darstellung unterbrechen würde.

Diese soll vielmehr an die Versuche mit verstärkter Arbeit der Herzen
anknüpfend die Frage behandeln, wie die Drücke in den beiden Arterien-
und Venengebieten sich ändern, wenn der Kreislauf aus dem Zustande der
Thätigkeit in den der Ruhe übergeht.

Um dies am Modelle zu bewerkstelligen, braucht man nur die Verbindung zwischen den Compressionsbeuteln B und B_1, und den die Ventrikel V
und V_1 umschliessenden Raum abzusperren oder die Compressions-Vorrichtung ausser Betrieb zu setzen.

3. Sistirung der Arbeit beider Ventrikel.

Der betreffende Vorgang wird durch Fig. 2, S. 12, illustrirt. Nachdem in dem hiezu gehörigen Versuche die Arbeit beider Ventrikel den
Druck in beiden Arteriensystemen zu einer bestimmten constanten Höhe
gebracht und den Druck in den beiden Vorhöfen auf ein bestimmtes
Niveau herabgedrückt hatte, wurde der Compressions-Apparat ausser Betrieb
gesetzt. Wie infolge dessen die Thätigkeit der beiden Ventrikel aufhörte,
sank allmählich der Druck in A und PA und hob sich gleichzeitig in
$l.\ Vh$ und $r.\ Vh$.

Ueber die Ursache der Drucksenkung in beiden Arteriensystemen
kann kein Zweifel bestehen. Denn wenn die Ventrikel zur Ruhe kommen
und in die Arterien keine Flüssigkeit befördern, so entleeren letztere sich
gegen die Venen respective gegen die Vorhöfe hin und es sinkt deshalb in
denselben der Druck. Woher aber stammt das Steigen des Drucks in
den beiden Vorhöfen? Man könnte die Ansicht hegen, dass der Druck
nur deshalb steigt, weil die Arterien das Blut in die Venen treiben. Von
einer solchen Ansicht ausgehend, müsste man sich vorstellen, dass das
Steigen des Drucks im rechten Vorhofe $r.\ Vh$ durch das Sinken des
Drucks in der Aorta A_1 und dass das Steigen des Drucks im linken Vorhofe
$l.\ Vh$ durch das Sinken des Drucks in der Pulmonalarterie bedingt sei.

Bei dieser Annahme vergässe man aber vollständig, dass ja die
elastischen Kräfte in den Arterien nicht bloss zur Zeit des eintretenden
Stillstandes der Ventrikeln in Wirksamkeit gelangen, sondern dass sie
auch zur Zeit der Thätigkeit der beiden Ventrikel wirksam sind, und

zwar sind um diese Zeit die elastischen Kräfte, welche das Blut aus den Arterien in die Venen treiben, noch viel grösser, weil ja die Arterienwand hier viel gespannter ist. Da beim Uebergang aus der Thätigkeit in Ruhe die elastischen Kräfte nicht zu- sondern abnehmen, so kann die Steigerung des Venendrucks oder, was dasselbe ist, die Steigerung des Drucks in den Vorhöfen nicht durch die Elasticität bedingt sein, sondern sie muss einen anderen Grund haben. Dieser Grund liegt in der Ruhe der Ventrikel, d. i. in dem Aufhören der saugenden Einwirkung derselben auf die Vorhöfe. In den Venen und Vorhöfen herrscht, wie ich schon eingangs erwähnte, zur Zeit der Herzruhe ein bestimmter Druck; dieser Druck wird durch die Saugwirkung, welche die beiden Ventrikel bei ihrer Thätigkeit entwickeln, herabgesetzt, und der Ausfall dieser Saugwirkung bei der Ventrikelruhe ist es, der bewirkt, dass der Druck in den Venen und Vorhöfen sich wieder zur früheren Höhe erhebt.

Das Steigen des Drucks im linken Vorhofe beruht also auf dem Aufhören der Saugwirkung des linken Ventrikels und das Steigen des Drucks im rechten Vorhofe beruht auf dem Aufhören der Saugwirkung des rechten Ventrikels.

Das Sinken des Drucks in der Aorta infolge des Stillstandes des linken Ventrikels verursacht also nicht das Steigen des Drucks in den Körpervenen, sondern das Steigen des Drucks in den Lungenvenen, und der Stillstand des rechten Ventrikels und das hiemit zusammenhängende Sinken des Drucks in der Pulmonalarterie ist es, worauf das Steigen des Drucks in den Körpervenen beruht.

Dieser Satz ergibt sich wieder nur aus der Ueberlegung, aber nicht aus dem Versuche selbst, und zwar deshalb, weil hier in beiden Arteriensystemen der Druck sinkt und in beiden Venensystemen der Druck steigt, und weil diese Coincidenz der verschiedenen Druckänderungen im Versuche an und für sich auch die Deutung zuliesse, dass das Steigen des Drucks im rechten Vorhofe vom Sinken des Drucks in der Aorta, und das Steigen des Drucks im linken Vorhofe vom Steigen des Drucks in der Pulmonalarterie abhänge.

Aus diesem Grunde hielt ich es für angezeigt, auch nach dieser Richtung hin die Frage von der Causalbeziehung zwischen der Drucksteigerung in den Venen und der Drucksenkung in den Arterien einer directen experimentellen Prüfung am Modelle zu unterziehen.

4. Sistirung der Arbeit des linken oder rechten Ventrikels.

Nachstehende Fig. 5 demonstrirt den Effect der Arbeitssistirung des linken Ventrikels. Man sieht, wie mit dem Stillstand des linken Ventrikels, der bei ⱴ erfolgt, der Druck in der Aorta *A* absinkt und gleichzeitig im linken Vorhofe ansteigt.

Der Druck in der Pulmonalarterie PA erfährt im Laufe des Still-

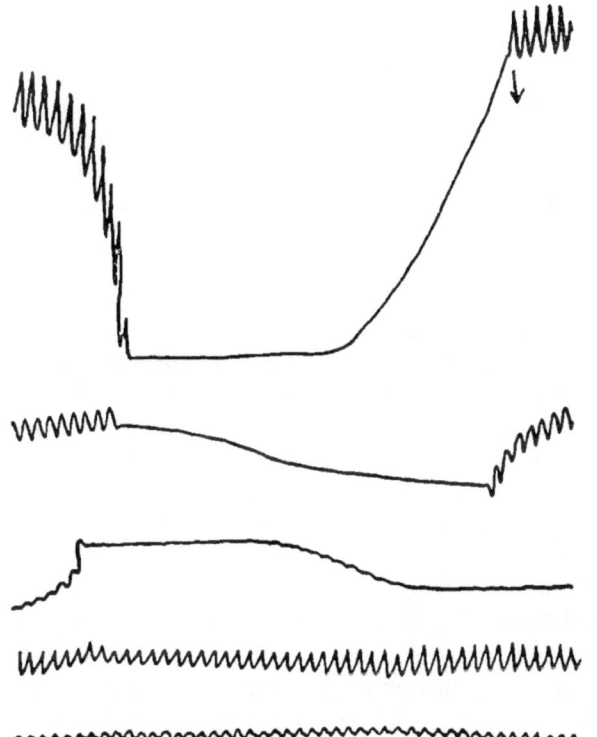

Fig 5.

standes des linken Ventrikels eine leichte Steigerung und das Lungen-volum L wird beträchtlich grösser. Der Druck im rech-ten Vorhofe da-gegen sinkt ab. Hier also tritt die Causalbezie-hung zwischen der Druck-senkung in der Aorta und der Drucksteigerung im linken Vor-hofe in einer allen Zweifel ausschliessenden Weise zu Tage. Denn es steigt mit dem Sinken des Drucks in der Aorta nur der Druck im linken Vorhofe, respective in den Lungenvenen, während der Druck im rechten Vorhofe — dessen Steigen bei gleichzeitigem Stillstande beider Herzen auf dieses Sinken bezogen werden könnte, und in der That, wie aus den Angaben verschie-dener Lehrbücher hervorgeht, auch bezogen wurde — absinkt.

Weshalb der Druck im linken Vorhofe steigt, kann nach den früheren Erwägungen umsoweniger zweifelhaft sein, als das gleichzeitige Sinken des Drucks im rechten Vorhofe zur Evidenz lehrt, dass die elastischen Kräfte der Kautschukröhren des Modells, die ja hier ebenso wie in dem Versuche — dem Fig. 2 entspricht — wo beide Ventrikel stillstanden, sich entfalten konnten, für sich den Venendruck nicht zu erhöhen ver-mochten.

Um es kurz zu wiederholen, der Druck im linken Vorhofe und in den Lungenvenen steigt, weil der ruhende linke Ventrikel aus seinem Reservoir, d. i. dem linken Vorhofe, nicht schöpft, überdies auch in denselben vom rechten Ventrikel aus noch Flüssigkeit gelangt, und der Druck im rechten Vorhofe und in den Körpervenen sinkt, weil dieselben vom linken Ventrikel, respective von der Aorta keinen Zufluss erhalten, und weil diejenige Flüssigkeitsmenge, die beim Zusammenfallen der vorher gefüllten Gefässe, respective Kautschukröhren in den rechten Vorhof gelangt, nicht genügt, den Druck daselbst auf der früheren Höhe zu erhalten, geschweige denselben zu steigern.

Die Vergrösserung des Lungenvolums ist der Ausdruck für die grössere Füllung der Lungengefässe, die grossentheils, wie aus der Curve ersichtlich ist, darauf beruht, dass dieselben sich nicht so ausgiebig wie früher in den linken Vorhof entleeren können, weil ja daselbst der Druck wesentlich gesteigert ist.

Bei Wiederbeginn der Thätigkeit des linken Ventrikels sieht man, wie Fig. 5 zeigt, wieder den Druck in der Aorta A steigen und den Druck im linken Vorkofe $l.\ Vh$ sinken. Ebenso sinkt der Druck in der Pulmonalarterie, der übrigens nur unwesentlich angestiegen war, und das Lungenvolum L wird wieder kleiner. Die Curve des Drucks im rechten Vorhofe $r.\ Vh$ zeigt in der Curve keine Veränderung. Es dauert nähmlich immer etwas längere Zeit, bis die vom thätigen linken Ventrikel ausgetriebene Flüssigkeit, die zunächst die näher gelegenen, den Arterien entsprechenden Röhren anfüllt, auch den Körpervenen und dem rechten Vorhofe in genügender Weise zuströmt.

Die Vorgänge, die bei Sistirung des rechten Ventrikels stattfinden, werden durch die nachstehende Fig. 6 erläutert. Man sieht, wie mit dem Stillstande des rechten Ventrikels, der bei ↓ erfolgt, der Druck in der Pulmonalarterie PA sinkt und gleichzeitig der Druck im rechten Vorhofe $r.\ Vh$ steigt. Der Druck im linken Vorhofe $l.\ Vh$ dagegen sinkt und das Lungenvolum L wird kleiner. Alle diese Erscheinungen lassen sich in gleicher Weise deuten wie früher. Es steigt der Druck im rechten Vorhofe, weil der rechte Ventrikel aus demselben zu schöpfen aufgehört hat und zudem vom linken Ventrikel her noch demselben Flüssigkeit zuströmt. Er sinkt im linken Vorhofe, weil die Lungengefässe und mithin die Lungenvenen keine neue Flüssigkeit vom rechten Ventrikel her erhalten. Dem entsprechend verkleinert sich auch das Volum der Lunge.*)

---

*) Nur in einem unterscheidet sich der eben besprochene Versuch von dem früheren. Hier sinkt infolge des Stillstandes des rechten Ventrikels auch der Druck in der Aorta, während er früher in der Pulmonalarterie stieg, und das ist begreiflich, denn wenn der Zufluss zum linken Vorhofe geringer wird, dann muss auch die diastolische Füllung des linken Ventrikels geringer werden, und es muss die Flüssigkeitsmenge abnehmen, die der linke Ventrikel in die Arterien befördert. Wenn nun im Modellversuche bei Sistirung der Arbeit des linken Ventrikels nicht auch der Druck in der Pulmonalarterie sofort sinkt, so liegt das nur daran, dass die Entleerung des grösseren Gefässgebietes der Systeme W und w vorübergehend dem rechten Vorhofe mehr Flüssigkeit zuführt als die Entleerung des Systems L dem linken Vorhofe. Wenn man die Sistirung des linken Ventrikels längere Zeit dauern lässt, so sinkt auch der Druck in der Pulmonalarterie.

Fig. 6.

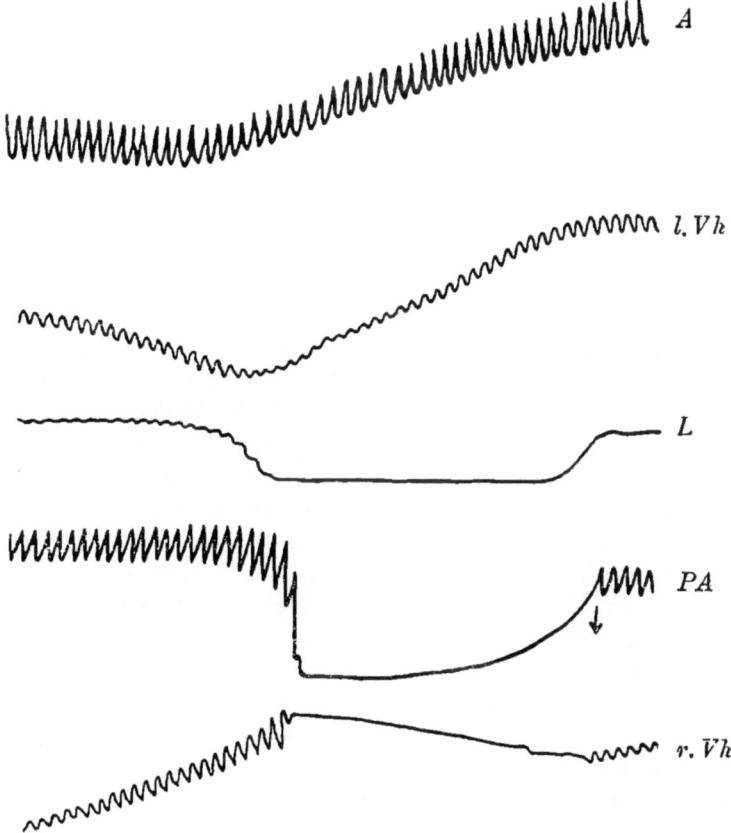

5. Vergrösserung der Widerstände im Aortengebiete.

Die bisher behandelten Fragen liessen sich mit Zuhilfenahme des Modells verhältnismässig leicht behandeln und einer klaren, wie mir scheint, vollkommen befriedigenden Lösung zuführen.

Etwas grössere Schwierigkeit bereitet die Behandlung der Frage, wie sich unter Aenderung der Widerstände in der Strombahn des Körper- und des Lungengefässgebietes die Drücke in den beiden Arterien- und Venensystemen, respective den beiden Vorhöfen ändern.

Es dürfte auffallen, dass ich gerade bei der Behandlung einer Frage Schwierigkeiten ankündige, die bisher von den Experimentatoren am sorg-fältigsten und ausführlichsten behandelt wurde. Beschäftigen sich doch die meisten hämodynamischen Arbeiten mit der Frage von dem Wechsel der Widerstände in der Strombahn des sogenannten grossen Kreislaufs, welcher bekanntlich durch Verengerung und Erweiterung der Gefässe in verschiedenfacher Weise erzeugt werden kann.

Die angedeutete Schwierigkeit besteht, wie ich sofort hervorheben will, nicht in der Erklärung der feststehenden Thatsache, dass das Steigen des Widerstandes in dem Gefässgebiete des Körpers ein Steigen des Drucks in der Aorta bedingt, denn dieses ist ja ohneweiters erklärlich, sie liegt auch nicht darin, zu erfahren, wie sich die Drücke in den verschiedenen Abschnitten des Kreislaufs verhalten, denn hierüber gibt uns das Modell und der Thierversuch die nöthigen Aufschlüsse. Die Schwierigkeit besteht nur darin, diese Aenderungen richtig zu verstehen und richtig zu deuten.

Ich will vorerst von der Vermehrung der Widerstände in dem von der Aorta ausgehenden Gebiete der Körpergefässe sprechen. Dieses Gebiet ist, wie ich dieses schon beschrieben habe, in meinem Modelle durch zwei Röhrensysteme *W* und *w* repräsentirt. Eine Widerstandserhöhung, die sich durch ein erhebliches Steigen des arteriellen Blutdrucks kennzeichnet, kann ich hier, wie schon erwähnt, in zweifacher Weise bewirken. Erstens dadurch, dass ich den Zufluss zum Systeme *W* absperre, also einen Eingriff vornehme, der dem der Compression der Aorta oberhalb des Zwerchfells — im Thierversuche — analog ist, und zweitens dadurch, dass ich die Luft in dem T-Rohre, in welchem dieses System eingeschlossen ist, comprimire. Auf diese letztere Weise ahme ich, wie auch schon erwähnt, einen Vorgang nach, wie er im Thierversuche bei Splanchnicus-Reizung oder Reizung des Rückenmarkes stattfindet, denn ich verengere nicht bloss das dieses System constituirende Kautschukrohr, sondern quetsche zugleich den Inhalt desselben aus.

Ich will vorher den Modellversuch, der sich auf den ersten Eingriff, d. i. auf die Absperrung des Systems *W* bezieht, vorführen. Demselben entspricht die nachstehende Fig. 7. Der Zeitpunkt des Verschlusses ist durch ⇂ angezeigt.

Es steigt infolge des Verschlusses der Aortendruck *A* und mit ihm der Druck im linken Vorhofe *l. Vh*, es steigt auch der Druck in der Pulmonalarterie und das Volum der Lunge *L* erfährt eine Vergrösserung. Nur der Druck im rechten Vorhofe *r. Vh* sinkt ab.

Es muss zunächst auffallen, dass die Drucksteigerung in der Aorta hier, wo dieselbe auf einer Vermehrung des Widerstandes in der arteriellen Strombahn beruht, von ganz anderen Erscheinungen begleitet ist, wie dort, wo sie durch eine Verstärkung der Arbeit des linken Ventrikels hervorgerufen wurde. Während dort der Druck im linken Vorhofe sank, ist er hier erhöht, und während dort der Druck im rechten Vorhofe stieg, sehen wir ihn hier sinken.

Um diesen Unterschied zu verstehen, müssen wir die Vorgänge analysiren, die sich als Folgezustände des Verschlusses des Systems *W*, d. i.

als Folgezustände einer Vergrösserung des Widerstandes in der Strombahn der Aorta, ergeben.

Fig. 7.

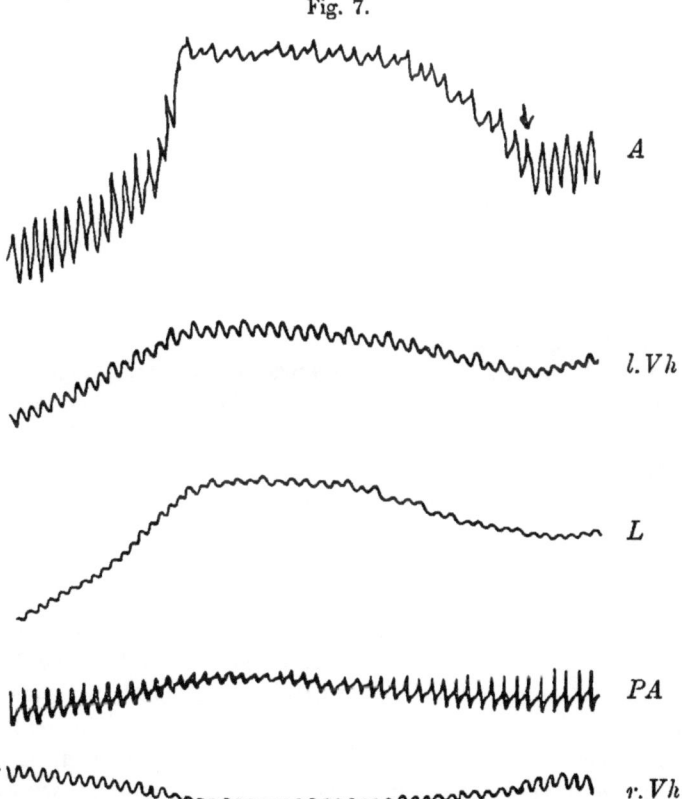

Wenn man das zu dem Systeme W führende Rohr abschliesst, steht der aus dem linken Ventrikel ausströmenden Flüssigkeit kein anderer Weg offen, als das schwerer dilatirbare System w, und um dieses nun mit annähernd derselben Flüssigkeitsmenge anzufüllen, die früher in den beiden Systemen W und w sich verbreiten konnte, muss, der grösseren Ausdehnung entsprechend, die dasselbe erfahren muss, um grössere Flüssigkeitsmengen aufnehmen zu können, die Spannung in demselben und somit auch der Druck wachsen, unter welchem der linke Ventrikel seinen Inhalt austreibt.

In der That sieht man am Modellversuche, dass der mit der Aorta verbundene Manometer einen höheren Druck anzeigt. Dieser stärkere Druck bedeutet jedenfalls, dass der linke Ventrikel bei Austreibung seines Inhalts eine grössere Arbeit leistet, denn die Anstrengung, mit der er seinen höher gespannten Inhalt austreibt, ist jedenfalls eine grössere geworden.

Die Entstehungsursache der Drucksteigerung in der Aorta ist somit vollständig klargelegt.

Warum steigt aber der Druck im linken Vorhofe?

Behufs Beanwortung dieser Frage müssen wir an die frühere Ueberlegung anknüpfen, dass der linke Vorhof das Reservoir des linken Ventrikels darstellt, und dass das Steigen des Drucks in demselben als ein
Anzeichen dafür angesehen werden kann, dass der linke Ventrikel aus
demselben nicht genügende Flüssigkeitsmengen schöpft. Hätten wir nicht
den Modellversuch, sondern einen Thierversuch vor uns, in den ein vollkommen klarer Einblick nicht gestattet ist, so müsste man noch der Ueberlegung Raum geben, dass der grössere Druck im linken Vorhofe durch
eine vermehrte Füllung desselben von Seite des rechten Ventrikels bewirkt
werde. Für diese Ueberlegung ist aber hier kein Grund vorhanden, denn
wir wissen ja, dass mit demselben nichts vorgieng.

Ebensowenig kann daran gedacht werden, dass die Drucksteigerung
im linken Vorhofe daher rühre, dass etwa die Vorhofsklappe infolge der
höhern Spannung des Ventrikelinhalts durchlässig geworden sei, und dass
infolge dessen der Ventrikel bei seiner der Syotole entsprechenden Volumverkleinerung einen Theil seines Inhalts wieder in den linken Vorhof entleere.

Es bleibt also nichts übrig, als sich vorzustellen, dass bei Absperrung
des Systems *W* in das offen gebliebene System *w* nicht dieselben Flüssigkeitsmengen gelangen, die früher vom Ventrikel aus in die beiden Systeme
W und *w* eingetrieben wurden; das bedeutet aber, dass der Ventrikel, der
im Zustande seiner Erweiterung, d. i. wenn der Compressionsbeutel *B*
nicht zusammengedrückt ist, wegen der constanten Höhe der Flüssigkeitssäule im linken Vorhofe *l. Vh* immer gleich angefüllt ist, bei seiner Volumverkleinerung infolge der Compression des Beutels *B* nicht seinen Inhalt
in gleicher Weise wie früher auswirft. Mit anderen Worten, es muss die
Volumverkleinerung des Ventrikels bei höherer Spannung seines Inhalts
eine geringere geworden sein.

Der Grund hiefür liegt in der Beschaffenheit der Compressions-Vorrichtung und ist leicht aufzudecken.

Bevor ich dies thue, muss ich erwähnen, dass man diesen Modellversuch, sowie die hieran sich anschliessenden Betrachtungen nicht als
überflüssige Spielerei ansehen darf, denn es wird sich später zeigen, dass
wir in den analogen Versuchen am Thiere ganz analogen mechanischen
Bedingungen begegnen wie hier.

Die Volumsverkleinerung der Ventrikel, die in einem starrwandigen
mit Wasser gefüllten Gefässe eingeschlossen sind, wird, wie ich nochmals hervorheben will, dadurch bewerkstelligt, dass beim Zusammendrücken
der Beutel *B* und *B₁* aus denselben Wasser in den Raum getrieben wird,
in welchem die Ventrikel stecken. Die beiden Ventrikel werden hiedurch
zusammengepresst und kleiner, für den Fall als das Wasser aus denselben
austreten und sich in den Röhrensystemen *W*, *w* und *L* ausbreiten kann.
Dieses ist aber nur dann möglich, wenn sich dieselben entsprechend aus-

dehnen können, d. i. wenn die Röhren dehnbarer sind als die comprimirten Kautschukbeutel. In dem Maasse aber, als diese Röhren sich
weniger ausdehnen können, wird bei gleichbleibendem Compressionsdrucke
der Compressionsbeutel an jenen Stellen, wo er nicht zusammengedrückt
wird, eine Ausweitung erfahren. Diese Verringerung der Dehnbarkeit
wird mit Bezug auf das Gebiet der Aorta, wie leicht ersichtlich, durch
Absperrung des Systems W bewirkt. Die Folge hievon ist, dass, trotzdem
der Compressionsbeutel B gleich stark zusammengedrückt wird, nur ein
Volumsantheil des hiebei verdrängten Wassers in den Raum gedrängt
wird, in welchem der linke Ventrikel steckt, während ein zweiter sich in
dem erweiterten Compressionsbeutel B ausbreitet.

Die von der Dampfmaschine gelieferte Kraft, welche den Compressionsbeutel B zusammendrückt, wird hier nur zum Theil für die Volumverkleinerung des linken Ventrikels ausgewertet, und ein Theil derselben wird
durch die Spannung und Ausdehnung des Compressionsbeutels verbraucht.
Dieser letztere Theil bedeutet einen Verlust, den die eigentliche Ventrikelarbeit erfährt, insofern als dieselbe nicht zur vollen Volumverkleinerung
des Ventrikels und infolge dessen nicht zur Füllung des Aortengebietes
benützt wird.

Mit anderen Worten, der linke Ventrikel wird, wenn durch
Einschaltung von Widerständen in die Strombahn der von ihm
abgehenden Aorta die Spannung seines Inhaltes vermehrt wird,
insufficient. — Er schöpft infolge dessen weniger aus seinem
Reservoir, dem linken Vorhofe, und es muss daher in diesem, sowie in dem linken Vorhofe und in den Lungenvenen der Druck
ansteigen.

Im Sinne des Princips von der Erhaltung der Kraft lässt sich dieser
Vorgang auch in folgender Weise ausdrücken. Die Summe der Kräfte, die
hier von der Dampfmaschine geliefert wird, ist sich gleichgeblieben, nur
hat eine andere Vertheilung derselben stattgefunden, die man mit Rücksicht auf den Kreislauf als ungünstig bezeichnen muss, weil ein Theil
des bestehenden Kraftvorrathes für die Bewegung der Flüssigkeit verloren geht.

Ehe ich zur weiteren Analyse dieses Versuches übergehe, will ich
denselben mit einem früheren Versuche S. 13, auf welchen sich Fig. 3
bezieht, vergleichen.

In diesem obigen Versuche wurde die Arbeit des linken Ventrikels
und hiemit auch der Aortendruck erhöht. Diese Erhöhung wurde dadurch
bewerkstelligt, dass der Compressionsbeutel mehr zusammengedrückt wurde
und dass infolge dessen der linke Ventrikel ausgiebigere Flüssigkeitsmengen
in das Arteriensystem einpresste. Diese ausgiebigere Menge entnahm der
linke Ventrikel dem linken Vorhofe, denn in diesem nahm ja der Druck
ab, während er im stärker gefüllten Arteriensysteme anwuchs.

In einem solchen Falle kann man von einem vermehrten Nutz-effecte der Herzarbeit sprechen. Denn der Nutzeffect der Herzarbeit entspricht nach bekannten physikalischen Vorstellungen dem Producte, dessen Factoren die Menge der Flüssigkeit, welche das Herz auswirft, und der Druck sind, unter welchem das Austreiben der Flüssigkeit erfolgt. Diese beiden Factoren sind aber in dem angezogenen Versuche beide grösser geworden und somit auch das Product, d. i. der Nutzeffect der Herzarbeit.

Aus demselben Versuche geht aber auch hervor, dass man die Grösse dieses Nutzeffectes auch in anderer Weise beurtheilen kann. Die Menge der Flüssigkeit, die der Ventrikel auswirft, nachdem er sie seinem Reservoir, d. i. dem Vorhofe, entnommen, steht nähmlich in umgekehrtem Verhältnisse zu dem Drucke in diesem Reservoir, denn dieser Druck wird ja um so niedriger, je mehr Flüssigkeit der Ventrikel schöpft, und man kann demgemäss den Nutzeffect der Arbeit des linken Ventrikels auch aus dem Verhältnisse des Arteriendrucks zum Drucke im linken Vorhofe beurtheilen, d. h. je niedriger im Verhältnisse zum Arteriendrucke der Druck im linken Vorhofe sich zeigt, um so grösser ist der Nutzeffect.

Von dieser Betrachtung ausgehend, leuchtet ohneweiters ein, dass in dem Versuche, wo der Arteriendruck durch Erhöhung des Widerstandes ge-steigert wurde, der Nutzeffect der Herzarbeit nicht erhöht wurde. Denn dieser Erhöhung des Arteriendrucks entspricht nicht eine Vermehrung der vom Ventrikel beförderten Flüssigkeitsmenge, sondern die Steigerung des Drucks im linken Vorhofe weist auf eine Verminderung derselben hin. Das Ver-hältnis zwischen Arteriendruck und Druck im linken Vorhofe, d. i. das re-lative Maass für den Nutzeffect der Ventrikelarbeit, ist eher kleiner geworden.

Ich werde noch öfter Gelegenheit haben, vom Nutzeffecte der Herz-arbeit zu sprechen, und will hier nur noch bemerken, dass die angeführten Betrachtungen nicht bloss für die Arbeit des linken, sondern auch für die des rechten Ventrikels Geltung haben, und dass sich aus denselben die wichtige Schlussfolgerung ergibt, dass es nicht gestattet sei, die Grösse der Herzarbeit aus dem Drucke allein zu beurtheilen, unter welchem dasselbe seinen Inhalt auswirft.

Aus dem Modellversuche S. 13, Fig. 3, auf Grund dessen ich die Vorgänge erläuterte, welche eintreten, respective eintreten müssen, wenn wir die Arbeitsgrösse des linken Ventrikels und mit ihr, wie wir uns jetzt deutlicher ausdrücken können, den Arbeitseffect des linken Ventrikels vergrössern, ergab sich, dass mit dem Drucke in der Aorta auch der Druck in den Venen, respective im rechten Vorhofe anwächst, weil ja der Venenstrom nur das Ende des Arterienstroms darstellt, und das An-schwellen des letzteren das Anschwellen des ersteren zur unausbleiblichen Folge haben muss.

Wie aber verhält es sich hier, wo nur infolge der Vermehrung des Widerstandes in der arteriellen Strombahn die Arbeitsgrösse des linken

Ventrikels nur scheinbar wächst, der Nutzeffect seiner Arbeit sich aber eher vermindert mit dem Drucke im rechten Vorhofe, respective in den Venen?

Wenn der Satz richtig ist, dass mit der Widerstandserhöhung im Aortensysteme die Arbeit des linken Ventrikels insufficient wird, was die Steigerung des Drucks im linken Vorhofe beweisend darthut, so muss hier der Venenstrom abschwellen und zugleich muss hiemit der Druck im rechten Vorhofe sinken. Denn das Steigen des Drucks in der Aorta bedeutet hier nicht, wie früher S. 24, dass der Aortenstrom angewachsen ist, er bedeutet nur, dass es einer grösseren Anstrengung von Seite des linken Ventrikels bedarf, um eine selbst kleinere Flüssigkeitsmenge in Bewegung zu setzen. Ist aber, und zwar wie früher auseinandergesetzt wurde, wegen der Insufficienz des linken Ventrikels die Flüssigkeitsmenge, die sich in dem verkleinerten Aortengebiete bewegt, eine geringere, dann muss auch aus den Venen weniger abströmen wie früher, und der Druck im rechten Vorhofe muss sinken. Das geschieht auch in der That. Mit Vermehrung des Widerstandes im Aortengebiete steigt, wie schon besprochen in Fig. 7, der Druck in der Aorta A, er sinkt aber im rechten Vorhofe $r.$ $Vh.$

Wenn man den Versuch längere Zeit fortsetzt, dann sieht man, was aus Fig. 7 nicht ersichtlich ist, weil hier das System W bald wieder freigegeben wurde, wieder den Venendruck ansteigen. Woher dieses Ansteigen?

Fast gewinnt es den Anschein, als ob der Satz von der insufficienten Arbeit des linken Ventrikels infolge Vermehrung der Widerstände in der arteriellen Strombahn nicht jene Sicherheit besitze, die ich ihm beimesse. Denn die Thatsache, dass der Venendruck steigt, steht ja im Widerspruche mit dem, was ich aus diesem Satze für den Venendruck abgeleitet. Dieser Widerspruch ist aber nur ein scheinbarer. Es wird sich sofort zeigen, dass diese Thatsache nicht nur keinen Widerspruch gegen das bisher Vorgetragene in sich schliesst, dass sie vielmehr eine weitere Bestätigung der Lehre von der Insufficienz des Ventrikels als Folgezustand der durch Widerstände erzeugten Spannung seines Inhalts und scheinbaren Vermehrung seiner Arbeitsgrösse bedeutet.

Zu dieser Einsicht gelangen wir, wenn wir den Versuch weiter analysiren.

Als directe Folge der Erhöhung des Widerstandes in der arteriellen Strombahn durch Verschliessung des Systems W sehen wir im Modellversuche, wie schon wiederholt angegeben, eine Erhöhung des arteriellen Drucks, eine gleichzeitige Erhöhung des Drucks im linken Vorhofe, die, wie ich nochmals hervorheben will, durch die insufficiente Arbeit des linken Ventrikels bedingt ist, und eine Erniedrigung des Drucks im rechten Vorhofe als directe Folge des geringeren Abflusses aus dem linken Ventrikel.

Der Druck im linken Vorhofe steigt nun im Verlaufe des Versuches immer mehr und mehr an, begreiflicherweise deshalb, weil einerseits weniger aus demselben in den insufficienten linken Ventrikel abfliesst, und anderseits demselben vom rechten Ventrikel aus, der ja in seiner Arbeit nicht im geringsten beeinträchtigt wurde, noch immer genügende Flüssigkeitsmengen zufliessen.

Dieses Steigen des Drucks im linken Vorhofe bedeutet aber eine Vermehrung des Widerstandes in der Strombahn des rechten Ventrikels, die auch im Modellversuche durch ein allmähliches Ansteigen des Drucks in der Pulmonalarterie (siehe Fig. 7 *PA*) zum sichtlichen Ausdrucke gelangt. So wächst die Spannung der rechten Ventrikelwand, und zwar ähnlich wie beim linken Ventrikel durch Vermehrung des Widerstandes in der Strombahn der Lungengefässe. Infolge dieser Spannungszunahme kann aus denselben Gründen, die ich früher dargelegt, auch der rechte Ventrikel insufficient werden, d. i. es kann bei scheinbarer Zunahme seiner Arbeitsgrösse der Nutzeffect seiner Arbeit sich vermindern. Der offenbare Ausdruck für diese Verminderung des Nutzeffectes oder, anders ausgedrückt, Insufficienz der Herzarbeit ist das Steigen des Drucks im rechten Vorhofe. Dieses Steigen bedeutet durchaus nicht, dass der Zufluss zum rechten Vorhofe ein stärkerer wurde, sondern dass der durch die Drucksteigerung im linken Vorhofe insufficient gewordene rechte Ventrikel weniger aus seinem Reservoir dem rechten Vorhofe zu schöpfen beginnt.

Wer sich in diesen eben dargelegten Gedankengang noch nicht eingelebt hat, und noch der irrigen, aber durch ihr Alter und ihre Verbreitung bestechenden Lehre anhängt, dass der hohe Druck, auch wenn die Vorhofsklappen schliessen, sich vom Ventrikel in den Vorhof fortsetzt, der könnte geneigt sein, die Steigerung des Drucks im rechten Vorhofe als eine einfache Fortpflanzung des erhöhten Drucks im rechten Ventrikel aufzufassen und er könnte dieselbe Auffassung auch auf die gleichzeitige Steigerung des Drucks in der Aorta und im linken Vorhofe übertragen.

Dieser Auffassungsweise stehen die früher erwähnten und ausführlich erörterten Thatsachen gegenüber, dass der höhere Druck in den Ventrikeln, wenn er durch wirklich verstärkte Herzarbeit erzeugt wird, ja mit einer Erniedrigung des Vorhofsdrucks einhergeht.

Zum Ueberflusse kann man in diesem Versuche noch in doppelter Weise den directen Beweis liefern, dass das Steigen des Venendrucks nur durch die Vermehrung des Widerstandes im Gebiete der Pulmonalarterie und durch die hieraus resultirende Insufficienz des rechten Ventrikels erfolgt.

Verstärkt man nämlich die Arbeit des rechten Herzens in der oben besprochenen Weise, indem man unter den Compressionsbeutel für den rechten Ventrikel eine Unterlage schiebt, dann steigt der Druck in der Pulmonalarterie, im rechten Ventrikel, und im linken Vorhofe noch stärker wie früher, aber dieser verstärkte Druck bringt den Druck im rechten Vorhofe nicht noch mehr zum Steigen, was ja geschehen müsste,

wenn der Druck vom rechten Herzen sich einfach in den rechten Vorhof
fortpflanzte, sondern zum Sinken, und zwar einfach deshalb, weil die
Insufficienz des rechten Herzens beseitigt wurde.

Dem Steigen des Drucks im linken Vorhofe, sowie dem consecutiven
Steigen des Drucks in der Pulmonalarterie entspricht auch die Vergrösserung des Lungenvolums L, die ebenfalls aus Fig. 7 ersichtlich ist.

Aus derselben Fig. 7 sieht man auch, wie nach Lösung der Compression
des Systems W sich wieder die [früheren Drücke herstellen. Man sieht,
wie der Druck in der Aorta A im linken Vorhofe l. Vh in der Pulmonalarterie PA absinkt, wie das Volum der Lunge L wieder kleiner wird,
und der Druck im rechten Vorhofe r. Vh wieder ansteigt.

Man kann, wie ich schon früher S. 10 erwähnt, in meinem Modelle
den Widerstand im Arteriengebiete auch nach Art jenes Vorganges steigern,
wie er im Leben stattfindet. Im physiologischen Experiment erzeugt man
eine Erhöhung der Widerstände, indem man die kleinen Arterien zur
Contraction bringt. Das geschieht auf dem Wege der directen Reizung
von Gefässnerven oder der Reizung der Ursprünge der Gefässnerven im
Rückenmarke. Bekanntlich bedingt die Contraction der Gefässe der Unterleibsorgane den grössten Widerstand. Wenn diese Gefässe zur Contraction gebracht werden, so verschliessen sie sich nicht bloss, sondern
pressen vorher ihren Inhalt aus, d. h. sie treiben denselben in die Venen.

Dem Gebiete der Unterleibsgefässe entspricht, wie schon mehrfach
erwähnt, in meinem Modelle das System W, das in einem T-Rohre luftdicht eingeschlossen sich befindet. Wenn man das Seitenrohr, das von
dem T-Rohre ausgeht, in welchem das System W eingeschlossen ist, mit
einem Ballon oder einer Spritze verbindet und nun die Luft in dem
T-Rohre verdichtet, dann wird der Spiralschlauch des Systems W zusammengepresst und die in demselben enthaltene Flüssigkeit entweicht infolge dieser Compression in der Richtung des geringsten Widerstandes,
d. i. in den gegen den rechten Vorhof gerichteten Antheil desselben, und
auch in den rechten Vorhof. Infolge dessen steigt der Druck in demselben. Im übrigen aber sind die Druckänderungen ganz dieselben, wie
sie nach der Compression des Systems W eintreten.

Die nebenstehende Fig. 8 bezieht sich auf einen derartigen Modellversuch. Man sieht, wie hier der Druck in allen verschiedenen Gefässgebieten eine Steigerung erfährt. Es steigt nicht bloss der Druck in der
Aorta A, im linken Vorhofe l. Vh, und in der Lungenarterie PA. sondern
auch im rechten Vorhofe r. Vh. Ebenso wächst das Volum der Lunge L.

Ein besonderer Unterschied zwischen diesem und dem früheren Versuche besteht darin, dass der Druck im rechten Vorhofe dort anfangs sank,
weil aus dem offenen Systeme w nach Verschluss des Systems W wegen der
geringeren Füllung des ersteren weniger Flüssigkeit dem rechten Vorhofe
zuströmt. Das ist nun wohl auch hier, wo das System W durch Zusammen-

Fig. 8.

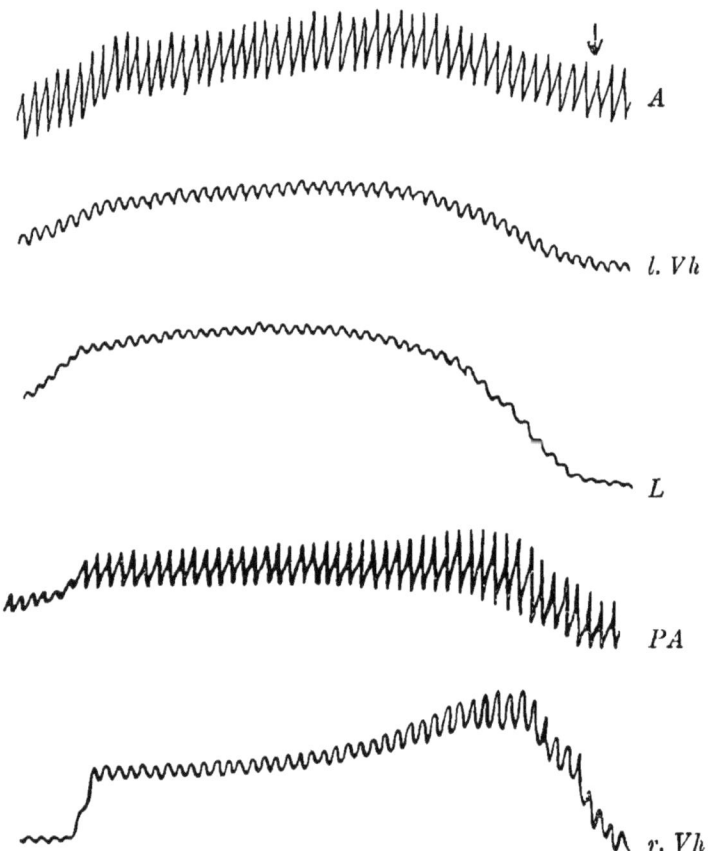

pressen verschlossen wird, der Fall, bevor aber der Verschluss desselben
bewerkstelligt ist, hat sich sein Inhalt in den rechten Vorhof entleert
und hier den Druck zum Steigen gebracht.

Wie aus Fig. 8 ersichtlich, sinkt nähmlich der Druck *r. Vh*, nachdem er
anfangs sehr beträchtlich gestiegen war, wieder im Verlaufe des Versuches
allmählich ab. Dieses Absinken erklärt sich dadurch, dass die Vermehrung
des Zuflusses zum rechten Vorhofe nur vorübergehend war, und derselben
so wie im früheren Versuche, auf die sich Fig. 7 bezieht, eine Verminderung
des Zuflusses folgt.

Wenn trotz dieser Verminderung des Zuflusses der Druck im rechten
Vorhofe nicht bis zu jener Tiefe herabsinkt, auf der er sich vor dem Versuche befand, so beruht dies wohl darauf, dass ja der vermehrte Widerstand
gegen den Abfluss der Flüssigkeit in die Pulmonalarterie aus den früher
angeführten Gründen auch den rechten Ventrikel insufficient macht. Infolge

dieser Insufficienz schöpft derselbe weniger aus seinem Reservoir dem rechten Vorhofe, und hiemit erklärt sich das Verbleiben des höheren Drucks in demselben.

Das Steigen des Drucks im linken Vorhofe beruht hier auf ganz gleichem Grunde wie dort, d. h. hier wird ebenfalls der linke Ventrikel infolge der höheren Spannung seines Inhalts insufficient und schöpft weniger aus seinem Reservoir.

Wenn man die Compression des Systems W unterbricht, und somit dasselbe dem Flüssigkeitsstrome freigibt, dann sinkt wieder, wie Fig. 8 zeigt, der Druck in der Aorta A. Zugleich hiemit sinkt der Druck im linken Vorhofe l. Vh und in der Pulmonalarterie PA und das Volum der Lunge L wird kleiner. Der Druck im rechten Vorhofe nimmt deshalb ab, weil der rechte Ventrikel sich unter geringerem Widerstande in den linken Vorhof leichter entleeren kann und so rasch jenen Ueberschuss von Flüssigkeit, der sich im rechten Vorhofe theils durch das Auspressen des Systems W, theils infolge der Insufficienz des rechten Ventrikels anhäufte, aus denselben entfernt, der sich nun in den übrigen Theil des Kreislaufsystems vertheilt.

6. Verkleinerung der Widerstände im Aortengebiete.

Um im Modellversuche die Aenderungen zu studiren, welche die Drücke in den verschiedenen Abschnitten des Kreislaufsystems erfahren, wenn man den Widerstand im Stromgebiete der Aorta herabsetzt, braucht man nur die Luft im T-Rohre, welches das System W umschliesst, durch Ansaugen zu verdünnen. Infolge dessen wird der das System W constituirende Spiralschlauch erweitert. Was nach dieser Erweiterung vor sich geht, das demonstrirt die beistehende Fig. 9.

Fig. 9.

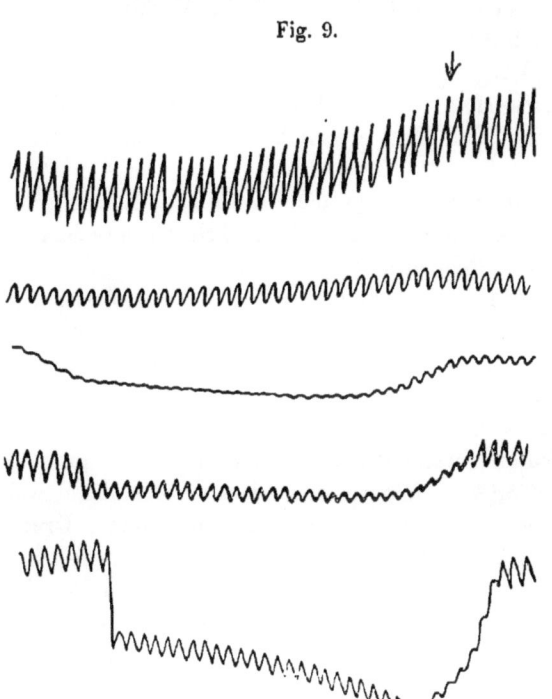

A

l. Vh

L

PA

r. Vh

Es sinkt der Aortadruck A und mit ihm der Druck im linken Vorhofe $l.$ Vh, desgleichen sinkt der Druck in der Pulmonalarterie PA. Entsprechend diesem Sinken des Drucks in der Pulmonalarterie und im linken Vorhofe wird auch das Volum der Lunge L kleiner.

Der Druck im rechten Vorhofe $r.$ Vh endlich sinkt ebenfalls und zwar sehr beträchtich.

Ohneweiters erklärlich ist das Sinken des Aortendrucks, es ist die unausbleibliche Folge der Erweiterung jenes Gefässgebietes, in welches der linke Ventrikel seinen Inhalt deshalb unter geringerer Spannung eintreibt, weil der Raum für denselben grösser geworden ist. Die Ausweitung dieses Gefässgebietes, respective die Abnahme des Widerstandes im Aortengebiete veranlasst auch indirect die Druckabnahme im linken Vorhofe, denn diese kann nicht von einer verminderten Anfüllung desselben von Seite des rechten Ventrikels herrühren, an dessen Thätigkeit ja nichts geändert wird, sie ist nur der Ausdruck dafür, dass der linke Ventrikel aus diesem, seinem Reservoir mehr Flüssigkeit entnimmt.

Diese Mehrentnahme erklärt sich aber wieder nach den früheren Ueberlegungen durch die Verminderung der Elasticität im Systeme W, denn nun wird bei der Compression des Beutels B mehr Flüssigkeit in den Raum getrieben, der den linken Ventrikel umschliesst, d. i. die Volumsverkleinerung oder, anders ausgedrückt, die systolische Verkleinerung des linken Ventrikels ist ausgiebiger geworden.

Ehe wir die weiteren Vorgänge in diesem Versuche analysiren, wollen wir zunächst die Frage aufwerfen, wie sich bei Herabsetzung der Widerstände im Aortengebiete der Nutzeffect der Arbeit des linken Ventrikels gestaltet.

Es ist früher gezeigt worden, dass es nicht gestattet sei, von einem vermehrten Nutzeffecte der Arbeit des linken Ventrikels zu sprechen, solange bloss der Aortendruck allein erhöht erscheint.

Auf Grund der gleichen Betrachtung, auf welche sich dieser Ausspruch gründet, können wir nun auch sagen, dass es nicht gestattet sei, aus dem Sinken des Aortendrucks allein einen verminderten Nutzeffect der Arbeit des linken Ventrikels zu erschliessen.

Das Sinken des Drucks in der Aorta könnte nur dann einen verminderten Nutzeffect bedeuten, wenn der Druck im linken Vorhofe sich unterdessen gleichbliebe, woraus zu folgern wäre, dass der Ventrikel wohl die gleiche Flüssigkeitsmenge wie früher, aber unter niedrigerem Drucke austreibe. Da aber der Druck im linken Vorhofe sinkt, d. i. da der linke Ventrikel grössere Blutmenge aus dem linken Vorhofe erhält und dieselben austreibt, kann man keinenfalls von einem verminderten Nutzeffecte sprechen. Als vergrössert könnte man aber denselben erst dann ansehen, wenn sich zeigt, dass der Druck im linken Vorhofe mehr gesunken ist als in der Aorta, d. i. wenn das Verhältnis zwischen Aortendruck und

Druck im linken Vorhofe grösser geworden ist. Im Sinne der früheren Auseinandersetzung würde diese Vergrösserung bedeuten, dass das Product aus der Flüssigkeitsmenge in die Höhe, zu welcher dieselbe vom Ventrikel befördert wird, d. i. der Nutzeffect gewachsen sei.

Aus den Modellversuchen lässt sich demnach der allgemeine Satz ableiten, dass die Erhöhung der Widerstände in der Strombahn eines Ventrikels den Nutzeffect seiner Arbeit eher vermindern und dass umgekehrt eine Herabsetzung der Widerstände diesen Nutzeffect erhöhen kann.

Der Thierversuch selbst muss darüber belehren, ob diese allgemeine Regel auch für den thierischen Kreislauf zu gelten habe.

Nach diesen Betrachtungen wollen wir nun die weitere Analyse der Druckänderungen, wie sie in Fig. 9 ersichtlich sind, fortsetzen.

Wir wollen diesmal zunächst das Sinken des Drucks im rechten Vorhofe, das hier besonders auffällig ist, besprechen.

Dieses Sinken correspondirt zunächst mit dem Sinken des Drucks in der Aorta, denn wenn hier, d. i. im Anfange des Aortengebietes, die Spannung abnimmt, so muss sie auch am Ende desselben ebenfalls abnehmen, vorausgesetzt, dass der rechte Ventrikel nicht unvollkommen arbeitet, d. i. weniger aus seinem Reservoir, dem rechten Vorhofe schöpft, wofür ja hier kein Grund vorliegt. Ein zweiter Grund dieses Sinkens ist darin zu suchen, dass bei der plötzlichen Erweiterung des Systems W die aus dem linken Ventrikel stammende Flüssigkeit zunächst das erweiterte Röhrensystem anfüllt, und dass eine gewisse Zeit verstreicht, bis diese Füllung soweit gediehen ist, dass wieder genügende Flüssigkeitsmengen in die Vene KV und von hier in den rechten Vorhof nachströmen. In dieser Zwischenzeit ist, wie Fig. 9 lehrt, in der That der Druck $r. Vh$ rapid gesunken, und zu diesem Sinken trug, wie man sich vorstellen darf, auch der Umstand bei, dass, wie schon erwähnt, der rechte Ventrikel unausgesetzt in gleichem Maasse aus dem rechten Vorhofe schöpfte. Sobald als das erweiterte System W sich genügend angefüllt hatte, konnte wieder dem rechten Vorhofe mehr Flüssigkeit zuströmen, und in der That sieht man, wie die Druckcurve $r. Vh$ wieder allmählich ansteigt. Ein dritter Grund für die Erniedrigung des Drucks im rechten Vorhofe beruht darin, dass, wie erwähnt, der Druck im linken Vorhofe sinkt. Dieses letztere Sinken bedeutet eine Herabsetzung des Widerstandes in der Strombahn des rechten Ventrikels, mithin einen erleichterten Abfluss von Flüssigkeit aus demselben in das Gebiet der Pulmonalarterie, der ja, wie aus den früheren Auseinandersetzungen hervorgeht, gleichwertig ist einer vermehrten Flüssigkeitsentnahme aus dem rechten Vorhofe, d. i. dem Reservoir des rechten Ventrikels. Diese Herabsetzung des Widerstandes in der Strombahn des rechten Ventrikels kommt auch, wie Fig. 9 lehrt, durch eine Erniedrigung des Drucks in der Pulmonalarterie PA zum Ausdrucke.

Das Lungenvolum L wird entsprechend dem Sinken des Drucks im linken Vorhofe und in der Pulmonalarterie kleiner.

Sowie die Erweiterung des Systems W aufhört, steigt zunächst, wie Fig. 9 zeigt, der Druck im rechten Vorhofe r. Vh rapid an, weil die sich verengernden Röhren einen Theil ihres Inhalts in denselben entleeren.

Der anfängliche rasche Anstieg des Drucks in der Pulmonalarterie PA kann nicht auf das Ansteigen des Drucks im linken Vorhofe bezogen werden, denn dieses erfolgt so allmählich, dass es in Fig. 9 nicht wiedergegeben werden konnte, weil dieselbe hätte zu gross ausfallen müssen, es hängt aber zweifelsohne mit der rapiden Steigerung des Drucks im rechten Vorhofe, d. i. mit der rascheren Füllung des letzteren zusammen, die zur Folge hat, dass der rechte Ventrikel stärker gefüllt wird und die Pulmonalarterie mit mehr Flüssigkeit, also unter stärkerem Drucke anfüllt. Dieser vermehrten Füllung der Pulmonalarterie entspricht auch die Vergrösserung des Lungenvolums L, die sich ebenfalls ziemlich schnell ausbildet. Der Druck im linken Vorhofe l. Vh und in der Aorta A heben sich nur langsam in dem Maasse, als der erstere wieder in früherer Weise gefüllt ist, und das Röhrensystem W wieder seine ursprüngliche Füllung erlangt hat.

7. Vermehrte und verminderte Füllung des Kreislaufsystems.

An die eben vorgeführten Versuche anknüpfend will ich die Vorgänge besprechen, die infolge der vermehrten und verminderten Füllung des Kreislaufsystems eintreten.

In dem Modelle ist die Einrichtung getroffen, dass man mitten im Versuche, d. i. während der Kreislauf im Gange ist, vom rechten oder linken Vorhofe aus durch ein Seitenrohr, das in die Zeichnung Fig. 1 nicht aufgenommen ist, um dieselbe nicht unnöthig zu compliciren, neue Flüssigkeit zugefüllt werden, oder auch die vorhandene zum Theil durch Ausfliessen entfernt werden kann.

Füllt man neue Flüssigkeit zu, dann steigt der Druck in allen vier Gebieten, d. i. in der Aorta, der Pulmonalarterie, dem rechten und linken Vorhofe und selbstverständlich vergrössert sich auch das Volum der Lunge. Dieses allgemeine Steigen ist ohneweiters verständlich. Zu bemerken wäre nur, dass die Vermehrung der Füllung und Spannung des Vorhofes, mit der der Versuch beginnt, sich sofort auch in den übrigen Gefässgebieten bemerkbar macht, d. i. dass jene Flüssigkeitsmenge, die man den Vorhöfen zuführt, sich gleichmässig im ganzen Kreislaufe vertheilt.

Bei der Entnahme von Flüssigkeit aus einem der beiden Vorhöfe tritt das Umgekehrte ein, d. i. es sinkt der Druck in allen vier Gebieten.

8. Vergrösserung der Widerstände im Gebiete der Pulmonalarterie.

Nachfolgend sollen die Vorgänge geprüft werden, die auftreten, wenn man den Widerstand in der Bahn der Pulmonalarterie erhöht.

Diese Erhöhung des Widerstandes wird dadurch bewerkstelligt, dass man die Luft in dem T-Rohre, innerhalb dessen sich das System der Lungengefässe *L* befindet, verdichtet. Hiedurch wird dieses System *L* comprimirt, d. i. die Lungengefässe werden verengert.

Fig. 10.

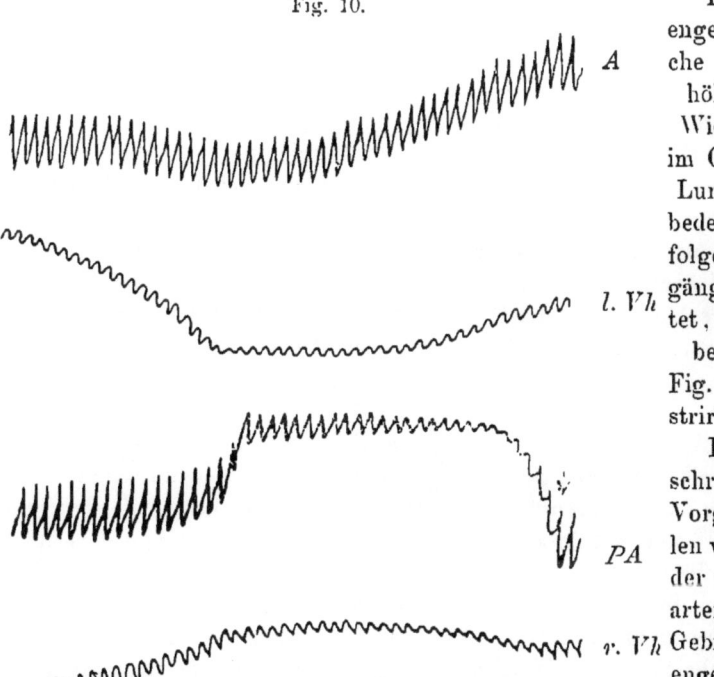

Diese Verengerung, welche eine Erhöhung des Widerstandes im Gebiete der Lungenarterie bedeutet, ist von folgenden Vorgängen begleitet, die durch beistehende Fig. 10 demonstrirt werden.

Bei der Beschreibung der Vorgänge wollen wir hier von der Pulmonalarterie, in deren Gebiete die Verengerung stattfindet, ausgehen, denn diese sind hier die primären, während die anderen sich secundär aus denselben entwickeln.

Der Druck in der Pulmonalarterie *PA* steigt mit dem Eintritte der Verengerung, der durch ⌐ markirt ist, ebenso steigt der Druck im rechten Vorhofe *r. Vh*. In der Aorta *A* aber und im linken Vorhofe *l. Vh* sinkt der Druck.

Die Curve des Lungenvolums konnte hier nicht mitregistrirt werden, weil in dem T-Rohre, das die Lunge *L* umschliesst, und das sonst mit dem Marey'schen Tambour verbunden ist, die Luft verdichtet wurde.

Das Steigen des Drucks in der Pulmonalarterie ist — wie früher das Steigen des Drucks in der Aorta bei Absperrung oder Zusammendrücken des Systems *W* — durch die höhere Spannung bedingt, unter welcher der rechte Ventrikel seinen Inhalt nun auswirft.

Dem entsprechend ist also die Anstrengung des rechten Ventrikels gesteigert.

Diese Steigerung geht, da sie durch einen vermehrten Widerstand hervorgerufen wird, nicht mit einer Steigerung, sondern wie früher, siehe

S. 25, mit einer Verminderung des Nutzeffectes der Arbeit des rechten Ventrikels einher. Diese Verminderung kennzeichnet sich wie früher dadurch, dass mit der Steigerung des Drucks in der Pulmonalarterie der Druck im rechten Vorhofe nicht sinkt, was geschehen müsste, wenn diese Steigerung auf einer wirklichen Mehrarbeit, d. i. einer grösseren Volumverkleinerung des rechten Ventrikels, beruhen würde, sondern steigt, d. h. der rechte Ventrikel befördert nur einen Theil seines Inhalts, diesen wohl mit höherem Drucke in die Pulmonalarterie, das bedeutet aber nach den früheren Auseinandersetzungen, dass er weniger wie früher aus seinem Reservoir, dem rechten Vorhofe schöpft.

Auf diesem verminderten Schöpfen beruht ja eben das Steigen des Drucks im rechten Vorhofe. Dieses Steigen wird übrigens auch dadurch begünstigt, dass vom linken Ventrikel aus dem rechten Vorhofe Flüssigkeit in gleicher Menge zuströmt.

Der rechte Ventrikel ist also durch Einschaltung eines Widerstandes in dem Stromgebiete der Pulmonalarterie ebenso insufficient geworden, wie früher der linke Ventrikel bei Einschaltung eines Widerstandes in dem Gebiete der Aorta.

Im linken Vorhofe sehen wir den Druck sinken, begreiflicherweise deshalb, weil die Flüssigkeitsmenge, die der insufficiente rechte Ventrikel in die zudem verengte Strombahn der Lungengefässe befördert, eine geringere ist, und mithin aus der Lungenvene LV auch weniger dem linken Vorhofe zufliesst.

Diesem Sinken des Drucks im linken Vorhofe entsprechend sinkt auch der Druck in der Aorta. Dieses Absinken ist, wie leicht einzusehen, die natürliche Folge der Drucksenkung im linken Vorhofe, denn diese bedeutet ja eine geringere Füllung desselben und mithin auch eine geringere Füllung des linken Ventrikels.

Es muss auffallen, dass hier in dem direct unberührten Systeme der Aorta eine Senkung eintritt, während dort, d. i. bei Vermehrung des Widerstandes in der Strombahn der Aorta, in dem direct unberührten Systeme der Pulmonalarterie eine Steigerung bemerkbar war.

Dieser Unterschied wird begreiflich, wenn man sich daran erinnert, dass bei Erhöhung des Widerstandes in der Strombahn der Aorta der hohe Druck im rechten Ventrikel, respective der Lungenarterie durch den hohen Druck im linken Vorhofe — dem Folgezustande der Insufficienz des linken Ventrikels — bedingt wurde, der sich, wie man annehmen muss, durch die kurze Strombahn der Lungengefässe nach rückwärts fortsetzt.

Der hohe Druck im rechten Vorhofe dagegen, der durch die Insufficienz des rechten Ventrikels erzeugt wird, pflanzt sich, wie man sich vorstellen muss, nicht bis zur Aorta fort, weil die dazwischen liegende Strombahn viel grösser und erweiterungsfähiger ist. Hiemit erklärt sich dass in der Aorta kein Steigen, sondern aus den angeführten Gründen ein Sinken erfolgt.

Sowie die Verengerung des Lungengefässgebietes beseitigt ist, sieht man, wie Fig. 10 lehrt, den Druck in der Pulmonalarterie PA und im rechten Vorhofe $r. Vh$ wieder zum Ausgangspunkte absinken, und der Druck im linken Vorhofe $l. Vh$, sowie der Druck in der Aorta A erheben sich auf ihr früheres Niveau.

Ich habe die Frage von der Vermehrung des Widerstandes in den Lungengefässbahnen nur aus theoretischem Grunde behandelt und werde später, d. i. in dem Abschnitte, der von den Aenderungen des thierischen und menschlichen Kreislaufs handelt, auf denselben deshalb nicht mehr zurückkommen, weil bis jetzt wenigstens keine verlässlichen Thierversuche vorliegen, die hinreichend beweisen, dass die Lungengefässe vasomotorischen Einflüssen unterliegen.

Es wäre aber denn doch möglich, dass weitere Untersuchungen in der vielbestrittenen Frage von der Contractilität der Lungengefässe und über die Innervation derselben eine Aufklärung bringen.

Mit Rücksicht auf solche eventuelle Versuche möchte ich nur betonen, dass der Modellversuch eine Vorstellung darüber verschafft hat, wie ungefähr die Erscheinungen ausfallen müssten, wenn man im Thierversuche die Lungengefässe zur Contraction brächte.

Es müsste nämlich allen Erwartens bei der Contraction der Lungengefässe der Druck in $Art. pulmonalis$ und zugleich in den Venen, respective dem rechten Vorhofe steigen, der Druck in der Aorta aber und mit ihm der Druck in den Lungenvenen müsste sinken.

Nur durch den experimentellen Nachweis aller dieser Erscheinungen könnte man, soweit ich sehe, den Beweis für die Existenz vasconstrictorischer Lungengefässnerven als erbracht betrachten.

9. Herabsetzung der Widerstände im Gebiete der Pulmonalarterie.

Der Widerstand im Gebiete der Pulmonalarterie wird im Modellversuche vermindert, wenn man die Luft in dem T-Rohre, in welches die Lungengefässe L eingeschlossen sind, durch Aussaugen verdünnt, und hiedurch das betreffende Spiralrohr erweitert.

Diesem Versuche entspricht nachstehende Fig. 11.

Man sieht, wie der Druck in der Pulmonalarterie PA, also in dem von dem Eingriffe direct betroffenen Gebiete bei $\downarrow$ d. i. dem Zeitpunkte, in dem die Erweiterung der Lungengefässe erfolgt, sinkt. Zugleich sinkt auch der Druck im rechten Vorhofe $r. Vh$. Dieses beiderseitige Sinken ist nach dem bereits Gesagten vollständig erklärlich, und ebenso versteht es sich wieder von selbst, dass der Nutzeffect der Arbeit des rechten Ventrikels infolge der Erweiterung der Lungengefässe nicht erniedrigt, sondern eher erhöht erscheint.

Fig. 11.

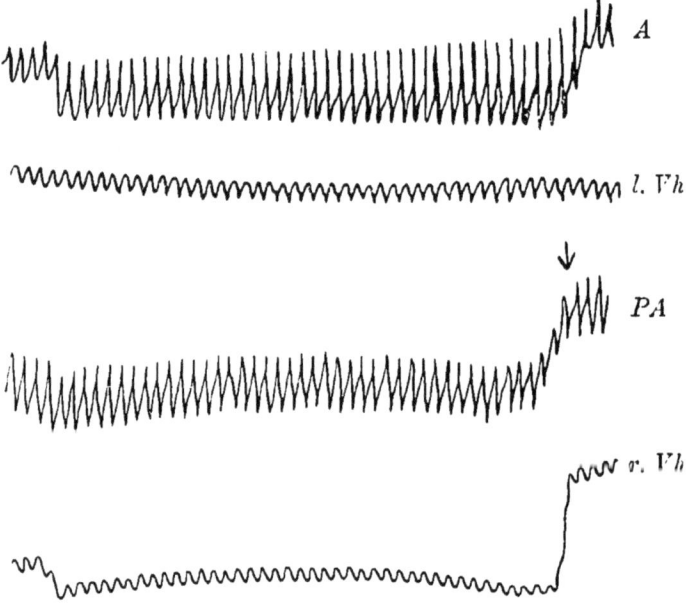

Die secundären Folgen der Erweiterung der Lungengefässe, d. i. die Vorgänge im Aortengebiete und im linken Vorhofe sind folgende: Der Druck in der Aorta A und im linken Vorhofe sinken. Betrachten wir zunächst das Sinken des Aortendrucks. Die Gründe für dieses Sinken müssen jedenfalls andere sein, als wie in dem früheren Falle, wo die Lungengefässe verengert wurden, darauf weist auch der Unterschied hin, der sich ergibt, wenn man die beiden Figuren 10 und 11 mit Rücksicht auf das Verhalten des Aortendrucks mit einander vergleicht. Während er dort in der Aorta allmählich aber tief absank, sehen wir ihn hier rasch, aber nur verhältnismässig wenig abfallen. Die Raschheit des Abfalles muss zu der Vorstellung vorführen, dass hier plötzlich die Widerstände gegen das Abfliessen der Flüssigkeit aus der Aorta abgenommen haben. Diese plötzliche Abnahme deckt die Fig. 11 selbst auf. Man ersieht aus derselben, dass der Arteriendruck und der Druck im rechten Vorhofe gleichmässig schnell und zu gleicher Zeit absinken, d. h. sie beruht auf dem raschen Abfliessen der Flüssigkeit gegen die Vene KV. Auf diese leichtere Entleerung des Aortengebietes ist auch wohl der übrigens geringe Abfall des Drucks im linken Vorhofe zu beziehen, denn derselbe kann kaum von einem geringeren Zuflusse herrühren, da ja die Bahn der Lungengefässe noch freier ist, als sie vorher war. Man kann sich allerdings auch vorstellen, dass die Füllung des linken Vorhofes hier deshalb geringer ausfällt, weil ein Theil der Flüssigkeit, die aus dem rechten Ventrikel stammt, zur Ausfüllung der er-

weiterten Lungengefässe verwendet wird, und somit dem linken Vorhofe
nicht sofort alle Flüssigkeit zuströmt, die den rechten Ventrikel verlässt.

Ich muss auch diesem Modellversuche die Bemerkung beifügen, dass
demselben insofern nur ein theoretisches Interesse beizumessen ist, als
wir bis jetzt keine Kenntnis von gefässerweiternden Nerven der Lunge
besitzen, und als wir die Vorstellungen, zu denen dieser Modellversuch
führt, nicht für das Verständnis eines analogen Thierversuches ausnützen
können. Es lässt sich aber aus diesem Modellversuche entnehmen, dass
Thierversuche, welche beanspruchen den Nachweis von gefässerweiternden
Nerven der Lunge liefern zu können, darthun müssten, dass zu den Erscheinungen, auf welche sich dieser Nachweis stützt, vor allem ein Sinken des
Drucks in der Pulmonalarterie und in den Venen gehört.

IV.
Ueber die Füllung und Spannung der Gefässe in den ver-schiedenen Gebieten des Kreislaufs.

Die nachfolgenden Erörterungen haben nur ganz allgemeine Bedeutung, weil denselben die verhältnismässig einfachen, leicht zu durch-
schauenden Constructionsbedingungen meines Kreislaufmodells zu Grunde
liegen. Es dürfen dieselben also durchaus nicht ihrem vollen Inhalte nach
auf den thierischen Kreislauf mit seiner complicirten Constructionsweise
übertragen werden. Dieselben streben wie die vorgeführten Modellversuche
nur den Zweck an, als Ausgangspunkt für das Verständnis der Erscheinungen des complicirten Thierkreislaufs zu dienen. Durch dieselben
sollen ganz einfache, leicht verständliche Vorstellungen geschaffen werden.
An diese einfachen Vorstellungen dürfen wir auch anknüpfen, wenn wir
den Kreislauf im Thierexperimente oder am Menschen, und zwar am gesunden sowohl wie am kranken discutiren. Dass die Discussion hier eine
weit schwierigere wird, und dass die vollständige Beherrschung derselben
viel ausgedehntere Erfahrungen und Kenntnisse erfordert, ist selbstverständlich.

Der Flüssigkeitsdruck in einem Rohre mit elastischer Wandung ist
von dem Füllungsgrade desselben und von der Elasticität der Wandung
abhängig. Bei gleicher Füllung, d. i. bei gleicher Menge seines Inhalts
wird der Flüssigkeitsdruck und die demselben entsprechende Spannung der
Röhrenwand um so grösser sein, je grösser die Elasticität der letzteren ist
und umgekehrt. Denn ein weniger elastisches Rohr wird sich, wenn die
Füllung wächst, mehr ausdehnen als ein mehr elastisches und der Druck
und Gegendruck, d. i. Flüssigkeitsdruck und Spannung der Röhrenwand
werden im ersteren Falle grösser sein als in letzterem.

Von diesen physikalischen Grundbegriffen ausgehend, wollen wir in
Erwägung ziehen, unter welchen Bedingungen in einem Rohre der Flüssigkeitsdruck und mit ihm die Rohrwandspannung wächst oder abnimmt,

wenn die Flüssigkeit sich continuirlich von dem einen zu dem anderen Ende bewegt, wie dies ja beim Kreislaufe der Fall ist. Auch hier wird selbstverständlich — die gleiche Elasticität vorausgesetzt — der Flüssigkeitsdruck und die Wandspannung mit der vermehrten Füllung wachsen und mit der verminderten abnehmen, diese Füllung ist aber wieder von der Geschwindigkeit abhängig, mit der die Flüssigkeit strömt, respective von der Menge Flüssigkeit, die in einer gegebenen Zeit eine bestimmte Rohrstrecke durchströmt. Wenn in eine bestimmte Rohrstrecke die Flüssigkeit mit grösserer Geschwindigkeit einströmt, aber aus derselben auch mit entsprechend grösserer Geschwindigkeit abströmt, so wird die Flüssigkeitsmenge in derselben und mit ihr der Druck und die Wandspannung nicht anwachsen, sondern gleichbleiben, ja beide können sogar geringer werden, wenn die Flüssigkeit aus dem Ende des Rohres rascher abströmt, als sie in den Anfang einströmt. Bei rascherem Einströmen kann also der Druck im Rohre nur zunehmen, wenn verhältnismässig weniger abströmt als einströmt. Die gleiche Betrachtung gilt für den Fall, als die Stromgeschwindigkeit sich verlangsamt, d. i. wenn in der gegebenen Zeit die Menge der bewegten Flüssigkeit, die das Rohr durchsetzt, eine geringere wird. Für diesen Fall wird der Druck in einem bestimmten Rohrabschnitte nur dann abnehmen, wenn nicht bloss das Einströmen langsamer, sondern wenn auch das Abströmen relativ rascher erfolgt, der Druck wird aber trotz des verlangsamten Einströmens wachsen, wenn das Abströmen sich verringert.

Kurz ausgedrückt, der Druck in einem bestimmten Rohrabschnitte des Kreislaufs hängt — bei gleichbleibender Elasticität der betreffenden Röhrenwand — von dem Verhältnisse der Geschwindigkeit ab, mit der die Flüssigkeit ein- und abströmt.

Wir wollen nun auf Grund dieser allgemeinen Betrachtung überlegen, unter welchen Bedingungen sich in den verschiedenen Abschnitten des Kreislaufmodells Druck und Füllung ändern.

Diese Ueberlegung, die übrigens zum grossen Theile auf bereits vorgeführten Thatsachen fusst, scheint mir deshalb wichtig, weil sie eine Vorbereitung für jene Ueberlegungen abgibt, die wir im Thierexperimente und am Krankenbette anzustellen haben, denn die Hauptfragen, um deren Beantwortung es sich hier handelt, betreffen die Entstehungsweise und Folgen der Druckänderungen in den verschiedenen Gefässgebieten.

Wir dürfen diese Ueberlegung nicht bloss auf die Röhrengebiete beschränken, die zwischen den Ventrikeln und den Vorhöfen eingeschaltet sind und den Körper- und Lungenkreislauf repräsentiren, sondern wir müssen dieselbe auch auf die Ventrikel und Vorhöfe selbst ausdehnen. Eine Ausserachtlassung der beiden Herzen würde geradezu eine Zerreissung des Kreislaufs bedeuten. Die beiden Herzen sind unzertrennliche Bestandtheile des Kreislaufsystems und sie sind im physikalischen Sinne auch als Röhrenabschnitte mit elastischer Wandung zu betrachten.

Sie unterscheiden sich von den anderen Röhrenabschnitten nur dadurch, dass die Strömungsrichtung der Flüssigkeit in denselben durch die beiden Klappen von vorneherein bestimmt ist, und dass die Elasticität derselben rhythmisch zu- und abnimmt. Denn die Contraction der Ventrikel und Vorhöfe können wir im physikalischen Sinne als eine Elasticitätszunahme betrachten. Diese rhythmische Zunahme der Elasticität ist zugleich die motorische Kraft, welche die Flüssigkeit zum Fliessen im Kreise bringt.

Im Modellversuche tritt an Stelle der systolischen Verkürzung und Verdickung des Herzmuskels die von aussen bewirkte Verkleinerung des Ventrikels, die ja im Wesen dasselbe bedeutet wie erstere.

Die mittlere Spannung und Füllung der Ventrikel, d. i. das Mittel aus der Füllung und Spannung zur Zeit der Systole und Diastole hängen von dem Verhältnisse der Flüssigkeitsmengen ab, die denselben vom Vorhofe zuströmen, und jenen, die die Ventrikel verlassen. Ausserdem sind dieselben durch die Grösse des Elasticitätszuwachses, d. i. durch die Grösse der systolischen Volumverkleinerung bedingt. Solange Zu- und Abfluss sich gleichbleiben, wachsen Druck und Spannung mit dem systolischen Elasticitätszuwachse, d. i. mit der systolischen Verkleinerung, und nehmen ab, wenn die systolische Verkleinerung geringer wird. Hieraus erhellt, dass der mittlere Füllungszustand des Herzens und somit auch das mittlere Volum des Herzens unter Umständen bei höherer Spannung seines Inhalts kleiner werden und dass umgekehrt derselbe bei geringerer Spannung sich vergrössern kann.

Füllung, Druck und Spannung nehmen ferner bei gleichem systolischem Elasticitätszuwachs zu, wenn der Zufluss den Abfluss überwiegt, und sie nehmen ab, wenn umgekehrt der Abfluss den Zufluss überwiegt. Die Bedingungen, welche den Zufluss ändern, liegen im Vorhofe und jenseits desselben, und jene, welche den Abfluss ändern, liegen diesseits des Ventrikels, d. i. in den bezüglichen Arteriengebieten. Die Füllung und der Druck in den Ventrikeln und die Spannung der Ventrikelwand sind also in erster Reihe von dem Füllungszustande der ihnen zugehörigen Vorhöfe und von der Weite der Strombahn abhängig, in welche sich deren Inhalt ergiesst.

Der Druck in der Röhrenbahn je eines Ventrikels, d. i. in der Strecke von der Arterie bis zur Venenmündung, hängt zunächst von der Elasticität der Röhren ab, in denen die Flüssigkeit sich bewegt. Im Modelle spielt der Elasticitätsunterschied der dieser Bahn angehörigen Röhren keine so grosse Rolle wie im thierischen Kreislaufe, wo die Elasticität der grossen, selbst kleineren Arterien beträchtlich grösser ist als die der Capillaren und Venen, und überdies auch die Lungenarterien viel weniger elastisch sind als die Körperarterien.

Ausserdem hängen Druck und Spannung in dieser Röhrenbahn von deren Füllung und diese wieder von dem Verhältnisse zwischen Zu- und Abfluss ab.

Für die Strecke. die näher dem Ventrikel sich befindet. d. i. in den beiderseitigen Arterien. liegen die Bedingungen, welche den Zufluss ändern. im Ventrikel, und die den Abfluss ändern, beim Modelle zunächst in den Widerstandssystemen W und w und L, beim Thierkreislaufe in dem Gebiete der kleinen und kleinsten Arterien und in den kleinen und kleinsten Lungenarterien. Diese letzteren Bedingungen sind im Modelle sowohl wie im Thierkreislaufe diejenigen. die dem grössten Wechsel unterliegen. Im Modelle kann durch Compression und Erweiterung der Widerstandssysteme der Abfluss aus den Arterien verlangsamt und beschleunigt werden, und diese Verlangsamung und Beschleunigung des Abflusses wird im thierischen Kreislaufe durch Verengerung und Erweiterung der kleinen Arterien. vielleicht auch der Capillaren und kleinen Venen bewirkt. Druck und Spannung der Arterien sind also zumeist vom Abflusse der Flüssigkeit in die Bahnen, die ich im Modelle als Widerstandsbahnen bezeichne und die man auch im thierischen Kreislaufe als Widerstandsbahnen bezeichnen kann. abhängig.

Je mehr wir uns in der Strombahn vom Ventrikel entfernen. umsomehr beeinflussen. wie man sich vorstellen muss. die Bedingungen. die den Abfluss in die Vorhöfe ändern, den Druck und die Spannung in dem bezüglichen Röhrenabschnitte der Strombahn. während der Einfluss jener Bedingungen, welche den Zufluss ändern. mehr und mehr in den Hintergrund tritt. Mit der Entfernung der Stromstrecke vom Ventrikel wird der Rest von jener Triebkraft, die sich bei der Systole entwickelt. immer geringer, und es überwiegen die saugenden Kräfte, die von der Systole des anderen Ventrikels ausgehen und den Abfluss der Flüssigkeit aus den Venen beschleunigen. Das Ende der vom linken Ventrikel ausgehenden Strombahn. d. i. vorzugsweise die Venen, wird also durch die Saugwirkung des rechten Ventrikels mehr beeinflusst als durch die treibende des linken Ventrikels, und das Ende der vom rechten Ventrikel ausgehenden Strombahn wird wieder durch die saugende Wirkung des linken Ventrikels mehr beeinflusst als durch die treibende des rechten.

Druck und Spannung im Capillargebiete dürften noch in annähernd gleicher Weise sowohl von den Factoren. welche den Zufluss zu denselben ändern. als von jenen, welche den Abfluss fördern oder hemmen. abhängen.

Bei unverändert gleichem Abfliessen der Flüssigkeit aus den Venen wird der Druck im Capillargebiete wachsen, wenn zugleich Druck. Spannung und Füllung der Arterien stärker werden.

Druck, Spannung und Füllung wachsen aber im gleichen Grade nur in jenen Arterien. deren Lichtung nicht oder nur zum geringen Theile durch die Contraction musculöser Elemente beeinflusst wird.

In jenen Arterien aber, in deren Wand eine verhältnismässig starke Ringmusculatur eingewebt ist. und das sind bekanntlich die kleinen und kleinsten. wächst mit dem Drucke und der Spannung nicht immer deren

Füllung, diese wird sogar bei der unter höherer Spannung erfolgenden
Verengerung geringer, und infolge dieser geringeren Füllung muss auch
der Zufluss zu den Capillaren abnehmen.

Das gilt namentlich von den kleinen Arterien des Körperkreislaufs.
In den Capillaren des Körpergebietes können also Druck, Spannung und
Füllung abnehmen, trotzdem Druck und Spannung in den zuführenden
grossen Arterien grösser werden.

In den Lungencapillaren werden, wenn wir von der Vorstellung ausgehen, dass die zuführenden Arterien nicht oder nur in geringem Maasse
contractionsfähig sind, Druck, Spannung und Füllung derselben immer
mit Druck, Spannung und Füllung der grossen sowohl als der kleinen
Arterien parallel gehen.

Bei unverändertem Abflusse in die Venen werden ferner im Allgemeinen Füllung, Druck und Spannung in den Capillaren abnehmen,
wenn Druck und Spannung in den zuführenden Arterien sinken.

Es ist aber auch denkbar, dass Druck und Spannung in den Capillaren
mit sinkendem Drucke in den zuführenden Arterien wachsen, und zwar
dann, wenn mit der Erweiterung der vorher verengten zuführenden Arterien die Füllung derselben wächst und somit der Zufluss zu den Capillaren grösser wird.

Da der Abfluss aus den Venen, wie schon oft wiederholt wurde,
zumeist von der Thätigkeit jenes Ventrikels abhängt, in dessen Vorhof sie
sich entleeren, so wird der Druck in den Capillaren des Körpergebietes
eine Steigung erfahren können, wenn der rechte Ventrikel unvollkommener
arbeitet, und der Druck in den Capillaren der Lunge wird wachsen, wenn
der Lungenvenenstrom durch mangelhafte Arbeit des linken Ventrikels
gehemmt wird.

Desgleichen werden eventuell Druck und Spannung der Körpercapillaren sinken, wenn der Abfluss der Flüssigkeit zu den Venen infolge einer vermehrten Thätigkeit des rechten Ventrikels rascher vor
sich geht, und ebenso kann der Druck und die Spannung in den
Lungencapillaren sinken, wenn infolge einer erhöhten Thätigkeit des
linken Ventrikels die Lungencapillaren sich gegen die Lungenvenen hin
rascher entleeren.

Druck, Spannung und Füllung der Körpercapillaren sind ihrer biologischen Bedeutung nach die wichtigsten Functionen des Kreislaufs, denn
die grossen und selbst die kleineren Arterien des Körpergebietes sind gewissermassen nur die grossen Leitungscanäle, die den verschiedenen Or-
ganen die Ernährungsflüssigkeit zuführen, und die kleinen und grossen
Venen sind die Sammelcanäle, in denen die durch die Ausnutzung für
die Ernährung unbrauchbar gewordene Ernährungsflüssigkeit wieder zu-
rückgeleitet wird, um in den Lungen die für die Ernährung des Körpers
nöthigen Eigenschaften wieder zu gewinnen.

Vom biologischen Standpunkte aus ist es also überaus wichtig, sich eine richtige Vorstellung über die jeweiligen Füllungsverhältnisse der Capillaren zu machen.

Es ist aber nicht bloss wichtig, sich über Druck und Füllung der Capillaren und über die Anhaltungspunkte, welche wir hiefür aus gewissen sichtbaren Merkmalen, wie Arterienpuls, Farbe der Haut und der Schleimhäute etc., gewinnen können, zu orientiren, sondern es ist auch wichtig, dass wir im Stande sind, in Erwägung zu ziehen, ob die jeweilige Füllung der Capillaren mit einer grösseren oder geringeren Stromgeschwindigkeit zusammenfällt.

Denn es ist, wie leicht ersichtlich, vom biologischen Standpunkte aus durchaus nicht gleichgiltig, ob die ernährende Flüssigkeit in den Capillaren langsam oder rasch fliesst und ob sie dieselben stark oder schwach anfüllt. Denn der Verbrauch von Nährstoffen und die Art des Verbrauchs ist nicht bloss von der Menge der ernährenden Flüssigkeit, sondern auch von dem Verweilen derselben in der zu ernährenden Region abhängig.

Die gleiche Erwägung hat auch für die Capillaren der Lunge zu gelten. Hier ist die Vorstellung über Spannung und Füllung der Capillaren und die Geschwindigkeit des Flüssigkeitsstroms in denselben deshalb von Bedeutung, weil die Art der Regeneration des Blutes in der Lunge, d. i. die Ladung desselben mit Sauerstoff, zumeist von dem Verhalten des Capillarstroms abhängt. Ausserdem haben aber Druck und Füllung der Lungencapillaren noch eine andere Bedeutung, die mit dem Mechanismus der Athmung selbst zusammenhängt, auf welche ich später zu sprechen komme.

Der Druck und die Spannung, sowie die Füllung der Venen hängen den früheren Auseinandersetzungen zufolge zumeist von der Thätigkeit jener Ventrikel ab, in welche sie sich entleeren, und zum geringeren Grade von der Thätigkeit jener, von denen sie auf dem Wege der zuführenden Arterien ihren Inhalt erhalten.

Unter normalen Verhältnissen, d. i. wenn die Venen ihren Inhalt genügend rasch entleeren, ist die Spannung derselben immer sehr gering. Sie wird in der Regel grösser, wenn der Abfluss verzögert wird. Die Gründe für diesen verzögerten Abfluss sind schon wiederholt besprochen worden und brauche ich dieselben nicht mehr zu wiederholen. Betonen will ich jedoch, dass man bei Erwägung der Ursachen, die den Druck und die Füllung in den Venen erhöhen oder erniedrigen, ausser der Herzarbeit, von welcher der Abfluss abhängt, auch die Möglichkeit eines vermehrten oder verminderten Zuflusses von Seite der Arterien, d. i. von Seite der Aorta einerseits und von Seite der Pulmonalarterie anderseits zu berücksichtigen hat.

V.

Ueber das Strömen bei gleichmässiger und ungleichmässiger Arbeit der Ventrikel und über die Vertheilung der Flüssigkeit im Kreislaufe.

In einem einfachen Kreislaufe, wo die Strömung des Blutes durch eine Herzkammer und eine Vorkammer in der zuerst von E. H. Weber discutirten Weise durch Herstellung eines Gefälles zwischen Herz und Vorhof erhalten wird, besteht immer, wenn man sich so ausdrücken darf, ein vollständiges hydrodynamisches Gleichgewicht, d. h. die Blutmengen, die den Ventrikel verlassen, kehren in gleicher Menge durch den Vorhof wieder zum Ventrikel zurück.

Eine Störung dieses Gleichgewichts ist undenkbar, denn der Ventrikel erhält seine Füllung aus demselben Reservoir, dem Vorhofe, in das er sich entleert. Es kann vorkommen, dass der Ventrikel dem Reservoir mehr entnimmt und infolge dessen auch mehr in die Aorta wirft, das bedeutet aber nur, dass in der Zeiteinheit grössere Blutmengen ins Kreisen gerathen, d. i. ein rascheres Fliessen bei grösserer Druckdifferenz; es kann ferner vorkommen, dass der Ventrikel weniger ins Aortensystem treibt und auch weniger dem Vorhofe entnimmt, in einem solchen Falle wird die Druckdifferenz abnehmen, das Gefälle zwischen Aorta und Vene wird geringer und das Blut fliesst langsamer. Das hydrodynamische Gleichgewicht bleibt in dem einen wie in dem anderen Falle aufrecht.

Ist nun, muss man fragen, dies auch der Fall bei einem Kreislaufe mit zwei Herzen, wo der eine Ventrikel seinen Inhalt nicht seinem eigenen, sondern dem Reservoir des zweiten Ventrikels zuführt, und denselben erst — wie man glauben könnte — nur infolge der Thätigkeit dieses zweiten Ventrikels erhält? Dieser Frage sind die folgenden Betrachtungen gewidmet.

Um die allgemeinen Beziehungen zwischen den Drücken in den verschiedenen Abschnitten des Kreislaufs mit zwei Herzen festzustellen, habe ich Modellversuche vorgeführt, in denen bald die Arbeit des einen, bald die des anderen Ventrikels verstärkt oder geschwächt wurde. Hiebei zeigte sich, dass der stärker arbeitende Ventrikel mehr aus seinem Reservoir, dem Vorhofe, schöpft als der schwächer arbeitende, und es wurde hiebei schon S. 16 die Frage aufgeworfen, ob, wenn bei einer solchen ungleichmässigen Herzarbeit der stärker arbeitende Ventrikel im Verlaufe immer leerer und der schwächer arbeitende Ventrikel immer voller wird, für die Dauer der Kreislauf fortbestehen könne.

Dieselbe Frage muss auch aufgeworfen werden, wenn bei gleichmässiger Herzarbeit die Widerstände im Stromgebiete des einen oder anderen Ventrikels sich ändern, denn wir sahen, dass auch hier die Arbeit der beiden Herzen ungleichmässig wird, und dass infolge dessen bald das eine, bald das andere mehr, respective weniger aus seinem Reservoir schöpft.

Der Unterschied zwischen diesen beiden Fällen besteht ja nur darin, dass im ersteren die Ungleichmässigkeit der Herzarbeit im Modellexperimente primär hervorgerufen wird, während er im letzteren Falle auf secundärem Wege, d. i. dadurch entsteht, dass die Ventrikelarbeit infolge der höheren Spannung sich ändert.

Für den thierischen Kreislauf, selbstverständlich auch für den menschlichen, ist diese Frage, soweit sie sich auf den letzteren Fall bezieht, schon längst durch die experimentelle Erfahrung beantwortet, denn diese lautet ganz bestimmt dahin, dass selbst die hochgradigste Steigerung oder Verminderung der Widerstände in der arteriellen Strombahn, wie sie beispielsweise durch die Reizung des verlängerten Markes hervorgerufen wird, den Kreislauf nicht sistirt.

Hiebei gehe ich von der Annahme aus, die zum Theile schon erwiesen ist und für die ich noch weitere Beweise vorbringen werde, dass das lebende Herz, respective der linke Ventrikel durch Widerstandserhöhung im Aortengebiete insufficient wird, was eine secundäre Ungleichmässigkeit bedingt.

Experimentelle Erfahrungen sowohl wie klinische zeigen ferner, dass selbst bei primärer, ungleichmässiger Arbeit beider Herzen der Kreislauf nicht zu bestehen aufhört. Denn bei Klappenfehlern, die doch entschieden eine Ungleichmässigkeit der Herzarbeit in primärer Weise bedingen, sistirt der Kreislauf auch dann nicht, wenn dieselben selbst einen hohen Grad erreichen.

Nach diesen Erfahrungen kann man es demnach als ausgemacht ansehen, dass im thierischen und menschlichen Kreislaufe weder die primäre, noch die secundäre ungleichmässige Arbeit der beiden Herzen den Kreislauf zu sistiren vermag.

Mit dieser aus der Erfahrung erfliessenden Thatsache, dass der Kreislauf bei ungleichmässiger Herzarbeit fortbesteht, ist aber nicht zugleich die Erklärung für dieselbe gegeben.

Man kann allerdings zu derselben auch auf aprioristischem Wege gelangen; ich ziehe es aber vor, diese Erklärung auf experimentellem Wege zu liefern, weil wir auf diesem Wege nicht bloss erfahren, warum bei ungleichmässiger Herzarbeit der Kreislauf fortbesteht, sondern weil wir hiebei auch eine genauere Einsicht in die Vorgänge gewinnen, die sich beim Uebergange einer gleichmässigen Herzarbeit in eine ungleichmässige innerhalb des Kreislaufs abspielen.

Die betreffenden Versuche sind wieder Modellversuche, und zwar zum grössten Theil solche, die ich schon früher beschrieben habe, und die ich jetzt von anderer Seite beleuchten will.

Während nähmlich früher unsere Betrachtungen sich auf Druck, Spannung und Füllung in den verschiedenen Abschnitten des Kreislaufs bezogen, sollen die Versuche nun folgende Frage beantworten: Kehrt die

Flüssigkeit, die den linken Ventrikel verlässt, in gleicher Menge wieder zu demselben zurück? Man kann auch umgekehrt fragen, ob die Flüssigkeit, die den rechten Ventrikel verlässt, auch wieder in gleicher Menge demselben zufliesst.

Wenn dies geschähe, dann müsste selbstverständlich dem rechten Vorhofe vom linken Ventrikel aus ebensoviel zufliessen als dem linken Vorhofe vom rechten Herzen, es müsste auch der linke Ventrikel aus seinem Vorhofe ebensoviel schöpfen als der rechte Ventrikel aus seinem Vorhofe.

Damit das Modell über diese Fragen eine anschauliche Auskunft gebe, habe ich die beiden Röhren, welche die Vorhöfe darstellen, Fig. 1, *l. Vh* und *r. Vh*, nur zum Theile mit Wasser angefüllt. Man sieht also freie Niveaus, aus deren Steigen und Sinken man beurtheilen kann, ob eine Gleichmässigkeit des Zufliessens zu denselben, respective des Abfliessens aus denselben besteht oder nicht, und in welcher Weise sich dieselbe ändert, wenn man die Arbeit der Ventrikel ungleich macht.

Ehe ich diese Versuche vorführe, muss ich erwähnen, dass bei meinem Modelle, insolange ich keine Veränderung einführe, d. i. solange beide Ventrikel gleichmässig comprimirt werden, und solange ich die Systeme, welche die Strombahn des Körpers und die Lungenstrombahn darstellen, unangetastet lasse, ein vollständiges hydrodynamisches Gleichgewicht besteht. Aus dem linken Ventrikel strömt nähmlich genau soviel in den rechten Vorhof als vom rechten Ventrikel in den linken Vorhof. Das entnimmt man aus dem Stande der Flüssigkeitsniveaus in beiden Vorhöfen, denn dieser bleibt sich immer gleich. Der Stand dieser beiden Niveaus ändert sich auch nicht, wenn ich die beiden Vorhöfe durch Lüften der beiden Stöpsel, die dieselben luftdicht verschliessen, eröffne, d. i. den Luftraum in denselben der Atmosphäre freigebe. Auch für diesen Fall verharrt die Flüssigkeit auf gleichem Niveau.

Wenn ich nähmlich die beiden Vorhöfe eröffne und die Herzarbeit gleichmässig dadurch steigere, dass ich die Compressionsvorrichtung rascher gehen lasse, oder dadurch, dass ich beide Ventrikel gleichmässig stärker zusammendrücken lasse, dann sinkt die Flüssigkeit gleichmässig in beiden Vorhöfen und es steigt der Druck in beiden Arteriensystemen. Ebenso steigt das Niveau gleichmässig in beiden offenen Vorhöfen, wenn die Compressionsvorrichtung langsamer arbeitet, oder wenn ich beide Ventrikel gleichmässig schwächer zusammendrücken lasse. In diesen beiden Fällen wird zugleich der Druck in beiden Arteriensystemen niedriger.

Der gleiche Stand der beiden Flüssigkeitsniveaus in den offenen Vorhöfen ändert sich aber sofort, wenn die Arbeit der beiden Herzen ungleichmässig wird. Hiebei ist es ganz gleichgiltig, ob diese Ungleichmässigkeit im Versuche primär erzeugt wird, d. i. in der Weise, dass man bald die Volumsverminderung des einen oder anderen Ventrikels vergrössert oder verkleinert oder dass man durch Vergrösserung oder Verkleinerung der Widerstände in der einen oder der anderen Strombahn den Nutzeffect der Arbeit des einen oder des anderen Ventrikels verkleinert oder vergrössert.

Sobald einer von diesen Eingriffen vorgenommen wird, steigt die Flüssigkeit bis an den Rand des einen Vorhofs und fängt an, über denselben abzufliessen, und im anderen Vorhofe sinkt die Flüssigkeit immer mehr und mehr.

So hört die gegenseitige Speisung der Pumpen, wodurch eine Art von Kreislauf solange hergestellt war, als dieselben absolut gleichmässig arbeiteten, auf. Dieser Kreislauf entspricht aber nicht jenem, wie er im thierischen Kreislaufe besteht. Denn wenn ich die Vorhöfe in meinem Modelle eröffne, so ist das Modell kein Kreislaufmodell mehr. Dem thierischen Kreislaufe gleicht mein Modell nur solange, als die beiden Vorhöfe geschlossen sind, als die beiden Herzen mit den Gefässen ein abgeschlossenes, allseitig begrenztes Stromgebiet darstellen.

In einem solchen geschlossenen Stromgebiete wird die Flüssigkeit nicht erst dann die volle Kreisbahn, d. i. die Bahn vom Ventrikel bis zu dem zugehörigen Vorhofe, durchlaufen, wenn beide in demselben eingeschaltete Herzen sich bewegen, sondern auch dann, wenn nur das eine derselben, gleichgiltig ob das rechte oder das linke, sich bewegt. Die Zusammenziehung auch nur eines Herzens muss eine Druckdifferenz schaffen zwischen dem Ventrikel und dem ihm zugehörigen Vorhofe, der ja zugleich sein Reservoir bildet. Besteht aber eine solche Druckdifferenz, dann muss die Flüssigkeit, die ein Herz auswirft, wieder zu ihm, respective zu seinem Vorhofe zurückkehren, auch dann, wenn das zweite Herz ganz unthätig ist.

Wenn also beispielsweise in einem Kreislaufe mit zwei Herzen sich bloss die linke Herzhälfte contrahiren würde, so müsste das Blut, nachdem es das Aorten- und Venengebiet passirt, weiterhin den ruhenden rechten Vorhof, das ruhende rechte Herz und die Lungengefässe durchsetzen und in den linken Vorhof einmünden, und wenn sich bloss die rechte Herzhälfte contrahirte, so müsste das Blut, nachdem es die Lungen verlassen, den ruhenden linken Vorhof, den ruhenden linken Ventrikel, sowie das gesammte Körpergefässgebiet durchsetzen und schliesslich in den rechten Vorhof einmünden. Denn das unthätige Herz könnte den Strom in seinem Fortschreiten nicht aufhalten, nur denselben verlangsamen.

Im Leben allerdings kommt eine derartige Ungleichmässigkeit der Herzarbeit nicht nur nicht vor, sie kann auch wenigstens für die Dauer nicht vorkommen, weil das Eintreten derselben auch das Ende lebenswichtiger Functionen, das Eintreten des Todes bedeuten würde. Nichtsdestoweniger scheint es mir vollständig am Platze, diese beiden Grenzfälle der möglichen Ungleichmässigkeit der Herzarbeit zu discutiren, denn diese Discussion ist nicht bloss aus theoretischen Gründen wichtig, sie ist es auch aus praktischen Gründen, denn wir werden sehen, dass das Verständnis für diese beiden Grenzfälle uns das weitere Verständnis für alle möglichen Kreislaufstörungen eröffnet.

Der Satz, dass in einem Kreislaufsysteme mit zwei Herzen ein Kreislauf auch dann, und zwar für die Dauer stattfinden müsse, wenn nur eines von diesen beiden Herzen sich bewegt, lässt sich an meinem Kreislaufmodelle experimentell beweisen.

Lässt man nähmlich im Modelle nur den linken Ventrikel arbeiten und den rechten ruhen, so erhebt sich, wie man dies im Versuche deutlich sehen kann, das Flüssigkeitsniveau im rechten Vorhofe und es sinkt im linken. Es entsteht also ein bemerkenswerter Niveauunterschied zwischen dem rechten und linken Vorhofe, was ja begreiflich ist, da ja der rechte Ventrikel seinem Vorhofe keine Flüssigkeit entnimmt und demselben zunächst ja noch weitere Flüssigkeitsmengen von dem in Arbeit begriffenen linken Ventrikel zuströmen, während dem linken Vorhofe durch den arbeitenden linken Ventrikel Flüssigkeit entzogen wird und demselben zugleich, wenigstens für den Anfang, vom rechten Ventrikel aus keine neue Flüssigkeit zugeführt wird.

Mit dem Steigen des Niveaus im rechten Vorhofe steigt, wie Fig. 6 lehrt, die diesem schon besprochenen Versuche entspricht, daselbst der Druck $r.$ Vh und ebenso sinkt der Druck im linken Vorhofe $l.$ Vh mit dem Absinken des Flüssigkeitsniveaus.

Wenn nun der Druck im rechten Vorhofe steigt und der Druck im linken Vorhofe sinkt, so muss die zwischen beiden Vorhöfen liegende Flüssigkeit ins Fliessen gerathen, und das geschieht, wie leicht ersichtlich, in dem Augenblicke, als der Druck im rechten Vorhofe und consecutiv der Druck im rechten Ventrikel so hoch ansteigt, dass der Klappenschluss der Pulmonalarterie überwunden wird. Bis zu diesem Zeitpunkte, muss man sich vorstellen, bestand in der That ein Missverhältnis zwischen den Flüssigkeitsmengen, die den beiden Vorhöfen zuströmten, respective aus denselben abströmten. Nun fliesst wieder dem linken Vorhofe gerade soviel Flüssigkeit zu, als den linken Ventrikel verlässt. Die Differenz zwischen den Flüssigkeitsniveaus in den beiden Vorhöfen bleibt nun, wie man dies im Modellversuche, wenn er genug lange dauert, sehen kann, constant, d. i. es erfolgt kein weiteres Ansteigen der Flüssigkeit im rechten Vorhofe und kein weiteres Absinken derselben im linken Vorhofe.

Uebereinstimmend hiemit sieht man auch in diesem Versuche, dass die beiden die Vorhofdrücke registrirenden Manometer, von denen der mit dem rechten Vorhofe communicirende zu Beginn eine aufsteigende und der andere mit dem linken Vorhofe communicirende zu Beginn eine absteigende Linie verzeichnete, nun horizontale Linien aufschreiben. In der Fig. 6 sieht man diese horizontalen Linien nicht, weil der Versuch nicht lange genug dauerte.

Die Constanz der Niveaudifferenz, sowie die Constanz der Drücke zeigt an, dass nun wieder eine vollständige Gleichmässigkeit zwischen den Zuflüssen zu den beiden Reservoiren und den Abflüssen aus denselben hergestellt ist. Das Zustandekommen dieses Zustandes des gleichmässigen Fliessens erfordert aber eine bestimmte Zeit, die ich als Ausgleichszeit bezeichnen will, die Vorgänge, die innerhalb derselben stattfinden, nenne ich die Ausgleichsvorgänge.

Dieser Ausgleich ist nur der Ausdruck des allgemeinen Gesetzes, dass in einer in sich geschlossenen Strombahn ein gleichmässiges Fliessen erfolgt, wenn nur in einer Stelle derselben eine herzartige Vorrichtung, d. i. eine Pumpe mit einem Druck- und einem Saugventile eingeschaltet ist.

Um die geschilderten Vorgänge ihrer inneren Bedeutung nach klarer zu erfassen, wollen wir uns die Frage stellen, was denn eigentlich im lebenden Organismus vorsichgehen würde, wenn die Bewegung der gesammten Blutmasse nur vom linken Herzen aus bewerkstelligt würde und das rechte Herz in Ruhe verharrte.

In gleicher Weise wie sonst, wo beide Herzen thätig sind, würde der grösste Theil der Arbeit des linken Ventrikels beim Durchgange des Blutes durch die grossen, kleinen Arterien und die Capillaren aufgezehrt werden. Der Rest derselben reicht für gewöhnlich hin, das Blut von den Venen aus dem rechten Vorhofe zuzuführen. Hier angelangt, empfängt — wenn das rechte Herz mitarbeitet — die Blutmasse einen neuen motorischen Impuls, der sie durch die Lungen treibt. Dieser neue Impuls, dem im Allgemeinen die Bedeutung zukommt, die Spannung und Stromgeschwindigkeit des Venenblutes zu erhöhen, ist für die Ventilation des Blutes unbedingt nothwendig.

Fällt dieser Impuls weg, dann würde, wie ich dargelegt habe, die Blutmasse sich wohl noch weiterbewegen, solange, bis sie in den linken Vorhof gelangte. Sie würde aber jetzt nicht mehr wie früher infolge des Anstosses, den sie durch die Triebkraft des rechten Ventrikels erhalten, in jenem raschen Strome durch die Lungengefässe fliessen, der ermöglicht, dass rasch hinter einander neue Bluttheilchen sich mit Sauerstoff sättigen können, sondern sehr langsam. Dieses langsame Fliessen hätte nicht bloss seinen Grund darin, dass die treibenden Kräfte sehr gering sind, sondern auch darin, dass das Strombett sich stark verbreitert hatte. Denn der rechte Vorhof und der rechte Ventrikel wären jetzt Bestandtheile der venösen Strombahn, hier breitete sich die Blutmasse aus und flösse noch langsamer als vorher.

In die Strombahn des linken Ventrikels, die früher im rechten Vorhofe endete, wäre jetzt das ganze rechte Herz, sowie das demselben zugehörige Gebiet der Lungengefässe einbezogen, sie hätte hiedurch an Ausdehnung gewonnen, und hiedurch entstünde auch eine Verminderung der Spannung im Aortengebiete, wie sie im Modellversuche Fig. 6 ersichtlich ist und auf die ich schon früher hingewiesen habe.

Bei einem derartigen Strome, trotzdem derselbe gleichmässig wäre, trotzdem aus dem linken thätigen Ventrikel gerade soviel in den rechten Vorhof strömte, als aus dem unthätigen rechten Ventrikel in den linken Vorhof, könnte der Organismus unmöglich bestehen, denn das Blut, das in den Körpercapillaren strömte, wäre wohl reichlich genug, aber es wäre kein arterielles Blut.

Die Schädlichkeit also, die durch den Ausfall der Arbeit des rechten Ventrikels entstünde, könnte trotz des Ausgleichs, d. i. trotz Fortbestehens eines gleichmässigen Blutstromes nicht beseitigt werden.

Aus dem Verhalten der Drücke in den verschiedenen Gebieten des Kreislaufs lässt sich leicht eine Vorstellung über die Vertheilung der Flüssigkeit ableiten.

Der rechte Vorhof und das den Venen entsprechende Gebiet werden am meisten gefüllt sein, denn es ist der Abfluss aus denselben — bei unverändertem Zuflusse — infolge des Ausfalls der beschleunigenden Action des rechten Ventrikels geringer geworden. Diese grössere Anfüllung der Venen würde sich wohl auch aus Gründen, die ich vorher beleuchtet habe, bis in das den Capillaren entsprechende Gebiet fortsetzen. Dieser stärkeren Füllung entspricht auch der gesteigerte Druck in Fig. 6 r. Vh. In dem Gefässgebiete der Lunge wird selbstverständlich die Füllung sehr gering sein und diese geringe Füllung ist in Fig. 6 aus der Verkleinerung des Lungenvenenvolums L ersichtlich. Das Gebiet der Arterien wird ebenfalls in seiner Füllung einen Ausfall erfahren, der, wie schon erwähnt, durch die Ausdehnung der arteriellen Strombahn bedingt ist, die einem verminderten Zufliessen gleichkommt. Dieser verminderten Füllung der Arterien entspricht die Drucksenkung A in Fig. 6, auf die ich übrigens schon vorher aufmerksam gemacht habe.

Wenn wir die gleichen Betrachtungen, und zwar auch mit Zugrundelegung des Modellversuches, für den Fall anstellen, dass der linke Ventrikel in Ruhe verharrt, d. i. ausser Action gesetzt ist, während der rechte seine Thätigkeit fortsetzt, so sehen wir, dass hier auch ein Ausgleichszustand zustande kommt, während dessen schliesslich ein gleichmässiges Fliessen, und zwar vom rechten Ventrikel bis zum rechten Vorhofe erfolgt. Ehe dieser Ausgleichszustand eintritt, vergeht eine bestimmte Zeit — ich nenne sie wie früher die Ausgleichszeit — und während dieser spielen sich bestimmte Vorgänge ab, die ich wie früher mit dem Namen Ausgleichsvorgänge bezeichne und die darauf zurückzuführen sind, dass in in der That unmittelbar nach Aufhören der Action des linken Ventrikels den beiden Vorhöfen ungleiche Flüssigkeitsmengen zuströmen.

Diese Vorgänge, welche durch die Aenderungen der Flüssigkeitsniveaus in beiden Vorhöfen, sowie durch die Aenderungen der Drücke in diesen, sowie in den beiden Arteriensystemen im Modellversuche ersichtlich werden, sind selbstverständlich ganz andere als die früheren, wo der linke Ventrikel fortarbeitete und der rechte ruhte.

Denn hier sieht man zunächst das Flüssigkeitsniveau im linken Vorhofe steigen und im rechten Vorhofe sinken. Stand vorher, d. i. als beide Ventrikel sich gleichmässig verkleinerten, die Flüssigkeit in den Vorhöfen auf gleichem Niveau, so erhebt sich jetzt das des linken über das des rechten. Dementsprechend sinkt der Druck im rechten und steigt im linken Vorhofe. Nach einiger Zeit aber, d. i. nach Ablauf der Ausgleichszeit, verharren die Flüssigkeitsniveaus und ihnen entsprechend die Drücke in beiden Vorhöfen auf einem bestimmten Stande, d. i. der Druck im linken Vorhofe steigt nicht weiter an und der Druck im rechten Vorhofe sinkt nicht tiefer.

Diese Constanz der Drücke und der Flüssigkeitsniveaus in dem Vorhofe, die in Fig. 5 wegen der Kürze der Versuchsdauer nicht ersichtlich ist, zeigt an, dass ein Ausgleichszustand eingetroten, während dessen nun wieder ein gleichmässiges Fliessen, aber nicht wie früher vom linken Ventrikel zum linken Vorhofe, sondern ein Fliessen vom rechten Ventrikel zum rechten Vorhofe stattfindet.

Dieses Fliessen entsteht durch die infolge der Arbeit des rechten Ventrikels erzeugte Druckdifferenz zwischen dem rechten Ventrikel und dem rechten Vorhofe. Es beginnt, wenn der Druck im ruhenden linken Ventrikel zum Oeffnen der verschlossenen Aortaklappe ausreicht.

Wir wollen hier wieder, wie früher, die Frage aufwerfen, was denn die Unthätigkeit des linken Herzens, respective die alleinige Thätigkeit des rechten Herzens physiologisch bedeuten würde.

Gehen wir bei der dieser Frage gewidmeten Betrachtung wieder von dem normalen Zustande aus, wo beide Herzen gleichmässig arbeiten, und lassen wir nicht wie früher den Kreislauf vom linken, sondern vom rechten Herzen beginnen, so gelangen wir zu der Vorstellung, dass die Flüssigkeit zunächst unter einem Drucke, der dem Widerstande der Lungengefässe entspricht, in die Pulmonalarterie und in die Lungengefässe eintreten und, nachdem sie die Lungencapillaren passirt, aus den Lungenvenen unter einem Drucke, der dem Reste der Herzarbeit entspricht, nachdem sämmtliche auf seiner Bahn befindlichen Widerstände überwunden sind, in den linken Vorhof und von hier in den linken Ventrikel abfliessen würde. Daselbst angelangt, empfienge die Flüssigkeit den neuen motorischen Impuls, der vom linken Ventrikel ausgeht, der nun dieselbe entsprechend den grösseren Widerständen in seiner Strombahn mit weit grösseren Kräften wie früher durch die Körpergefässe hindurch bis in den rechten Vorhof beförderte.

Wenn dieser Impuls fehlte, so hörte wohl das Weiterfliessen nicht auf, aber die Flüssigkeit bewegte sich nunmehr sehr langsam und unter

sehr niedrigem Drucke durch den ruhenden linken Ventrikel, die Aortenklappe passirend, dem rechten Vorhofe zu.

Die Arterienbahn, deren grösste Strecke sonst unter sehr hohem
Drucke angefüllt wurde, der nöthig ist, um die Thätigkeit aller arbeitenden
Organe des Körpers aufrecht zu erhalten, würde jetzt nur unter sehr
niedrigem Drucke und dementsprechend von einer viel geringeren Blutmenge durchflossen werden.

Diese Blutmasse, die nun im Körper fliesst, könnte auf ihrem Wege
durch die Lungen sich wohl mit Sauerstoff sättigen, aber sie wäre zu
gering und sie flösse unter einem zu niedrigen Drucke, um den Körper
ernähren und ihn am Leben erhalten zu können.

Ebensowenig also wie früher bei Ausfall der Thätigkeit des rechten
Herzens der Fortbestand des Kreislaufs die Schädlichkeit desselben hätte
aufheben können, könnte hier trotz des fortgesetzten Kreislaufs die
Schädlichkeit beseitigt werden, die durch den Ausfall der Arbeit des
linken Herzens entstünde.

Die Vertheilung der Flüssigkeit würde sich bei Sistirung der Arbeit
des linken Ventrikels wie folgt gestalten: Die Strecke von der Aorta bis
zum rechten Vorhofe, in welcher der Druck ein sehr niedriger ist, würde
diesem niedrigen Drucke entsprechend verhältnismässig schwach gefüllt sein,
weil aus dem linken Vorhofe durch den ruhenden linken Ventrikel, nur der
geringen Druckdifferenz entsprechend, die zwischen dem linken und rechten
Vorhofe besteht, die Flüssigkeit viel langsamer als früher zuströmt, das Abströmen aber derselben in den rechten Vorhof, wie das Sinken des Druckes
zeigt, noch ebenso rasch wie sonst vonstatten geht. Die Flüssigkeitsmenge, die sonst, d. i. bei aufrecht erhaltener Thätigkeit, des linken
Ventrikels zur starken Füllung dieser Strecke diente, staut sich zunächst
im linken Vorhofe, dann aber auch im ganzen Gebiete der Lungengefässe
an, dementsprechend sieht man, wie schon erwähnt, im Modellversuche,
dass der Druck im linken Vorhofe, Fig. 5, *l. Vh*, sehr hoch, dass das
Lungenvolum *L* grösser geworden, dass aber auch der Druck in der Pulmonalarterie mässig gestiegen ist. Aus dem Umstande, dass die Drücke
vom linken Vorhofe gegen die Pulmonalarterie hin abnehmen, lässt sich
schliessen, dass die Füllung nahe dem linken Vorhofe am beträchtlichsten
ist und von einer Verzögerung des Abflusses aus der Lungenvene, nicht
aber einer Vermehrung des Zuflusses vom rechten Ventrikel her beruht; dieser
Zufluss muss sich ja, worauf der gesunkene Druck im rechten Vorhofe
hinweist, infolge des Stillstandes des linken Ventrikels vermindert haben.

Bei Stillstand des linken Ventrikels erfolgt also eine theilweise Umwälzung der Flüssigkeitsmasse in den linken Vorhof
und in die Lungenvenen; bei Stillstand des rechten Ventrikels
eine theilweise Umwälzung derselben in den rechten Vorhof und
die Körpervenen.

Wenn wir die beiden eben analysirten Grenzfälle von einem ganz allgemeinen Gesichtspunkte betrachten, so können wir sagen, dass der einfache Plan, den wir im thierischen Kreislaufe mit einem Herzen erkennen, sich ganz genau im Kreislaufe mit zwei Herzen wiederfindet. In dem Modelle, das nach dem Muster des complicirten Säugethierkreislaufs mit zwei Herzen gebaut ist, können wir leicht den Plan des einherzigen Kreislaufs aufdecken, indem wir, ohne an der Construction desselben etwas zu ändern, aus einem Kreislaufe mit zwei Herzen einen solchen mit einem Herzen machen. In einem Kreislaufe mit zwei Herzen ist der Hauptmotor, dem die grösste Arbeit zufällt, das linke Herz, welches das Gebiet der Körpergefässe mit Ernährungsflüssigkeit zu versorgen hat. Das rechte Herz fasst man am besten als accessorischen Hilfsmotor auf, der in der Venenbahn eingeschaltet ist und dessen Triebkraft dazu dient, das langsam fliessende Venenblut mit jener Geschwindigkeit durch die Lungen zu leiten, die die Ventilation derselben erfordert.

Aus der Erörterung der Frage von der Ungleichheit der Arbeit beider Ventrikel, bei der ich von den Grenzfällen der möglich grössten Ungleichheit ausgieng, ergibt sich von selbst, dass der Flüssigkeitsstrom auch dann ein gleichmässiger sein müsse, wenn die Ungleichheit in der Arbeit beider Ventrikel keine vollkommene ist, sondern nur mässige Grade erreicht. Es leuchtet ferner ein, dass, wenn eine solche Ungleichheit entsteht, die Gleichmässigkeit zwischen dem Zuflusse zu den Vorhöfen und dem Abflusse aus den Ventrikeln nur vorübergehend, und zwar solange unterbrochen wird, bis sich wieder ein anderer Grad der Stromgeschwindigkeit, eine andere Flüssigkeitsvertheilung und dementsprechend andere constante Drücke ausgebildet haben.

Derartige vorübergehende Aenderungen werden aber nicht bloss bei Ungleichheit der Herzaction auftreten, sondern auch dann, wenn die Zuflüsse zu den Vorhöfen oder die Abflüsse aus den Ventrikeln durch Verengerung oder Erweiterung der Gefässe innerhalb grösserer oder kleinerer Gebiete wechseln. Ein solcher Wechsel wird eine geänderte Blutvertheilung und geänderte Drücke im Gefolge haben, und der neugeschaffene Zustand wird constant bleiben, wenn sich die Zu- und Abflüsse wieder ausgleichen. Der Wechsel der Drücke ist somit ein Anzeichen, dass die Geschwindigkeit des Gesammtstromes und die Blutvertheilung sich ändert und dass diese Aenderung durch ein entstehendes Missverhältnis zwischen den Zu- und Abflüssen bedingt ist. Die Constanz der Drücke zeigt, dass wieder eine Gleichmässigkeit zwischen denselben hergestellt ist. Aus dem Unterschiede der Drücke vor und nach einem solchen Wechsel lässt sich im Allgemeinen beurtheilen, in welcher Weise sich die neue Stromgeschwindigkeit und die neue Blutvertheilung von der alten unterscheiden.

Da, wie das Thierexperiment lehrt, die Drücke nicht absolut constant bleiben, sondern, wenn auch in geringem Grade, auf- und absteigen,
so müssen wir hieraus die Vorstellung ableiten, dass im thierischen Kreislaufe Zu- und Abflüsse sich nicht constant in vollkommenem Gleich-
gewichte befinden. Wären die Drücke vollständig constant, dann würden
auf jedem Querschnitte der Gefässbahn Zu- und Abfluss immer gleich
sein, d. i. das Verhältnis der beiden zu einander war immer = 1. So
aber müssen wir uns vorstellen, dass dieses Verhältnis von der
Einheit mehr oder weniger abweicht, mehr, wenn die Druckschwankungen sehr ausgiebig sind, wie beispielsweise bei eintretenden Gefässverengerungen oder Gefässerweiterungen, bei
Wechsel der Schlagfrequenz des Herzens etc., weniger, wenn
die Druckschwankungen unerheblich sind, wie die sogenannten
respiratorischen Druckschwankungen, die bloss durch die
wechselnde Blutfülle der Lungen in den verschiedenen Phasen
der Athmung bedingt sind.

Wir haben bisher nur auf Grund der Modellversuche von Gleichmässigkeit und Ungleichmässigkeit der Arbeit der Ventrikel gesprochen. Hier hatten wir insofern einen bestimmten Anhaltungspunkt
für die Gleichmässigkeit, als wir jenen Grad der Volumverkleinerung der
Ventrikel als gleichmässig bezeichnen durften, der durch gleichmässiges
Zusammendrücken der Compressionsbeutel B und B_1 bei Constanz der
Widerstände in den Systemen W, w und L erzeugt würde. Wann aber
dürfen wir im thierischen Kreislaufe von einer Gleichmässigkeit der
Arbeit beider Ventrikel sprechen?

Aus der früheren Betrachtung ergibt sich, dass die Gleichmässigkeit
des Blutstromes, die ja schon aus dem Fortbestande des Kreislaufs zu
erschliessen ist, keinen Anhaltspunkt dafür abgeben kann, ob die beiden
Ventrikel gleichmässig sich contrahiren oder nicht, denn eine solche
Gleichmässigkeit besteht ja, wenn auch in einem anderen Grade, trotz
grösster Ungleichmässigkeit der Herzarbeit.

Es lässt sich demnach die Grenze zwischen Gleichmässigkeit und
Ungleichmässigkeit der Herzarbeit nur ganz willkürlich bestimmen, indem
wir jene Herzthätigkeit als gleichmässige bezeichnen, bei der
die beiden Ventrikel sich während der Systole bis zum vollständigen Verschwinden ihres Lumens contrahiren.

Bei dieser Art der Herzcontraction, können wir uns vorstellen,
herrschen die günstigsten physiologischen Kreislaufbedingungen. Es
schöpfen die beiden Ventrikel ihre Reservoirs vollständig aus und deshalb
strömt das Blut aus den Körpervenen sowohl als aus den Lungenvenen
rasch und unter niedrigem Drucke ab, die Herzcontractionen, müssen wir uns
vorstellen, bleiben gleichmässig, solange die Widerstände im Aortengebiete
mässige sind und eine vollständige Contraction des linken Ventrikels gestatten.

In den Capillaren des Körpers sowohl als der Lunge fliesst unter solchen Umständen das Blut unter mässiger Spannung rasch in die Venen ab.

Der Druck, unter dem die Ventrikel ihren Inhalt auswerfen, wäre unter solchen rein physiologischen Bedingungen einzig und allein von den normalen Widerständen der betreffenden Gefässbahn, d. i. von der Länge und Breite derselben, sowie von der normalen Elasticität der Gefässwände abhängig.

Dieser normale Widerstand ist, wie Thierversuche lehren, im Aortengebiete ungefähr vier- bis fünfmal grösser als im Gebiete der Pulmonalarterie und dementsprechend ist der Druck am Ursprung der Aorta ungefähr vier- bis fünfmal grösser als am Ursprung der Pulmonalarterie.

Auf der Verschiedenheit der Widerstände und der hiedurch bedingten grösseren und geringeren Anstrengung beruht, wie man annehmen muss, auch die Verschiedenheit der Wanddicke beider Ventrikel.

Der Verschiedenheit der Wanddicke entspricht aber im physiologischen Kreislaufe wenigstens keine auffallende Verschiedenheit in der Grösse beider Ventrikelhöhlen. Der Fortbestand des Kreislaufs würde aber selbst, wie aus den früheren Erwägungen hervorgeht, nicht durch einen Unterschied in der Grösse der Ventrikelhöhlen gefährdet werden. Denn vorausgesetzt, dass sich beide Ventrikel vollständig contrahirten, und der rechte Ventrikel besässe ein kleineres Volum als der linke, so würde dies nur eine relative Verlangsamung des Gesammtblutstromes und eine stärkere Füllung des Venengebietes bedeuten, die relative Kleinheit des linken Ventrikels würde gleichfalls eine Verlangsamung des Blutstromes, aber mit einer Blutanhäufung in den Lungenvenen, zur Folge haben. Die Gleichmässigkeit des Blutstromes und der Fortbestand des Kreislaufs hängt also durchaus nicht von der Gleichheit der Herzhöhlen ab.

Man darf sich überhaupt nicht die Herzhöhlen oder, was dasselbe ist, das Volum des Herzens als eine constant gegebene Grösse vorstellen.

Die Grösse der Herzhöhlen ist den gleichen Schwankungen unterworfen wie die Stromgeschwindigkeit, die Blutvertheilung und die Drücke in den verschiedenen Gefässgebieten. Da diese unter rein physiologischen Verhältnissen nur geringen Schwankungen unterliegen, so wird auch die Grösse der Herzhöhlen unter physiologischen Bedingungen sich annähernd gleichbleiben. Die Grösse der Herzhöhlen wird schon grössere Aenderungen erfahren, wenn sich die Blutvertheilung innerhalb physiologischer Grenzen beträchtlich ändert, und diese Aenderungen werden selbstverständlich noch grösser werden, wenn die Arbeit der beiden Ventrikel ungleichmässig wird.

VI.
Allgemeine Definition des physiologischen und pathologischen Kreislaufs.

Aus den Modellversuchen, die ich vorgeführt habe, lässt sich eine Reihe von allgemeinen Sätzen ableiten, durch welche sich ein allgemeiner Ueberblick über den Kreislauf gewinnen lässt.

Wir werden später untersuchen, ob die allgemeinen Sätze auch für den thierischen, respective menschlichen Kreislauf Geltung haben. Wenn diese Untersuchung günstig ausfällt, d. i. wenn dieselbe ergibt, dass dieselben allgemeinen Sätze, zu denen die Versuche am Modelle führten, sich auch an dem Thierversuche, ja selbst aus der klinischen Beobachtung ergeben, dann erst dürfen wir dessen sicher sein, dass unsere Gesetze auch als allgemeine Gesetze für den thierischen Kreislauf zu gelten haben, und dann werden wir berechtigt sein, den Ueberblick, den wir durch die Modellversuche gewonnen haben, auch für das Verständnis des thierischen und menschlichen Kreislaufs zu verwerten.

Für diese Untersuchung wollen wir aber unser Thema ordnen, d. h. wir wollen zuerst prüfen, inwieweit sich die vorgebrachten allgemeinen Gesetze an den Vorgängen des normalen, d. i. physiologischen Kreislaufs offenbaren, und dann weiter prüfen, inwieweit diese Gesetze sich in den Vorgängen des pathologisch geänderten Kreislaufs nachweisen lassen.

Wann dürfen wir den Kreislauf als Ganzes betrachtet als einen normalen, physiologischen, und wann als einen abnormen, pathologischen bezeichnen? Mit anderen Worten, wo liegt die Grenze zwischen dem physiologischen und pathologischen Kreislaufe?

Die . bisherige allgemeine Betrachtung, namentlich die Discussion der Vorgänge bei ungleichmässiger Herzarbeit werden, wie ich meine, wesentlich dazu beitragen, die eben aufgeworfene Frage lösen zu helfen.

Das System des Thierkreislaufs besteht aus zwei Herzen und den Gefässen. Von letzteren wissen wir, dass die Elasticität deren Wandung, insofern dieselbe durch die Muskulatur derselben bedingt ist, einer fortwährenden Schwankung unterliegt.

Wir wissen, dass die Gefässe durch physiologische Einflüsse verschiedenster Art enger und weiter werden.

Von den beiden Herzen wollen wir gemäss des früher Gesagten annehmen, dass im normalen Kreislaufe, d. i. bei gesunden Thieren oder beim gesunden Menschen die Arbeit derselben sich nur dadurch unterscheidet, dass das linke ungefähr gegen einen vier- bis fünfmal so starken Widerstand arbeitet als das rechte, dass ferner die diastolische Füllung beider Ventrikel eine gleichmässige und dass die Systole beider Ventrikel eine vollständige ist, so dass die Blutmengen, die sie bei jeder Systole auswerfen, einander gleich sind.

Von diesem Gesichtspunkte aus können wir also alle jene Kreislaufvorgänge als physiologische bezeichnen, die sich in einem Kreislaufsysteme abspielen, dessen Herzen bei einer bestimmten Elasticität und Weite der Gefässe sich gleichmässig vollständig contrahiren, d. i. gleichmässig arbeiten.

Als Vorgänge, die sich noch innerhalb den Grenzen des physiologischen Kreislaufs bewegen, müssen wir aber auch jene bezeichnen, bei denen die ursprünglich gleichmässige Arbeit der beiden Herzen dadurch ungleichmässig wird, dass der Widerstand der Gefässbahn auf physiologischem Wege sich maximal steigert.

Bezeichnen wir die Gleichmässigkeit der Herzarbeit bei mittlerer Weite der Gefässe, d. i. bei mittlerem Widerstande der Gefässbahn gemäss unserer früheren Betrachtungen als die primäre gleichmässige und die infolge hochgradiger Widerstandveränderung entstehende Ungleichmässigkeit der Herzarbeit als die secundäre Ungleichmässigkeit, so können wir die Lehre von der Physiologie des Kreislaufs definiren als die Lehre von der primären Gleichmässigkeit und secundären Ungleichmässigkeit der Herzarbeit bei gleichbleibenden und wechselnden physiologisch bedingten Widerständen in der Gefässbahn.

Aus dieser Definition und auf Grund der früheren Betrachtungen ergibt sich fast von selbst die Definition der Lehre von der Pathologie des Kreislaufs.

Von einem pathologischen Kreislaufe können wir erst dann sprechen, wenn die Arbeit der Herzen ungleichmässig ist, und zwar nicht erst ungleichmässig auf secundärem Wege, d. i. infolge abnormen Widerstandswechsels in der Gefässbahn, sondern schon primär ungleichmässig. Der primären Ungleichmässigkeit kann sich hier auch die secundäre als Folge erhöhter oder verminderter Widerstände hinzugesellen.

Die Lehre von der Pathologie des Kreislaufs wird diesbezüglich nicht bloss den physiologisch, sondern auch pathologisch bedingten Widerstandswechsel ins Auge zu fassen haben.

Die Lehre von der Pathologie des Kreislaufs dürfen wir demnach definiren als die Lehre von der primären und secundären Ungleichmässigkeit der Herzarbeit bei gleichbleibenden und wechselnden physiologisch und pathologisch bedingten Widerständen in der Gefässbahn.

Nach dieser allgemeinen Orientirung wollen wir nun versuchen, uns über die Grundlehren der Physiologie und Pathologie des Kreislaufs zu verständigen, und wir wollen hiebei in der Weise vorgehen, dass wir gewisse grundlegende Thatsachen aus dem Gebiete der Physiologie und Pathologie des Kreislaufs analysiren.

Bei dieser Analyse wollen wir immer vorher den analogen Modellversuch vorführen und im Anschlusse hieran die durch das Thierexperiment oder die klinische Untersuchung gelieferten Thatsachen besprechen.

II. Abschnitt.

Allgemeine Physiologie des Kreislaufs.

Wenn man im Thierversuche die Carotis mit einem Quecksilber-
manometer verbindet und so den Seitendruck jener Arterie misst, von der
die Carotis abgeht, d. i. der Aorta und diesen graphisch registrirt, so sieht
man den auf dem Quecksilber sitzenden Schwimmer sich zu einer bestimmten
Höhe, etwa 150 mm über den Nullpunkt erheben. Um diese Höhe schwankt
der Schwimmer, bald sich über dieselbe erhebend, bald unter dieselbe
herabsteigend. Der mittlere Abstand dieser Schwankungen von der in die
Nullinie verlegten Abscisse ist die mittlere Höhe des Arteriendruckes.

Bei vollständiger Ruhe des Thieres zeigt die Curve des Arteriendrucks zweierlei Schwankungen. Die Pulsschwankungen, die auch der
Modellversuch zeigt, wenn auch nicht in der gleichen Form, und die sogenannten Respirationsschwankungen.

Die ersteren sind der Ausdruck des stossweise mit der Ventrikel-
contraction erfolgenden Einpressens von Blut in die Arterien. Diese Pulsschwankungen sind auch bei der Messung des Blutdrucks in der Pulmonalarterie zu beobachten. Selbst in diesen Schwankungen haben wir das
Anzeichen zu erblicken, dass der Flüssigkeitsstrom in den Arterien kein
vollständig gleichmässiger ist, d. h. dass das Verhältnis zwischen dem Zu-
und Abfliessen nicht der Einheit gleichkommt. Im weiteren Verlaufe der
Gefässbahn, d. i. in den Capillaren, verschwindet zwar der Puls, aber selbst
hier wird der Strom nicht absolut gleichmässig, denn an den grossen Venen
nahe dem Herzen, und zwar sowohl den Körpervenen als den Lungenvenen
nimmt man deutliche Schwankungen wahr. Es fallen nähmlich die Venen
ungefähr zu jener Zeit zusammen, d. i. es sinkt in denselben der Druck,
während die Arterien sich unter höherem Drucke stärker anfüllen, und umgekehrt steigt in den Venen der Druck und sie werden etwas voller,
während die weniger gespannten Arterien etwas zusammenfallen. Das zeigt,
dass der Zufluss zu den Arterien von Seite der Ventrikel und der Abfluss
aus den Venen in die Vorhöfe in ununterbrochener Schwankung begriffen
ist, was zugleich darthut, dass auch der Strom in den Capillaren, so
gleichmässig er zu sein scheint, kein vollkommen gleichmässiger sein kann.

Man bezeichnet die Schwankungen des Venendrucks oder, was dasselbe ist, der Venenspannung gewöhnlich als Venenpulse. Die pulsatorische
Erhebung der Venenpulse rührt aber nicht von einem stärkeren Blutzuflusse
zu denselben von Seite der Arterien, sondern von einem verminderten Abfliessen aus denselben in den Vorhof her, umgekehrt beruht das Zusammenfallen der Vene nicht auf einem verminderten Zuflusse zu derselben von

Seite der Arterien, sondern auf einem vermehrten Abflusse in den Vorhof. Die Bedingungen, die die Venen zusammenfallen machen, entwickeln sich zu gleicher Zeit mit jenen, die die Arterien erweitern, und umgekehrt entwickeln sich die Bedingungen, welche die Venen voller machen, zu gleicher Zeit mit jenen, infolge deren die Arterien entspannt und leerer werden. Mit anderen Worten, die Systole wirkt saugend und die Diastole drückend auf die Venen.

Die Respirationsschwankungen, die selbstverständlich im Modellversuche nicht erscheinen, und nur im Thierversuche sichtbar werden, sind weit grösser als die Pulsschwankungen. Man nennt sie Respirationsschwankungen, weil sie mit dem Mechanismus der Athmung zusammenhängen, und zwar sowohl der natürlichen, d. i. spontanen Athmung, die durch die Action der Athmungsmuskulatur des Zwerchfells etc., als der künstlichen Athmung, wie sie am durch Curare gelähmten Thiere durch rhythmisches Aufblasen der Lunge bewerkstelligt wird.

Während der inspiratorischen Erweiterung der Lunge, gleichgiltig, ob dieselbe durch die active Erweiterung des Thorax bei normaler Athmung oder durch Lufteintreibung in die Lunge bei künstlicher Athmung erfolgt, steigt im Ganzen und Grossen der Druck in der Aorta und Pulmonalarterie, bei der exspiratorischen Verkleinerung der Lunge sinkt umgekehrt der Druck in den Arterien. Während der Inspiration wird also der Blutstrom rascher, denn es wächst, wie sich aus der Druckveränderung erschliessen lässt, der Zufluss zu den beiden Arteriensystemen und auch der Abfluss aus den Venen wird, wie es scheint, rascher. Umgekehrt verlangsamt sich während der Exspiration der Blutstrom, denn der Zufluss zu den Arterien vermindert sich und der Abfluss des Blutes wird gehemmt.

Aus diesen Betrachtungen erhellt, dass selbst im vollkommen normalen Zustande die Stromgeschwindigkeit, die Drücke und die Blutvertheilung einem continuirlichen Wechsel unterliegen, und wie von einem constanten mittleren Drucke in den verschiedenen Gefässgebieten, muss man auch von einer constanten mittleren Stromgeschwindigkeit und einer constanten mittleren Blutvertheilung sprechen, keinesfalls aber von einer constant gleichmässigen Stromgeschwindigkeit und einer constant gleichmässigen Blutvertheilung.

Wir wollen nun die Veränderung der Drücke, der Stromgeschwindigkeit und der Blutvertheilung erörtern, die bei den physiologischen Aenderungen der Herzarbeit und bei physiologischen Aenderungen der Widerstände in der Gefässbahn eintreten.

Zuvor will ich aber noch eine Beziehung zwischen Athmung und Kreislauf der Betrachtung unterziehen, bei der es sich nicht wie früher um eine Beeinflussung des Kreislaufs durch die Athmung, sondern umgekehrt um eine Beeinflussung der Athmung durch den Kreislauf handelt.

Der Luftwechsel in der Lunge, von dem zum grössten Theile die Güte der Athmung und die durch dieselbe bedingte Ventilation des Blutes abhängt, ist nähmlich bei gleicher Stärke derjenigen Kräfte, die die Lungen erweitern und zusammenfallen machen, um so ergiebiger, je dehnbarer die Lunge ist. Diese Dehnbarkeit der Lunge hängt, solange die Elasticität der Lungenalveolen sich gleichbleibt, von dem Drucke und der Füllung der die Alveolen umspinnenden Capillaren ab. Wenn diese Capillaren stark und unter hohem Drucke gefüllt sind, so wird die Lunge weniger dehnbar, d. i. sie ist weniger entfaltungsfähig, und sie wird dehnbarer, wenn der Druck und die Füllung der Capillaren geringer werden. Den Zustand, in den die Lunge bei starker Spannung der Alveolarcapillaren geräth, habe ich als Lungenstarrheit bezeichnet. Die Lungenstarrheit hat die Bedeutung eines mechanischen Respirationshindernisses, indem sie einerseits die inspiratorische Entfaltung der Lunge und anderseits das exspiratorische Zusammenfallen der Lunge hemmt.

Durch die Anfüllung der Alveolarcapillaren unter höherem Drucke wird aber auch jeder Alveolus, mithin die ganze Lunge grösser. Diese Vergrösserung der Lunge, die ich als Lungenschwellung bezeichne, beeinträchtigt ebenfalls den respiratorischen Luftwechsel und mit ihm die Güte der Athmung.

Solange die Alveolarcapillaren unter mässigem Drucke angefüllt sind, kann sich die Lunge leicht ausdehnen und sie fällt auch leicht zusammen.

Wir werden diesen beiden Lungenzuständen bei den folgenden Erörterungen sehr häufig begegnen, und deshalb war es wichtig, die biologische Bedeutung derselben festzustellen.

I.

Verlangsamte Schlagfolge des Herzens.

Im Modellversuche sehen wir nach Verlangsamung der Action beider Ventrikel den Druck in den beiden Arterien, d. i. in der Aorta und der Pulmonalarterie sinken und den Druck in beiden Vorhöfen steigen.

Welche Vorgänge beobachten wir im Thierversuche bei Verlangsamung der Herzaction?

Eine solche Verlangsamung entsteht bekanntlich infolge von Reizung des *Nervus Vagus*. Diese Verlangsamung ist stärker oder schwächer, je nach der Stärke der Reizung; bei sehr starker Reizung tritt auch vollständiger Herzstillstand ein, der aber nicht für die Dauer erhalten werden kann.

Die Ursprünge des Vagus im Centralnervensysteme befinden sich bei gewissen Thieren, so beim Hunde, wahrscheinlich auch beim Menschen in einem Zustande stetiger tonischer Erregung, denn, wenn man den Weg, auf dem diese Erregungen zum Herzen abfliessen, unterbricht, d. i. wenn man den *Nervus Vagus* durchschneidet, dann wird die Herzaction rascher.

Man nennt den Vagus einen Hemmungsnerven, weil man sich vorstellt, dass derselbe nach Art einer Bremse wirkt, so dass die Rhythmik des Herzens, die ohne seine Vermittlung in raschem Tempo erfolgt, in ein langsameres übergeht, wenn derselbe seinen Einfluss auf das Herz geltend macht. Wir dürfen dieser Vorstellung nicht den Sinn einer wirklichen Erklärung unterlegen, denn wir können uns über die verlangsamende Wirkung des Vagus auch andere Vorstellungen bilden. Wir können uns beispielsweise vorstellen, dass der Vagus ähnlich wie ein sensibler Nerv die Erregbarkeit gewisser Apparate im Herzen, welchen die Auslösung von Bewegungsimpulsen für die Herzmuskulatur zukommt, herabsetzt etc.

Mit diesen Bemerkungen will ich nur andeuten, dass man die Thatsache, dass Vagusreizung den Herzschlag verlangsamt, nicht mit der Erklärung derselben confundiren und diese letztere selbst nicht als feststehend betrachten darf.

Die Drücke in den verschiedenen Gebieten des Kreislaufs zeigen folgende Veränderungen, die man direct im Thierversuche beobachtet:

Der Druck in der Carotis und in der Pulmonalarterie sinkt und es steigt sowohl der Druck in den Körper- als in den Lungenvenen. Das Steigen des Drucks in der Jugularvene während der Vagusreizung ist ursächlich mit dem Sinken des Drucks in der Pulmonalarterie, nicht aber mit dem Sinken des Drucks in der Aorta, respective Carotis in Zusammenhang zu bringen, d. h. die Füllung der Körpervenen wird nicht durch den vermehrten Zufluss von Seite der Arterien, sondern durch den behinderten Abfluss in das rechte Herz grösser. Am Modelle liess sich der experimentelle Beweis hiefür durch abwechselnde Ausschaltung der Thätigkeit eines Ventrikels liefern. Im Thierexperimente lässt sich übrigens auch nachweisen, dass die Füllung der *Vena jugularis* nur durch den verhinderten Abfluss des Blutes bedingt ist. Denn es fliesst, wie der Versuch lehrt, während der durch Vagusreizung veranlassten Pulsverlangsamung aus den stark gefüllten Halsvenen weniger Blut in den rechten Vorhof als aus den weniger gefüllten Venen zur Zeit, als die Action des Herzens im vollen Gange ist.

Die Drucksteigerung in den Lungenvenen beruht gleichfalls auf dem gehemmten Abflusse des Blutes in den linken Ventrikel, d. h. sie hängt ursächlich mit dem Sinken des Drucks in der Aorta zusammen.

Der Nutzeffect der Herzarbeit wird durch die Vagusreizung herabgesetzt, denn der Druck, unter welchem die Ventrikel ihren wenn auch nicht verminderten Inhalt entleeren, wird geringer.

Thier- und Modellversuch stimmen also vollständig mit einander überein.

Aus dem Verhalten der Drücke lässt sich leicht ableiten, wie die Blutvertheilung sich ändert, wenn das Herz aus einem rascheren Schlagtempo in ein verlangsamtes übergeht.

Da der mittlere Zufluss zu den Arterien und Pulmonalarterien und dementsprechend auch der Abfluss aus den Venen und Lungenvenen sich während der Vagusreizung vermindert, so muss hier das mittlere Volum des Herzens grösser werden, denn die Blutmassen, die früher, d. i. vor der Vagusreizung, rasch die beiden Ventrikel verliessen und zur Anfüllung der Arterien und Lungenarterien verwendet wurden, verweilen jetzt, d. i. während der Vagusreizung, längere Zeit in den Herzhöhlen selbst. Ausser in den beiden Herzhöhlen, und zwar sowohl den Vorhöfen und Ventrikeln, wird die mittlere Blutfülle in den Venen wachsen. Diese Füllung kann sich unter Umständen über die Anfänge der Venen hinaus in den Capillaren fortsetzen.

Die Geschwindigkeit des Blutstromes im Ganzen, also auch die in den Capillaren wird geringer werden, um so geringer selbstverständlich, in je grösseren Pausen die einzelnen Herzcontractionen aufeinanderfolgen.

Hieraus ist ersichtlich, dass bei einem sehr verlangsamten Herzrhythmus keine günstigen Bedingungen für den Stoffwechsel, der sich innerhalb der Capillargebiete abspielt, geschaffen werden.

In welcher Weise ein verlangsamter Blutstrom in den Lungen die Ventilation des Blutes daselbst beeinflusst, lässt sich nach den bisherigen Untersuchungen nicht bestimmt aussagen, wohl aber lässt sich vermuthen, dass, wenn die Stauung aus den Lungenvenen sich bis in die Lungencapillaren fortsetzt, die Respiration in mechanischer Weise infolge der sich ausbildenden Lungenschwellung und Lungenstarrheit beeinträchtigt werden kann. Wenn die Lungencapillaren leer werden, dann wird auch die Lunge sich verkleinern, und ihre Dehnbarkeit wird sich vermehren.

Im Thierversuche reizt man, um den Effect der Vagusreizung zu studiren, das periphere Ende dieses Nerven auf elektrischem Wege. Man kann aber durch mechanische oder chemische Reizung desselben die Schlagfolge des Herzens verlangsamen. Es liegen auch Versuche vor, die zeigen, dass mechanische Reizung des Vagus beim Menschen Pulsverlangsamung, selbst Aussetzen des Pulses und Herzschlages verursacht.

Die eigentlich physiologischen Reize, d. s. jene, die im Leben sich geltend machen, sind grossentheils reflectorischer Natur, auch Erhöhung des Gehirndrucks wirkt erregend auf die Vaguscentren. Zu den physiologischen Reizen können auch die toxischen Reize gerechnet werden, weil dieselben durch Vermittlung des Blutes die Vaguscentren erregen.

Die Vagusapparate im Herzen werden aber nicht bloss durch den *Nervus vagus* in Erregung versetzt, sie können auch unabhängig von demselben durch Einflüsse, welche sie sozusagen an Ort und Stelle treffen, in Erregung gerathen. Zu diesen Einflüssen gehören in erster Reihe toxische.

II.
Beschleunigte Schlagfolge des Herzens.

Aus dem Modellversuche ergibt sich, dass mit der Beschleunigung der Schlagfolge der beiden Ventrikel der Druck in der Aorta und in der Pulmonalarterie steigt und in den beiden zugehörigen Venensystemen, respective Vorhöfen sinkt.

Das ist auch vollkommen begreiflich, denn ohne dass die beiden Ventrikel stärker zusammengedrückt werden, muss die Flüssigkeitsmenge, die die Ventrikel in der Zeiteinheit auswerfen, wachsen, wenn die Systolen rascher aufeinanderfolgen.

Dementsprechend werden die Gefässbahnen jedes Ventrikels stärker und demnach unter höherem Drucke gefüllt werden. Dieser Zuwachs an Füllung erfolgt auf Kosten des Inhalts der beiden Vorhöfe, aus denen die Ventrikel in der Zeiteinheit bei beschleunigter Schlagfolge mehr schöpfen als bei langsamer. Für die Flüssigkeitsvertheilung im Modelle bedeutet dieser raschere Strom unter höherem Gefälle eine relativ grössere Ansammlung von Flüssigkeit im Ausflussgebiete, d. i. im Gebiete der Aorta und Pulmonalarterie, und eine geringere im Rückflussgebiete, in den Körpervenen und dem rechten Vorhofe, sowie in den Lungenvenen und dem linken Vorhofe.

Wenn die Beschleunigung einen bestimmten Grad überschreitet, dann findet eine Umkehr der Erscheinungen statt. In beiden Arteriensystemen sinkt der Druck und steigt in beiden Vorhöfen und den einmündenden Venen. Während früher, d. i. bei einem gewissen Grade der Beschleunigung im Sinne der früheren Auseinandersetzungen der Arbeitseffect der beiden Ventrikel sich erhöht, weil die Ventrikel die gleiche Flüssigkeitsmenge unter höherem Drucke beförderten, wird er bei übergrosser Beschleunigung herabgesetzt, denn dem erhöhten Drucke in den Vorhöfen entsprechend schöpfen die Ventrikel weniger aus denselben, und die verminderte Flüssigkeitsmenge wird auch unter niedrigerem Drucke befördert.

Das ist nur so zu erklären, dass bei übermässig rasch erfolgender Compression beider Ventrikel der Zeitraum zwischen zwei Systolen nicht ausreicht, um die Ventrikel genügend anzufüllen. Infolge dessen werden einerseits die beiden Arteriensysteme weniger, also unter geringerer Spannung gefüllt und in den Venen und Vorhöfen staut sich Flüssigkeit an, die nicht ausgiebig genug in die Ventrikel zu gelangen vermag.

Die Blutvertheilung wird sich in diesem Falle ähnlich so gestalten müssen, wie bei einer sehr langsamen Schlagfolge oder einer schwächeren Ventrikelcompression, d. h. die Ausflussgebiete werden relativ weniger Flüssigkeit enthalten als die Rückflussgebiete. In diesen, d. i. sowohl in den Körpervenen und dem rechten Vorhofe, sowie in den Lungenvenen und im linken Vorhofe, wird sich die Flüssigkeit in höherem Maasse anhäufen.

Im Thierversuche kann man die Herzaction beschleunigen, indem man die beschleunigenden Herznerven reizt, oder indem man die beiden *Nn. vagi* durchschneidet. Die letztere Art der Beschleunigung beruht auf der Ausschaltung der Erregungen, die vom Vagus ausgehen, die erstere müssen wir ihrer Entstehung nach im Allgemeinen so deuten, dass wir uns vorstellen, die Beschleunigungsnerven erhöhen die Thätigkeit bestimmter Apparate im Herzen, von welchen Bewegungsimpulse für die Muskulatur desselben ausgehen. Für die Vorgänge, die sich bei dieser erhöhten Thätigkeit abspielen, kann man sich verschiedene Vorstellungen machen.

Man kann sich vorstellen, dass die Beschleunigungsnerven in der Weise wirken, dass sie eine grössere Anzahl von Reizen, welche Herz-contractionen auslösen, zur Entwicklung bringen, man kann sich aber auch vorstellen, dass die *Nn. accelerantes* die Reizbarkeit der Herz-muskulatur erhöhen, so dass schon geringere Reize, deren Entwicklung kürzere Zeit in Anspruch nimmt, zur Auslösung des motorischen Impulses hinreichen.

Man kann sich ferner vorstellen, dass der *N. accelerans* die Thätig-keit der mit dem *N. vagus* verbundenen Apparate im Herzen, die den Herzschlag verlangsamen, hemmt, d. i. dass er denselben antagonistisch entgegenwirkt. Gegen die letztere Auffassung spricht übrigens eine Reihe von Gründen, deren Darlegung der speciellen Physiologie anheimfällt.

Die Frage, welche von diesen Vorstellungen über die Wirkungsweise der Beschleunigungsnerven des Herzens sich den Erscheinungen, welche die Reizung der *Nn. accelerantes* hervorruft, mehr oder weniger anpasst, ist wesentlich theoretischer Bedeutung, praktisch wichtig aber ist es, diese Erscheinungen genau zu kennen, um aus denselben möglichst richtige Vorstellungen über die Veränderungen des Blutstromes, der Blutvertheilung und der Drücke in den verschiedenen Gefässgebieten abzuleiten.

Ehe ich von diesen Erscheinungen spreche, will ich noch hervor-heben, dass die Beschleunigung der Schlagfolge des Herzens infolge von Acceleransreizung sich in ganz anderer Weise entwickelt als die Ver-langsamung infolge von Vagusreizung. Auf den Vagusreiz reagirt das Herz sehr rasch, sofort mit Eintritt der Vagusreizung wird der Herzrhythmus verlangsamt, auf Reizung des Accelerans aber erfolgt die Reaction, d. i. die Beschleunigung erst nach verhältnismässig längerer, mehrere Secunden währender Dauer. Während ferner der Vagusreiz keine Nachwirkung hinter-lässt, folgt dem Acceleransreiz, wenn er auf Ort und Stelle, d. i. auf den Be-schleunigungsnerven einzuwirken aufgehört, noch eine längere Periode der Nachwirkung, in welcher die hervorgerufene Beschleunigung noch fortbesteht. Der Vagusreiz ist also flüchtiger, der Acceleransreiz aber nachhaltiger Natur.

Die hämodynamischen Vorgänge während der Acceleransreizung sind im Allgemeinen weniger gründlich studirt als die während der Reizung der Vagi. Sichergestellt ist, dass der Accelerans den Herzschlag und zwar sehr wesentlich, selbst auf das Doppelte beschleunigt, und dass der Arterien-druck während dieser Beschleunigung steigt. Diese Steigerung bringt man gewöhnlich nicht mit der Beschleunigung selbst in Zusammenhang, sondern man sucht sie auf eine gleichzeitig eintretende Widerstandserhöhung in der arteriellen Gefässbahn zu beziehen. Dieser Meinung kann ich mich nicht anschliessen, ich glaube vielmehr annehmen zu sollen, dass nach Acceleransreizung der Blutdruck in den Arterien aus denselben Gründen steigt wie im Modellversuche, wenn man die Herzaction rascher vorsich-gehen lässt. Den Beweis für diese Behauptung entnehme ich der in meinem Laboratorium aufgedeckten Thatsache, dass mit der Steigerung des Arteriendrucks der Venendruck sinkt.

Dieses Sinken ist, wie aus den früheren allgemeinen Betrachtungen hervorgeht, wohl kein director Beweis für eine stärkere Arbeit des linken Ventrikels, aber für eine solche des rechten Ventrikels. Denn der ver-minderte Druck in den Venen und im rechten Vorhofe deutet darauf hin, dass der rechte Ventrikel mehr Blut aus seinem Reservoir, dem rechten Vorhofe, schöpft und dementsprechend mehr Blut in die Pulmonal-arterie befördert. Da aber anzunehmen ist, dass der Accelerans nicht bloss die Thätigkeit des rechten Ventrikels, sondern auch die des linken Ventrikels fördert, so ist es, soweit ich sehe, ohneweiters gestattet, den stärkeren Druck in den Arterien auch auf eine stärkere Füllung derselben zu beziehen, die nicht durch eine Erhöhung des Widerstandes an irgend einer Stelle der arteriellen Strombahn, sondern auf Kosten der Füllung und des Drucks in den Lungenvenen und im linken Vorhofe erfolgt.

Zur Sicherheit dieser Behauptung wäre allerdings der durch das Experiment zu liefernde Nachweis nöthig, dass der Druck in der Pulmonal-arterie ebenso steigt wie der Druck in der Aorta, und dass auch der Druck in dem linken Vorhofe ebenso sinkt wie im rechten. Dieser Nach-weis ist bisher nicht direct geliefert, ich habe aber im Experimente oft genug gesehen, dass in Fällen, wo die Herzfrequenz wechselt, mit der Ver-langsamung der Schlagfolge der Druck im linken Vorhofe stieg, während der Arteriendruck sank, und umgekehrt, dass der Druck im linken Vorhofe sank, während er in den Arterien stieg.

Auf die vermehrte Thätigkeit des linken Ventrikels weist übrigens auch die experimentell constatirte Thatsache hin, dass vorzugsweise die Systolendauer des linken Ventrikels durch Acceleransreizung verkürzt wird.

Die beschleunigte Herzaction, die durch eine Reizung der *Nn. accelerantes* bedingt wird, steigert also, wie man annehmen darf, den Druck in beiden Arteriensystemen und erniedrigt denselben in beiden Vorhöfen, d. i. die gesammte Stromgeschwindigkeit wird eine grössere.

Mit Bezug auf die Blutvertheilung lässt sich jedenfalls aussagen, dass die Füllung der Arterien zunimmt und die der Venen abnimmt. In den Capillaren wird jedenfalls der Druck nicht anwachsen, weil das Blut aus denselben sich rasch in die Venen entleeren kann. Es ist sogar denkbar, dass er in jener Strecke, die dem Anfange der Venen zugekehrt ist, eher absinkt.

Dieser Umstand ist deshalb von Wichtigkeit, weil sich daraus ergeben würde, dass die Lungen bei einer derartigen Herzaction keineswegs in ihrer Dehnbarkeit eine Einbusse erleiden, ja dass diese grösser und mit ihr die Athmung günstiger werden kann.

Gibt es nun auch, muss man weiter fragen, eine Form der beschleunigten Herzaction, bei welcher die Stromgeschwindigkeit nicht beschleunigt, sondern verlangsamt wird, bei der die Drücke in den beiden Arteriensystemen niedriger werden, während sie in den beiden Vorhöfen steigen, bei der also ungünstige Kreislaufverhältnisse geschaffen werden?

Für die Beantwortung dieser Frage gibt das Experiment keine absolut sicheren Anhaltspunkte. Ich weiss nur aus eigener Erfahrung, dass nach Durchschneidung der Vagi der Venendruck steigt, und dieses Steigen kann auch ein Steigen des Drucks im linken Vorhofe, somit eine Art der Herzthätigkeit vermuthen lassen, bei welcher trotz der Beschleunigung der Nutzeffect herabgesetzt ist, d. i. bei welcher die Ventrikel weniger aus den Vorhöfen schöpfen. Bei einer derartigen Herzthätigkeit würde, wie man sich vorstellen darf, der Blutstrom verlangsamt sein und es würde dementsprechend das Blut in den Capillaren langsam und unter hohem Drucke fliessen. Für die Lunge bedeutete dies eine Verminderung ihrer Athmungsfähigkeit.

Diese beiden in ihrem Effecte vollständig verschiedenen Formen der Beschleunigung des Herzschlages würden erklären, wieso es kommt, dass die beschleunigte Herzaction in manchen Fällen mit Dyspnoe combinirt ist und in manchen Fällen nicht.

Der zweiten Form der Herzbeschleunigung entspräche jedenfalls jener Modus der Herzcontraction, die man als Herzzittern, Herzflattern bezeichnet und die im Thierexperimente durch elektrische, mechanische oder thermische Reizung des Herzens erzeugt werden kann.

III.
Vermehrter Widerstand im Aortengebiete.

Der Widerstand, den der Blutstrom bei seinem Eindringen in das Aortengebiet erfährt, wird, wie schon erwähnt, vergrössert, wenn die Muskeln, welche in die Gefässwand eingewebt sind, sich verkürzen, und infolge dessen die Gefässe sich verengern. Man kann die Veränderung, welche die Gefässwand durch die Contraction ihrer muskulösen Elemente erfährt, in physikalischem Sinne als einen Elasticitätszuwachs auffassen, der bedingt, dass die Gefässe sich unter gleichem Drucke ihres Inhalts weniger ausdehnen. Diese verminderte Dehnbarkeit ist der Grund, weshalb selbst bei gleicher Füllung der Gefässe der Flüssigkeitsdruck, die Spannung der Gefässwand und auch die Kraft wachsen müssen, mit welcher der linke Ventrikel seinen Inhalt auswirft.

Die Dehnbarkeit der Gefässe in dem grossen Gefässgebiete der Aorta ist selbst bei ruhendem Zustande der Gefässmuskulatur nicht an allen Orten die gleiche. Dieser Unterschied hängt nicht bloss von der Beschaffenheit der Gefässwand, sondern auch von der Umgebung derselben ab. Gefässe, die in derben, starren Parenchymen eingelagert sind, sind weniger dehnbar als solche, welche in weichen, leicht dehnbaren Geweben sich befinden. Am dehnbarsten sind die Gefässe der in der Bauchhöhle eingeschlossenen Organe, am wenigsten dehnbar die Knochengefässe. Zwischen der Dehnbarkeit beider gibt es mannigfache Abstufungen.

Wenn in solchen Gefässgebieten, die von vorneherein wenig ausdehnbar sind, weil die äussere Umgebung eine Ausdehnung nur bis zu einer gewissen Grenze gestattet, die Gefässmuskulatur in Contraction geräth und die Elasticität der Gefässwand gewissermassen erhöht, so bedeutet dies für den Blutstrom, der den linken Ventrikel verlässt, solange keinen erheblichen Widerstand, als die Muskulatur der ausdehnbaren Gefässe, d. i. der Gefässe der Unterleibsorgane, im Ruhezustande sich befindet. Denn die Erweiterung dieser letzteren und mithin eine stärkere Anfüllung derselben kann unter verhältnismässig geringer Erhöhung des Blutdrucks und der Gefässspannung erfolgen.

Wenn aber umgekehrt die Gefässmuskulatur dieser letzteren Gefässgebiete sich contrahirt, so bedeutet dies für den Blutstrom, der den linken Ventrikel verlässt, einen sehr grossen Widerstand, denn die Anfüllung der ursprünglich wenig dehnbaren Gefässe kann nur unter hohem Blutdrucke, unter hoher Spannung der Gefässwand und unter grosser Kraftanstrengung des linken Ventrikels erfolgen.

Das Gefässgebiet der Unterleibsorgane, vorzugsweise dasjenige, das in die Pfortader einmündet, also das Pfortadergebiet stellt also sozusagen ein Reservoir dar, das ein grosses Fassungsvermögen besitzt, während der Fassungsraum der anderen Gefässgebiete nur ein beschränkter ist.

Wir wollen nun des genaueren die Kreislaufvorgänge besprechen, welche im Thierexperimente nachgewiesen werden können, wenn die zum Pfortadersysteme führenden Arterien sich verengern oder verschliessen. Diese Arterien unterstehen dem Einflusse der mächtigsten Gefässnerven des Körpers, den *Nn. splanchnicis*, d. i. Reizung der *Nn. splanchnici* bringt die Muskulatur dieser Arterien zur Contraction.

Die Erörterung dieser Vorgänge soll an einen vielgeübten und bekannten Thierversuch anknüpfen, in welchem man behufs Erhöhung des Widerstandes im Aortengebiete die Aorta oberhalb des Zwerchfelles, d. i.

vor Abgang jener Arterien, die zum Pfortadergebiete führen, durch einen
Ligaturfaden fest verschliesst. Bei einem solchen Verschlusse steht dem
Blutstrome nur der Weg in die vom Aortenbogen abzweigenden Arterien
und deren Gefässgebiete offen, und zwar in die oberen Extremitäten und
den Kopf, in die Haut, Muskulatur, Knochen, Gehirn, Rückenmark etc.
Die Gefässe dieser Gebiete gehören nach den früheren Betrachtungen zu
den schwer dehnbaren. In dem Modelle repräsentiren sie das System w,
während das abgeschlossene Gebiet dem Systeme W entspricht. Der Thierversuch, in dem man die Brustaorta comprimirt, entspricht also dem
schon früher beschriebenen und discutirten Modellversuche, indem die
Zuleitung zum Systeme W verschlossen wurde.

Bei diesem Modellversuche steigt, wie ich hier in Kürze wiederholen
will, der Druck in der Aorta, zugleich aber auch der Druck im linken
Vorhofe.

Die Erklärung hiefür lautete: Der Druck in der Aorta steigt, weil
der linke Ventrikel gegen einen grösseren Widerstand, d. i. unter grösserer
Spannung arbeitet. Diese grössere Spannung macht zugleich den linken
Ventrikel insufficient, er schöpft deshalb weniger aus seinem Reservoir,
dem linken Vorhofe, und deshalb steigt in diesem letzteren der Druck.

Im rechten Vorhofe sinkt anfangs der Druck, weil aus dem offen
gebliebenen System w weniger Flüssigkeit abströmt, er steigt aber später,
sobald auch der rechte Ventrikel durch den erhöhten Druck im linken
Vorhofe insufficient geworden, und demnach aus seinem Reservoir, dem
rechten Vorhofe weniger zu schöpfen beginnt.

Im correspondirenden Thierversuche steigt, wie man dies seit langem
weiss, ebenfalls der Arteriendruck. Es steigt aber auch, wie ich aus directen
Versuchen weiss, der Druck im linken Vorhofe. Dieses Steigen kann nach
den früheren aus dem Modellversuche sich ergebenden Erwägungen nur
darauf bezogen werden, dass der linke Ventrikel seinen Inhalt nicht
vollständig entleert, dass deshalb sich im linken Vorhofe Blutmengen anstauen und daselbst den Druck erhöhen, mit anderen Worten, dass der
linke Ventrikel insufficient wird und seinem Reservoir, dem linken Vorhofe, ungenügende Blutmengen entnimmt.

Im Thierversuche also kann der linke Ventrikel, wenn die
Spannung seines Inhalts wächst, ebenso insufficient werden,
wie der Ventrikel im Modelle.

Diese Insufficienz des lebenden Ventrikels lässt sich ihrer Entstehung
nach auf dieselben mechanischen Bedingungen zurückführen, wie die des
Kautschukventrikels.

Denn ebenso wie hier der Beutel B, Fig. 1, bei seiner Compression
eine Ausdehnung erfährt, wenn der Inhalt des linken Ventrikels nur unter
hoher Spannung in die verengerte Strombahn eindringen kann, so wird
der lebende Ventrikel, indem er sich contrahirt, auch zugleich durch die

hohe Spannung seines Inhalts ausgeweitet, mit anderen Worten, die hohe Spannung verhindert die ausgiebige systolische Verkleinerung des Ventrikellumens, sie macht den Ventrikel insufficient.

Bei mässiger Spannung des Blutes und vollständig sufficienter Herzarbeit, muss man nach dem Principe von der Erhaltung der Kräfte sich vorstellen, werden die im Herzmuskel sich entwickelnden lebendigen Kräfte vollständig zur Bewegung der Blutmasse verwendet, während bei hoher Blutspannung nur ein Theil der vorhandenen Kräfte der Fortbewegung der Blutmasse dient, während ein anderer Theil sich in der Ausweitung der Herzwand, d. i. in Spannkraft, verzehrt. Dieser letztere Theil geht für die Blutbewegung verloren.

Mit der Steigerung des Drucks im linken Vorhofe sieht man im Modellversuche Fig. 7 auch das Lungenvolum wachsen. Das gleiche beobachtet man auch im Thierversuche. Hier entwickeln sich mit der Compression der Aorta deutlich die Zustände der Lungenschwellung und Lungenstarrheit. Diese sind ein sicheres Anzeichen für die Erhöhung des Drucks in den Alveolarcapillaren, die sich ohneweiters durch den erschwerten Abfluss der letzteren in die Lungenvenen, respective den linken Vorhof erklärt. Diese Drucksteigerung pflanzt sich, wie ebenfalls aus dem Thierexperimente ersichtlich ist, bis in die Pulmonalarterie fort, denn auch hier steigt, wenn auch unerheblich, der Druck.

Die eben beschriebenen Vorgänge, nähmlich das Steigen des Drucks im linken Vorhofe, das Steigen des Drucks in den Alveolarcapillaren, sowie die Drucksteigerung in der *Arteria pulmonalis,* die sämmtlich auf der Insufficienz des linken Ventrikels beruhen, sind, wie die Versuche lehren, nicht bei allen Thieren immer in gleich hohem Grade ausgeprägt, ja sie wechseln in einem und demselben Versuche.

Aus dieser Verschiedenheit ist zu folgern, dass nicht alle Herzen unter gleichen Einflüssen, d. i. unter gleich erhöhter Spannung ihres Inhalts, gleich insufficient werden, sondern das eine mehr, das andere weniger, und dass selbst die Contractionsfähigkeit eines Herzens Schwankungen unterliegt. Ich werde auf diesen Punkt übrigens noch später zurückkommen.

Bis hieher sahen wir den Thierversuch im vollen Einklange mit dem Modellversuche, nur bezüglich des Venendrucks, respective des Drucks im rechten Vorhofe unterscheidet sich der Thierversuch vom Modellversuche.

Hier sinkt nähmlich der Druck im rechten Vorhofe, während er dort steigt.

Der Widerspruch, der in dieser Verschiedenheit liegt und der leicht zu der Meinung verleiten könnte, dass die aus dem Modellversuche sich ergebenden allgemeinen Regeln für den thierischen Kreislauf nicht zu gelten haben, lässt sich leicht aufklären, wenn man bedenkt, dass im lebenden Thiere die Blutmasse in dem abgeschlossenen Aortengebiete nicht

vollständig stagnirt, sondern durch die motorische Thätigkeit der Gefässmuskulatur gegen die Venen und den rechten Vorhof hin befördert wird.
Auf diese Weise erhält der rechte Vorhof nicht bloss jene Blutmengen,
die ihm aus den offen gebliebenen Gefässgebieten zuströmen, sondern zum
grössten Theile wenigstens auch die der abgeschlossenen.

Imitirt man im Modellversuche diesen Vorgang, wie er höchstwahr-
scheinlich im Leben stattfindet, d. i. verschliesst man zuerst die Zuleitung
zum Systeme W und comprimirt man hierauf dasselbe, so dass die hierin
enthaltene Flüssigkeit sich in den rechten Vorhof entleert, dann sieht man
auch hier sofort den Druck im rechten Vorhofe steigen.

Es ist zudem zu erwähnen, dass das Steigen des Venendrucks im
Thierversuche nicht bloss durch das Nachströmen von Blutmengen aus
dem versperrten Gefässgebiete der Unterleibsorgane, also direct, sondern
auch indirect durch das Steigen des Drucks im linken Vorhofe bedingt
sein kann. Denn der höhere Druck im linken Vorhofe bedeutet, wie ich
schon mehrmals betont, einen Widerstand, somit eine höhere Spannung
des rechten Ventrikels, die sich, wie schon erwähnt, auch durch ein Steigen
des Drucks in der Pulmonalarterie ausspricht. Hiemit begriffe sich, dass
auch, und zwar viel früher als im Modellversuche, der rechte Ventrikel
insufficient wird. Eine solche Insufficienz muss an und für sich eine
Steigerung des Venendrucks bewirken.

Für diese letztere Meinung liefert auch der Thierversuch insofern
einen wichtigen Anhaltspunkt, als er lehrt, dass der Druck im rechten
Vorhofe später steigt als im linken, d. h. dass die Bedingungen, welche
den Venendruck steigern, als Folge jener anzusehen sind, die den Druck
im linken Vorhofe steigern. Die Folge der Drucksteigerung im linken
Vorhofe ist aber der vermehrte Widerstand im Stromgebiete der Pulmonalarterie, somit die Insufficienz des rechten Ventrikels.

Da, wie man sieht, Thier- und Modellversuch mit Bezug auf die
Druckänderungen vollständig mit einander übereinstimmen, so dürfen wir
auch die aus dem Modellversuche abgeleiteten Vorstellungen über die Blutvertheilung ohneweiters auf den Thierversuch übertragen. Infolge der
Compression der Bauchaorta wird hier selbstverständlich das abgeschlossene
Gebiet, namentlich die Arterien und Capillaren, blutleer werden. In dem
offenen, d. i. dem Gebiete der vom Aortenbogen ausgehenden Arterien,
werden Arterien sowohl als Capillaren unter hohem Drucke stark gefüllt sein.

Es werden aber auch die Venen, und zwar sowohl die des blut-
leeren als die des bluterfüllten Gebietes stark gefüllt sein. Ebenso wird
das gesammte Gebiet der Lungengefässe, von der Pulmonalarterie angefangen bis zur Lungenvene stärker und unter höherem Drucke gefüllt
sein. Diese stärkere Füllung der Lungengefässe erfolgt auf Kosten jener
Blutmenge, welche der insufficiente linke Ventrikel nicht in die Arterien

zu treiben vermag, die deshalb im linken Vorhofe sich anstauen. Von hier also und nicht vom rechten Ventrikel aus erfolgt die Blutfüllung der Lunge, d. h. sie ist nicht durch ein vermehrtes Zuströmen, sondern durch ein gehemmtes Abströmen bedingt.

Die Geschwindigkeit des Blutstromes im Ganzen dürfte, wie die Ueberlegung ergibt, nach Compression der Aorta keinesfalls zunehmen, denn die Druckdifferenz zwischen dem linken Ventrikel und dem linken Vorhofe wird bei Aortencompression nicht grösser. Jedenfalls wird, wie sich aus den Druckverhältnissen ergibt, der Blutstrom in den Lungengefässen eine Verzögerung erfahren.

Der Nutzeffect der Arbeit des linken Ventrikels wird durch die Aortencompression nicht erhöht, sondern herabgesetzt, desgleichen auch der Nutzeffect der Arbeit des rechten Ventrikels.

An diesen Versuch anknüpfend, der als ein physikalischer bezeichnet werden muss, trotzdem er am Thiere angestellt, wollen wir nun die eigentlich physiologischen Versuche besprechen, bei denen die Widerstandserhöhung im Aortengebiete auf physiologischem Wege, d. i. durch die Action der Gefässmuskulatur hervorgerufen wird.

Hieher gehört in erster Reihe der Versuch, in welchem die *Nervi splanchnici* gereizt und die infolge dieser Reizung auftretenden Kreislaufvorgänge geprüft werden.

Diese Vorgänge sind vollständig jenen identisch, die der analoge Modellversuch, der durch Fig. 8 illustrirt ist, aufdeckt. Es steigt, wie bekannt, im Thierversuche der Druck in der Carotis, er steigt aber auch, wie ich weiss, im linken Vorhofe, d. h. es wird, wie vorauszusehen, auch hier der linke Ventrikel unter hoher Spannung seines Inhalts insufficient und vermag deshalb sich nicht vollständig zu contrahiren. Er kann infolge dessen die dem linken Vorhofe zuströmenden Blutmengen nicht vollständig aufnehmen und vollständig in die Aorta befördern. Diese Blutmengen sind, woran erinnert werden muss, hier um vieles grösser wie bei der Aortencompression, weil die Gefässe des Pfortadergebietes, ehe sie sich infolge der Splanchnicusreizung verschliessen, ihr Blut in die *Vena cava ascendens* und weiter in den rechten Vorhof befördern, von wo aus sie durch den rechten Ventrikel in die Lungengefässe und in den linken Vorhof gelangen. Der vermehrte Zufluss zum rechten Vorhofe drückt sich im Thier- sowie im Modellversuche durch eine beträchtliche Steigerung des Drucks in der *Vena jugularis* aus.

Die Splanchnicusreizung bewirkt also zunächst eine Umwälzung der Blutmasse aus dem Pfortadergebiete in den rechten Vorhof. Dieselbe wird nicht vom linken Ventrikel, sondern von der Gefässmuskulatur bewirkt. Diese aus dem Pfortadergebiete verdrängte Blutmenge würde der Füllung der übrigen offen gebliebenen Gefässgebiete ganz zugute kommen, wenn der linke Ventrikel seine vollständige Contractionsfähigkeit bewahren

würde, so aber können dieselben nur zum Theil für die Anfüllung der offen
gebliebenen Gefässgebiete verwendet werden, zum Theil dienen sie dazu,
die Lungengefässe stärker zu füllen. Die Lungenzustände, die sich infolge
dieser grösseren Füllung als Lungenschwellung und Lungenstarrheit entwickeln, habe ich bisher im Experimente selbst nicht direct wahrgenommen,
doch ist an deren Ausbildung kaum zu zweifeln.

Es ist wohl anzunehmen, dass auch hier die secundär bewirkte
Spannungserhöhung des rechten Ventrikels auch diesen letzteren insufficient
macht, und auf dieser Insufficienz wird auch zum Theil wenigstens die
Fortdauer der Steigerung des Venendrucks beruhen.

Die Ursprünge der Gefässnerven wurzeln bekanntlich im Rückenmarke, zumeist im sogenannten verlängerten Marke. Wenn man dieses
auf elektrischem Wege reizt, so gerathen nicht bloss die Ursprünge der
Nn. splanchnici, sondern auch die der anderen Gefässnerven in Erregung.
Der Effect einer solchen Reizung äussert sich, wie vorauszusehen, in den
gleichen Vorgängen, wie sie eben beschrieben wurden. Es steigt der Druck
in der Aorta, der Blutstrom in der *Vena cava* schwillt an und die Spannung
des linken Vorhofes kann, wie dies von Waller beim Kaninchen beobachtet
wurde, einen so hohen Grad erreichen, dass selbst dessen rhythmische
Contractionen aufhören. Die gleichen Versuche am Hunde scheinen nicht
von der gleichen Steigerung des Drucks im linken Vorhofe begleitet zu
sein. Den wahrscheinlichen Grund für diese Verschiedenheit, die übrigens
experimentell nicht genügend gewährleistet ist, werde ich später besprechen.

Hier will ich nur feststellen, dass die elektrische Rückenmarksreizung
hydrodynamisch in gleicher Weise wirkt wie die Splanchnicusreizung,
was ja vorauszusehen ist, da ja von der Reizung die Splanchnicuscentren
getroffen werden.

Die Gefässnervencentren des Rückenmarkes können auch durch
toxische Reize in hohem Grade erregt werden.

Zu diesen toxischen Reizen zählt in erster Reihe das Erstickungsblut und das Strychnin.

Wenn man bei einem curarisirten Thiere, dessen Athmung durch
künstliche Ventilation aufrechterhalten wird, diese letztere unterbricht, so
sieht man den Arteriendruck steigen. Dieses Steigen ist auch hier eine
Folge der Reizung der Gefässnervencentren. Infolge der hiedurch bedingten Gefässverengerung steigt aber nicht bloss der Druck in den Arterien, sondern er steigt, und zwar aus demselben Grunde wie früher in
den Venen, das rechte Herz füllt sich stärker, es treibt grössere Blutmengen in die Pulmonalarterie und hier steigt gleichfalls der Druck.

Das Hauptinteresse muss sich auch hier dem linken Vorhofe zuwenden.
Es frägt sich, steigt auch hier der Druck oder, was das gleiche bedeutet,
verpumpt der linke Ventrikel das Blut, das ihm reichlicher von den Lungen
her zufliesst.

Die Antwort auf diese Frage lautet gerade so wie in den bisher angeführten Versuchen. Diesbezügliche Versuche lehrten nähmlich, dass zu Beginn der Athmungsaussetzung der Druck im linken Vorhofe ansteigt und dass auch die Lunge deutlich grösser wird. Ich spreche hier nur von dem Anfangsstadium dieses Versuches. Zu Ende desselben, d. i. wenn die Erstickung längere Zeit andauert und der linke Ventrikel erlahmt, treten andere Erscheinungen zu Tage, über welche ich in dem Abschnitte, der von der Pathologie des Kreislaufs handelt, näher sprechen werde. Solange bei der Aussetzung der künstlichen Athmung der arterielle Blutdruck steigt, haben wir ein physiologisches Phänomen vor uns, und die Vorgänge bei diesem Phänomen gleichen denen, die wir bei dem verwandten physiologischen Phänomenen, d. i. der Splanchnicus- und Rückenmarksreizung, soeben kennen gelernt haben.

So wie das Erstickungsblut bewirkt auch das Strychnin eine allgemeine Gefässcontraction infolge von Reizung der Gefässnervencentren des Rückenmarkes.

Die gewaltige Steigerung des arteriellen Blutdrucks nach Injection einer Strychninlösung ist eine bekannte schulgeläufige Thatsache.

Es wächst aber nach Einverleibung von Strychnin im Thierversuche nicht bloss der Druck in den Arterien, sondern auch in den Venen, und das ist wieder die Folge der Auspressung des Blutes aus den grossen und kleinen Arterien, vielleicht auch aus den Capillaren und kleinen Venen in die grossen Venen. Die hiedurch vermehrte Füllung des rechten Herzens verursacht gleichfalls eine Steigerung des Drucks in der Pulmonalarterie, und zwar ist diese Steigerung, wie ich einer vielfachen experimentellen Erfahrung entnehme, eine sehr beträchtliche, sie ist viel beträchtlicher als jene Steigerung, welche nach Aussetzung der Athmung auftritt.

Eine Steigerung des Drucks im linken Vorhofe nach Strychnininjection ist ebenfalls beobachtet worden und es äussert sich diese Steigerung im Experimente durch eine deutliche Ausbildung der Lungenschwellung und Lungenstarrheit.

Nach diesen Erscheinungen darf man es für ausgemacht halten, dass auch nach Strychnininjection der linke Ventrikel unter der bedeutenden Spannung seiner Wand insufficient wird, und es darf angenommen werden, dass auch der rechte Ventrikel in eine solche Insufficienz verfällt. Denn wie die ziemlich hochgradige Steigerung des Pulmonalarteriendrucks darthut, wird gerade durch Strychnin die Spannung des rechten Ventrikels beträchtlich erhöht. Zu wiederholen wäre noch, dass eine solche Insufficienz den Druck in den Venen an und für sich steigern kann.

Indem wir die eben vorgeführten Thierexperimente mit dem Modellversuche vergleichen, gelangen wir zu einem klaren Verständnis der ersteren, denn wir überblicken die allgemeinen Regeln, nach denen die Vorgänge im Kreislaufe ablaufen, respective ablaufen müssen. Dieser allgemeine

Ueberblick dient aber auch dazu, das Verständnis für die complicirteren Erscheinungen zu erleichtern, die wir im Thierversuche bei verschiedenen Abstufungen von Widerständen in der Arterienbahn beobachten. Wir wissen nun, dass wir den Gesammteffect eines vermehrten Widerstandes nicht nach der Höhe des Aortendrucks allein, sondern auch nach der Stauung im linken Vorhofe, sowie aus dem Verhalten des Drucks in den Venen und der Lungenarterie beurtheilen müssen.

Mit der Kenntnis und dem Verständnisse der bisher betrachteten Druckänderungen in den verschiedenen Hauptstationen des Kreislaufs gewinnen wir auch einen allgemeinen Einblick in jene Aenderungen, welche die Blutvertheilung erfährt, wenn namentlich die Gefässe im Gebiete der Unterleibsorgane sich verengern. Das verengte Gebiet wird selbstverständlich am wenigsten Blut enthalten, dagegen werden die von der Verengerung nicht betroffenen Gefässbahnen unter hoher Spannung mit Blut gefüllt werden und in sämmtlichen Venenbahnen wird sich die Blutfüllung vermehren. Diese Ueberwälzung der Blutmassen aus den Darmgefässen in die Gefässe des Gehirns und des Stammes lässt sich im Thierexperimente direct nachweisen. Da zeigt sich nähmlich, dass während der Reizung der *Nn. splanchnici* die Retinalgefässe sich praller anfüllen und dass das Volum der blutgefüllten Extremitäten sich vergrössert.

Wenn das aus den Gefässen der Unterleibsorgane verdrängte Blut das rechte Herz stärker als sonst anfüllt, dann werden auch den Lungengefässen reichlichere Blutmengen zuströmen und dieselben unter stärkerer Spannung anfüllen.

Die Füllung und Spannung des Blutes in den Lungenvenen und in den Lungencapillaren wird sich aber auch, wie nochmals zu betonen ist, deshalb steigern, weil der linke Ventrikel infolge der grösseren Spannung, die sein Inhalt beim Austreten des Blutes erfährt, sich nur unvollkommen contrahirt, d. i. insufficient wird. So führt also der Verschluss der Darmgefässe in directer Weise zu einer stärkeren Füllung der Gefässe der Muskeln des Gehirns etc. und in indirecter Weise, d. i. dadurch, dass er eine Insufficienz des linken Ventrikels veranlasst, auch zur vermehrten Blutfüllung der Lungengefässe, d. i. zur Lungenschwellung und Lungenstarrheit.

Der gesammte Blutstrom wird, wie man sich vorstellen darf, in allen diesen Fällen keinesfalls beschleunigt, sondern eher verlangsamt sein, und zwar wird die Verlangsamung um so grösser sein, je hochgradiger die Insufficienz der Ventrikel namentlich die des linken ist. Nahe dem linken Vorhofe, d. i. in den Lungenvenen und Lungencapillaren dürfte diese Verzögerung am grössten sein, grösser jedenfalls als nahe dem rechten Vorhofe, d. i. in den Körpervenen und Körpercapillaren, weil ja wahrscheinlich dort die Bedingungen, welche den Abfluss des Blutstromes hemmen, mächtiger sind als hier; in den Körpercapillaren und Venen wird sogar der Blutstrom vorübergehend, solange nähmlich die sich contrahirenden Arterien ihren Inhalt auspressen, eine Beschleunigung erfahren, was übrigens experimentell direct nachgewiesen ist.

Es bedarf nicht mehr der weiteren Auseinandersetzung, weshalb auch angenommen werden darf, dass überall der Nutzeffect der Arbeit des linken Ventrikels trotz der scheinbar grösseren Arbeit desselben eher vermindert als erhöht werden wird, ebenso darf man annehmen, dass der Nutzeffect der Arbeit des rechten Ventrikels eine Einbusse erfahren dürfte, wenn die Spannung seines Inhalts in hohem Grade anwächst.

Wir dürfen die vorgeführten Versuche und die sie begleitenden Kreislaufvorgänge als physiologische bezeichnen, weil sie dem normalen Thiere entstammen und weil der Herzzustand, von dem sie ausgehen, ein normaler ist, weil endlich die Erhöhung des Widerstandes in der Aortenbahn auf physiologischem Wege bewirkt wurde.

Stellen wir uns aber vor, die Vorgänge, wie wir sie im Versuche hervorrufen, wären nicht⁺ vorübergehende, sondern dauernde, d. i. der Blutstrom wäre ein andauernd langsamer, die Stauung des Blutes in den Körpervenen und Capillaren, sowie die Stauung des Blutes in den Lungenvenen und Capillaren wäre eine persistirende, weil die Arterien sich dauernd in einem Zustande der Verengerung befinden, und fragen wir, von welchen Symptomen diese Vorgänge begleitet wären, so erhalten wir zur Antwort, dass die Stauung im Körpervenengebiete zu einer dauernden Behinderung des Lymphstromes, vielleicht auch zu einer Transsudation, und dass die Stauung in den Lungenvenen und Capillaren zur Lungenschwellung und Lungenstarrheit, somit zur Dyspnoe führen müsste. Das sind aber Symptome, die nicht dem physiologischen, d. i. gesunden Körperzustande, sondern dem krankhaften angehören. Hieraus ist zu folgern, dass die Erhöhung des Widerstandes im Aortengebiete nur solange als eine physiologische im engeren Sinne des Wortes bezeichnet werden kann, als dieselbe entweder nur vorübergehend ist oder nicht jenen Grad erreicht, der zur Insufficienz der Ventrikel und zur Stauung in beiden Venensystemen führt. Von dieser Betrachtung ausgehend müssten wir als physiologischen Versuch im engeren Sinne des Wortes nur jenen betrachten, der sich die Aufgabe stellt, die Vorgänge zu analysiren, die bei unerheblicher Steigerung des Widerstandes, d. i. bei schwacher Reizung der *Nn. splanchnici* etc. und demzufolge bei geringer Arteriensteigerung etc. eintreten. Diese Analyse ergibt sich aber schon indirect aus den Versuchen, welche uns über die Maxima der Vorgänge Aufschluss geben. Denn aus diesen Maxima gewinnen wir leicht eine Vorstellung über die Abstufung derselben.

So wird, wie wir annehmen dürfen, die Contraction der Gefässmuskulatur, wenn sie nicht zum vollständigen Verschlusse der Gefässe führt, oder wenn sie nur in engbegrenzten Gefässgebieten auftritt, nur

die Blutvertheilung selbst in der Weise ändern, dass sie den von der
Contraction nicht ergriffenen Gefässgebieten grössere Blutmengen zuführt,
sie wird aber die Herzarbeit selbst nicht wesentlich beeinflussen, wenigstens
nicht in dem Grade, dass sich die Entstehungsbedingungen der oben
erwähnten krankhaften Symptome entwickeln können.

Die Gefässnervencentren des Rückenmarkes können, wie bekannt, auch
auf reflectorischem Wege in Erregung versetzt werden. Wenn man beispielsweise im Thierversuche das centrale Ende des *N. ischiadicus* reizt, so
steigt der Arteriendruck und zwar wegen einer Gefässverengerung, die
zumeist in dem vom *Nerv. splanchnicus* beherrschten Gefässgebiete auftritt. Denn diese Drucksteigung bleibt aus, wenn man vor der Ischiadicus-
reizung die *Nn. splanchnici* durchschnitten hatte.

Man sollte nun denken, dass bei der reflectorischen Reizung des
Rückenmarkes sich genau dieselben Kreislaufvorgänge entwickeln, wie
nach directer elektrischer oder toxischer Reizung desselben.

Dies ist aber, wie der Versuch lehrt, nicht der Fall.

Wohl steigt mit dem Drucke in den Arterien auch der Druck in
den Venen, denn die sich verengernden Arterien pressen auch hier ihren
Inhalt in dieselben, der Druck im linken Vorhofe aber steigt nicht nur
nicht, sondern er sinkt sogar, trotzdem vom rechten Herzen aus grössere
Blutmengen in denselben gelangt sind, trotzdem der linke Ventrikel, wie
der hohe Arteriendruck anzeigt, seinen Inhalt unter höherem Drucke austreiben muss.

Der linke Ventrikel wird also in diesem Falle trotz der
höheren Spannung seiner Wand nicht insufficient, ja noch mehr,
der Nutzeffect seiner Arbeit ist gewachsen, denn er schöpft,
wie das Sinken des Drucks im linken Vorhofe zeigt, mehr aus
diesem seinem Reservoir.

Der Grund hiefür kann nur darin liegen, dass seine Systolen, vielleicht auch seine Diastolen ausgiebiger werden. Mit der Spannung der
Herzwand ist, wie man sich vorstellen muss, bei der centralen Ischiadicus-
reizung zugleich die Elasticität seiner Musculatur auch grösser geworden,
während früher bei derselben Spannung, wenn sie nicht auf reflectorischem
Wege entstand, die Elasticitätsgrenze überschritten und der Ventrikel
überdehnt wurde.

Da dieser Versuch sich von den früheren, wie eben bemerkt wurde,
nur dadurch unterscheidet, dass hier die Erregung des Rückenmarkes auf
reflectorischem Wege erfolgt, so kann das verschiedene Verhalten des
Herzens nur darauf beruhen, dass der reflectorische Reiz nicht bloss die
Gefässnervencentren im Rückenmarke, sondern zugleich auch andere Nerven
erregt, die die Arbeit des Herzens im günstigen Sinne beeinflussen.

Die Frage, auf welchen Nervenbahnen diese die Herzaction begünstigenden Impulse zum Herzen gelangen, ist bisher durch den Versuch

nicht genügend erörtert worden, doch dürfte man kaum fehlgehen, wenn man diese Bahnen in die der Herznerven, und zwar der beschleunigenden, verlegt. Es fehlt wenigstens nicht an Andeutungen, die es wahrscheinlich machen, dass die Function der Herznerven nicht bloss darin besteht, den Rhythmus, sondern auch die Contractionsweise des Herzens abzuändern.

Die früher beschriebenen Kreislaufvorgänge gleichen, wie erwähnt, vollständig denen des entsprechenden Modellversuches, der eben vorgeführte Versuch aber gleicht dem Modellversuche nicht. Diese Ungleichheit führt zur Einsicht, dass, solange sich nicht bestimmte Nerveneinflüsse geltend machen, die elastische Herzwand dem Kautschukbeutel gleicht, der bei höherer Spannung sich ausdehnt, dass aber bestimmten Nerveneinflüssen die Wirkung zukommt, die Elasticität des Herzens zu verändern. Durch physiologische Einflüsse*) kann dieselbe, wie wir gesehen haben, vergrössert, sie kann aber auch, wie ich später zeigen werde, vermindert werden.

Die in diesen letzten Versuchen zu constatirenden Druckverhältnisse führen zu der Annahme, dass der Blutstrom hier im Grossen und Ganzen eine Beschleunigung erfährt, denn die Druckdifferenz zwischen dem linken Ventrikel und dem linken Vorhofe ist ja grösser geworden.

Die stärkere Füllung der Venen kann hier nicht auf eine Stauung des Venenstromes bezogen werden, denn es existirt insofern kein Anlass, der den rechten Ventrikel insufficient machen könnte, als derselbe seinen Inhalt ungehindert in den linken Vorhof entleeren kann. Auch fehlen demzufolge die Bedingungen, die den Druck in den Lungenvenen und Lungencapillaren steigern und zur Lungenschwellung und Lungenstarrheit führen. Es können sich also hier nicht jene krankhaften Symptome entwickeln wie früher.

Die reflectorische Erregung des Rückenmarkes schafft also eher günstigere physiologische Verhältnisse, indem sie den Blutstrom beschleunigt, die Lungencapillaren eher entspannt als spannt und die Contractionsfähigkeit des Herzens begünstigt.

---

*) Solche Einflüsse mögen sich vielleicht auch bei elektrischer Reizung des Rückenmarkes geltend machen. Hierauf deutet wenigstens der früher erwähnte Unterschied zwischen dem Effecte der Rückenmarksreizung bei Kaninchen und Hunden. Bei letzteren erreicht, wie es scheint, die Spannung des linken Vorhofs deshalb nicht jenen Grad wie bei ersteren, weil hier möglicherweise bei der elektrischen Rückenmarksreizung zugleich das Herz in ähnlich günstigem Sinne beeinflusst wird, wie bei der reflectorischen Reizung desselben.

IV.
Ueber den verminderten Widerstand in der arteriellen Strombahn.

Ich habe früher das grosse Gefässgebiet der Aorta in zweierlei Gebiete getrennt, von denen das eine durch leichte Dehnbarkeit und ein grosses Capacitätsvermögen sich von dem anderen unterscheidet, das nur in geringem Grade dehnbar ist und ein kleineres Capacitätsvermögen besitzt.

Diese Trennung ist nur eine ganz grob schematische, denn man müsste eigentlich den anatomischen Verhältnissen entsprechend das grosse Gefässgebiet der Aorta in eine Menge von Territorien theilen, deren jedes mit Bezug auf die Umgebung und die Dehnbarkeit der Gefässe besonders charakterisirt ist.

Der Uebersichtlichkeit halber wollen wir aber die Trennung in zwei Gefässgebiete beibehalten.

Wenn wir am normalen Thiere den Arteriendruck messen und hiebei einem Drucke von circa 120—150 mm Hg. begegnen, der aussagt, dass die grossen und kleinen Arterien diesem Drucke entsprechend gefüllt und gespannt sind, so haben wir uns vorzustellen, dass diese Füllung und Spannung nur dadurch erreicht wird, dass nicht bloss in dem Gebiete der wenig ausdehnbaren Gefässe, sondern auch in dem Gebiete der stark ausdehnbaren Gefässe ein Zustand mässiger Verengerung besteht, und dass diese Verengerung zumal in dem letzteren Gebiete durch einen mässigen Contractionsgrad der Gefässmuskulatur bewirkt wird. Infolge dessen ist der gesammte Gefässraum von mässiger Weite. Wäre dies nicht der Fall, wäre vielmehr der Gefässraum erweitert, dann könnte die zur Verfügung stehende Blutmenge in demselben nur unter niedriger Spannung circuliren, ja es ist sogar denkbar, dass die Circulation ganz aufhört, wenn diese Erweiterung infolge einer sehr beträchtlichen Ausdehnung der Gefässe einen sehr hohen Grad erreicht. Denken wir uns, um uns dies zu veranschaulichen, sämmtliche Arterien wären sehr dünnwändig und in hohem Grade ausdehnbar, dann würde das den linken Ventrikel verlassende Blut diese Arterien schon in so hohem Grade anfüllen, dass für die weitere Füllung der Capillaren und Venen nichts mehr erübrigte. Es würden auf diese Weise die Capillaren, Venen, der rechte Vorhof, der rechte Ventrikel, sowie die Lungen allmählich blutleer werden und dem linken Ventrikel würden keine neuen Blutmengen zuströmen, die er ins Kreisen bringen könnte.

Wenn wir im Modellversuche Fig. 9 den Widerstand des Systems *W* vermindern, so sehen wir, wie schon besprochen wurde, in der That den Druck in der weiteren Strombahn der Arterien sinken, ebenso sinkt, weil die den linken Ventrikel verlassende Flüssigkeit sich schon auf den ersten Wegen ausbreitet, der Druck in den übrigen Theilen des ganzen Kreislaufsystems, d. i. in den Venen, dem rechten Vorhofe und im rechten Ventrikel, die Lungengefässe und der linke Vorhof werden ebenfalls weniger und unter niedrigem Drucke erfüllt, wie dies der eben erwähnte Modellversuch veranschaulicht. Man könnte auch leicht im Modellversuche den Kreislauf zum Sistiren bringen, wenn man von dem linken Ventrikel ein sehr dünnwandiges Kautschukrohr ausgehen liesse. Dieses würde sich dann zu einer grossen Blase ausdehnen, in welche sich der Inhalt des linken Ventrikels ergösse, und die Systeme *W* und *w* und infolge dessen auch die übrige bis zum linken Vorhofe reichende Strombahn, das rechte Herz inbegriffen, würden leer werden.

Eine derartige Erweiterung der arteriellen Strombahn tritt im Thierversuche selbst dann nicht ein, wenn man die Gefässmuskulatur von sämmtlichen vasomotorischen Einflüssen loslöst, d. i. wenn man nicht bloss das verlängerte Mark vom Gehirne abtrennt, sondern auch das ganze Rückenmark zerstört. Denn auch nach vollständiger Erschlaffung ihrer Muskulatur sind die Arterien noch immer elastisch und das Strombett, das sie bilden, ist noch immer enge genug, dass der Blutstrom sich nicht daselbst so ausbreitet, dass er schon im Strombette der Capillaren zu versiegen beginnt.

Der Arteriendruck ist in einem derartigen Versuche sehr gering, er beträgt circa 10—20 *mm* Hg. Diesem geringen Arteriendrucke entsprechend, müssen nun auch der Druck in der Pulmonalarterie sowie der Druck in beiden Venensystemen und in beiden Vorhöfen kleiner werden.

Eine Erweiterung der arteriellen Strombahn tritt auch ein, wenn man im Thierversuche das Rückenmark in der Gegend des sogenannten verlängerten Markes vom Gehirne abtrennt. Diese Erweiterung ist aber keine so hochgradige wie früher, und zwar wohl deshalb, weil vom Rückenmarke selbst noch ein Rest von tonischen Erregungen zur Gefässmuskulatur zieht.

Das Gefässgebiet, dessen Erweiterung bei Lostrennung des Rückenmarkes vom Gehirn zumeist in Betracht kommt, ist das der Unterleibsorgane, d. i. das vom *N. splanchnicus* beherrschte Pfortadergebiet.

Eine Erschlaffung der Gefässmuskulatur in diesem Gebiete bedeutet wegen der schon erwähnten grossen Dehnbarkeit und der grossen Capacität desselben eine sehr beträchtliche Ausweitung des arteriellen Strombettes.

Die Ausweitung desselben erniedrigt ebensosehr den arteriellen Druck, als die Verengerung desselben ihn steigert.

Die Erschlaffung der Gefässmuskulatur in anderen Gebieten ist hier, wie schon erwähnt, nicht so hochgradig wie bei völliger Zerstörung des Rückenmarkes.

In Uebereinstimmung mit der eben vorgetragenen Ansicht lehrt der Thierversuch, dass schon nach Durchschneidung der *Nn. splanchnici* der arterielle Druck beinahe ebenso tief herabsinkt als nach Lostrennung des Rückenmarkes vom Gehirne, er lehrt ferner, dass, wenn man der Splanchnicus-

durchschneidung die Lostrennung des Rückenmarkes nachfolgen lässt, der
Druck in der Aorta nicht mehr viel niedriger wird, als er vorher gewesen.

Aehnlich wie die Lostrennung des Rückenmarkes wirken Eingriffe,
welche die Erregbarkeit desselben, respective die Erregbarkeit der Gefässnervencentren herabsetzen. Diese Herabsetzung der Erregbarkeit wird durch
gewisse Gifte, von denen ich hier nur das Chloralhydrat und den Alkohol
hervorheben will, hervorgerufen und sie kann auch auf reflectorischem
Wege erzeugt werden. Es gibt nähmlich bestimmte sensible Nerven, die,
wenn ihr Stamm in der Richtung gegen das Rückenmark hin, oder wenn
ihre peripheren Endigungen gereizt werden, die Erregbarkeit der vasomotorischen Centren im Rückenmarke herabsetzen. Ein solcher sensibler
Nerv ist der *Nervus depressor* (Ludwig, Cyon), dessen Enden im Herzen
wurzeln. So wie die centrale Reizung dieses Nerven wirkt auch die
mechanische Reizung der Schleimhaut der Vagina und des Rectums
(v. Basch, Belfield). Auch von anderen sensiblen Nerven aus scheinen
derartige depressorische Erregungen zu den vasomotorischen Centren
zu gelangen.

Zumeist sind es die Ursprünge der *Nn. splanchnici*, die von diesen reflex-
depressorischen Einflüssen betroffen werden, denn sowohl die elektrische
Reizung des *N. depressor* als die mechanische Reizung der Vaginal- und
Rectalschleimhaut wirkt nur solange depressorisch, d. i. sie verursacht
nur dann ein Herabsinken des arteriellen Blutdrucks, als die *Nn. splanchnici*
intact sind. Diese depressorisch bedingte Drucksenkung erreicht nur
selten jenen Grad, wie bei Durchschneidung der *Nn. splanchnici*, d. i. die
Reizung der Depressoren setzt die Erregbarkeit der vasomotorischen Centren,
respective der Splanchnicuscentren herab, sie vernichtet dieselbe aber
nicht vollständig.

Die Erregbarkeit der vasomotorischen Centren kann übrigens auch
durch toxische Einflüsse herabgesetzt werden.

Sowie es nähmlich, wie früher erwähnt, Gifte gibt, wie Strychnin,
Erstickungsblut, welche die Erregbarkeit der vasomotorischen Centren
im Rückenmarke erhöhen, so gibt es auch Gifte, die diese Erregbarkeit
herabsetzen, also in ähnlichem Sinne wirken wie die Abtrennung des
Rückenmarkes vom Gehirne. Zu diesen Giften gehört das Chloralhydrat
und, wie ich mich erst jüngst überzeugt habe, auch der Alkohol.

Die Einverleibung derselben macht den arteriellen Blutdruck und
zwar ziemlich stark sinken.

Die Muskulatur der Gefässe wird nicht bloss um ihren Tonus gebracht,
oder im physikalischen Sinne ausgedrückt, die Elasticität der Gefässe,
soweit dieselbe von deren Muskulatur abhängt, wird nicht bloss dadurch
verringert, dass man die constrictorischen Gefässnerven von ihren Ursprüngen
oder diese letzteren vom Gehirne, respective verlängerten Marke abtrennt,
oder in anderer Weise schädigt, es kann auch der Tonus der Muskelgefässe

durch Reizung gewisser Nerven, deren Enden in dieser Muskulatur zu suchen sind, beseitigt werden. Diese Nerven nennt man vasodilatatorische im Gegensatze zu den vasoconstrictorischen. Durch die periphere Reizung solcher Dilatatoren werden die Gefässe erweitert. Diese Erweiterung hat man sich aber nicht als einen activen Vorgang vorzustellen, etwa in der Weise, dass eine bestimmte Muskelaction das Gefässlumen grösser macht, sondern man muss sich vorstellen, dass, wie schon erwähnt, die Gefässmuskulatur durch Reizung des Dilatators ihren Tonus, respective ihre diesem Tonus entsprechende Elasticität mehr oder weniger einbüsst. Die Erweiterung erfolgt also deshalb, weil bei dem jeweilig vorhandenen Blutdrucke eine grössere Ausweitung der dehnbarer gewordenen Gefässe erfolgt. Diese Ausweitung muss demnach zum Theil wenigstens von der jeweiligen Höhe des Arterjendrucks abhängen. Sie wird bei gleicher Stärke der Dilatatorenreizung grösser ausfallen, wenn der Arteriendruck hoch ist, sie wird geringer ausfallen, wenn derselbe gerade niedrig ist. Die Reizung der Dilatatoren wirkt also in gleichem Sinne wie die Lostrennung der Vasoconstrictoren.

Das Thierexperiment hat eine Reihe von solchen dilatatorisch wirkenden Gefässnerven aufgedeckt.

So wissen wir, dass die Reizung der *Chorda tympani* die Gefässe der Speicheldrüsen und der Zunge zur Erweiterung bringt, und dass Reizung der *Nn. erigentes* die Gefässe in den Schwellkörpern der *penis* erweitert. In der Chorda und den *Nn. erigentes* verlaufen die gefässerweiternden Nerven isolirt, auch in den hinteren Wurzeln der Spinalnerven verlaufen vasodilatatorische Nerven für die Haut isolirt (Stricker).

In der Regel aber verlaufen vasoconstrictorische und vasodilatatorische Nerven in einem Nervenstamme neben einander. Hierauf beruht die Schwierigkeit, die Wirkung der einen oder der anderen im Experimente sichtlich zu machen. Bei der Reizung eines solchen gemischten Nerven überwiegt gewöhnlich die Wirkung der vasoconstrictorischen Nerven die der dilatatorischen und es bedarf bestimmter Kunstgriffe, diese beiden Wirkungen von einander zu trennen.

Soweit bisher bekannt, gibt es ausser den erwähnten Dilatatoren, der Chorda und den *Nn. erigentes* dilatatorische Nerven für die Gefässe der Haut und der willkürlichen Muskel. Ueber dilatatorische Nerven des Centralnervensystems, sowie über solche des Pfortadergebietes besitzen wir bisher keine sicheren Kenntnisse.

Es lässt sich aber die Existenz der letztern aus bestimmten Erscheinungen vermuthen, und ebenso lässt sich auch vermuthen, dass dieselben zugleich in der Bahn der *Nn. splanchnici*, d. i. in der Bahn der gefässverengenden Nerven verlaufen.

Wenn man nähmlich die *Nn. splanchnici* reizt, so verengern sich zunächst, wie schon früher erwähnt wurde, die Gefässe der Unterleibsorgane und der Blutstrom in der Pfortader versiegt, wie das Experiment lehrt, während dieser Verengerung. Nach Aufhören der Reizung schwillt der Blutstrom in der Pfortader wieder an, er wird aber weit reichlicher, als er vor der Reizung gewesen. Das kann wohl durch eine stärkere Erweiterung der Gefässe des Splanchnicusgebietes bedingt sein, und diese Erweiterung liesse sich durch die Annahme erklären, dass der Splanchnicus auch dilatatorische Nerven für die Unterleibsgefässe besitze, deren Wirkung durch die gleichzeitige Reizung der vasoconstrictorischen Fasern verdeckt wird und erst nach der Reizung zum Vorschein gelangt.

Diese Annahme findet übrigens auch darin eine grössere Stütze, dass auch in anderen Nervenstämmen, wie im Ischiadicus, vasoconstrictorische und vasodilatatorische Nerven nebeneinanderher verlaufen.

Wenn es möglich wäre, die präsumptiven Dilatatoren für die Unterleibsgefässe isolirt zu reizen, so müsste selbstverständlich hiedurch der Arteriendruck eine ebenso beträchtliche Senkung erfahren, wie nach Durchschneidung der *Nn. splanchnici*.

Wenn sich der Einfluss dilatatorischer Gefässnerven in kleinen begrenzten Gefässterritorien, namentlich solchen, wo den frühern Erörterungen gemäss die starre Umgebung der Gefässe die Dehnung derselben nur bis zu einer gewissen Grenze gestattet, geltend macht und bewirkt, dass die betreffenden Gefässe unter dem vorhandenen Drucke sich stärker ausdehnen, so müsste dies zur Folge haben, dass die Gefässe der betreffenden Territorien sich stärker mit Blut anfüllen. Eine solche stärkere Anfüllung eines Territoriums würde unstreitig eine Erweiterung des arteriellen Stromgebietes bedeuten und müsste an und für sich zu einer Erniedrigung des allgemeinen arteriellen Drucks führen. Im Widerspruche hiemit erfahren wir aber durch die Thierversuche, dass bei einer solchen auf kleinere Bezirke beschränkten Gefässerweiterung der arterielle Blutdruck keine wesentliche Veränderung erfährt.

Die periphere Reizung der *Chorda* der *Nn. erigentes*, des *N. ischiadicus* etc., vermindert nicht den arteriellen Blutdruck, trotzdem anderweitige Merkmale, wie die deutliche Erweiterung der Zungengefässe, der rasche Strom in den aus den Speicheldrüsen stammenden Venen, das Anschwellen des *Bulbus urethrae*, das Steigen der Hauttemperatur in den Pfoten, lehren, dass die betreffende Gefässbahn erweitert wurde.

Das ist nur so zu erklären, dass, während in den von der Reizung der Dilatatoren betroffenen Territorien eine Erweiterung, zugleich in andern eine Verengerung auftritt, so dass also das arterielle Strombett im Grossen und Ganzen seine Grenzen einhält.

Diese Verengerung, welche die Grösse des gesammten Strombettes innerhalb bestimmter Grenzen bewahrt, scheint vorzugsweise in dem von *N. splanchnicus* beherrschten Stromgebiete stattzufinden.

Wir finden also hier ein ähnliches, aber umgekehrtes Verhältnis zwischen den schwer und leicht dehnbaren Gefässen wie früher.

Sowie nähmlich der Abschluss des Gebietes der schwer dehnbaren Gefässe den arteriellen Blutdruck deshalb nicht erhöht, weil das Gebiet der leicht dehnbaren Gefässe die abgesperrten Blutmassen leicht und unter verhältnismässig geringer Druckerhöhung aufnimmt, so sinkt nach Erweiterung der schwer dehnbaren Gefässe der arterielle Blutdruck solange nicht, als die leicht dehnbaren Gefässe der Unterleibsorgane die ihnen eigenthümliche Fähigkeit besitzen, sich ihrem Inhalte anzupassen, d. i. sich zu verengern, wenn derselbe geringer wird. Ich werde später von dieser Fähigkeit der Gefässwand, sich dem jeweiligen Inhalte und Drucke anzupasssen, noch ausführlicher sprechen.

Stellen wir uns vor, dass sämmtliche Dilatoren der Haut-, Muskel-, Drüsengefässe zugleich in Thätigkeit geriethen, und somit sämmtliche Haut-, Muskel-, Drüsengefässe etc. sich erweiterten, ohne dass die Verengerung der Unterleibsgefässe mit dieser Erweiterung gleichen Schritt hielte, so würde das eine Erweiterung des arteriellen Strombettes bedeuten und der Arteriendruck müsste eine erhebliche Senkung erfahren.

Aus dem Umstande, dass der Arteriendruck bei der Erweiterung beschränkter Gefässgebiete sich nicht wesentlich ändert, darf man die Vorstellung ableiten, dass auch hiebei der Gesammtblutstrom sich gleich bleibt, d. i. weder eine grössere Verzögerung oder Beschleunigung erfährt, und dass$_s$ auch keine wesentlichen Verschiebungen der Blutmasse gegen die Venen oder die Lungen, also keine wesentliche Aenderung in der Blutvertheilung hier stattfindet. In den erweiterten Gefässgebieten selbst, sowie in den Venen, die denselben direct entstammen, wird wohl das Blut rascher fliessen, aber in den grossen Venen, die direct in den rechten Vorhof einmünden, dürfte der Blutstrom keine Aenderung erfahren, weil derselbe gewissermassen die Resultirende aus allen Zuflüssen darstellt, und diese selbst, wie man annehmen darf, sich gleich bleibt.

Kleinere locale Verschiebungen der Blutmasse, gleichgiltig ob dieselben durch Verengerung oder Erweiterung der Gefässe innerhalb kleinerer Territorien, ändern also so lange nicht die Geschwindigkeit des Gesammtblutstromes, als das gesammte Strombett sich nicht erweitert oder, wie schon früher gezeigt wurde, sich nicht verengt.

Eine Erweiterung des Strombettes dagegen, die sich durch eine beträchtliche Erniedrigung des arteriellen Drucks kundgibt, muss auch grosse Aenderungen der Blutvertheilung und des Blutstromes zur Folge haben.

Ueber diese Aenderungen müssen begreiflicherweise jene Thierversuche Aufschluss geben, in welchen durch eine beträchtliche Erweiterung des arteriellen Strombettes auch der Arteriendruck zu stärkerem Sinken gebracht wird. Ebenso leuchtet ein, dass für einen solchen Auf-

schluss nicht jene Versuche genügen, die bloss das Sinken des Arteriendrucks constatiren, sondern es bedarf hiefür Versuche, welche zugleich
lehren, wie sich mit dem Drucke in den Arterien der Druck in den
Venen, in den Pulmonalarterien im linken Vorhofe verhält, wie sich das
Volum der Lunge ändert etc.

Derartige Versuche sind bisher von anderer Seite nicht angestellt
worden, doch bin ich im Besitze von experimentellen Erfahrungen, die
über das Verhalten des Blutstroms und der Blutvertheilung bei Erweiterung
des Aortengebietes einige Auskunft geben.

Dieselben beziehen sich auf die Wirkungsweise des Alkohols und
des Chloralhydrates, also auf zwei Gifte, durch welche, wie schon
erwähnt, die Erregbarkeit der vasomotorischen Centren herabgesetzt, also
der Tonus der vasomotorischen Nerven geschädigt und hiemit eine
Erschlaffung der Gefässmuskulatur bewirkt wird.

Bei den die Wirkung des Alkohols betreffenden Versuchen wurde
nebst dem Arteriendrucke auch der Druck in den Venen und im linken
Vorhofe der Messung unterzogen, während bei den Versuchen mit Chloralhydrat nebst dem Verhalten des Arteriendrucks, nur noch der des Venendrucks berücksichtigt wurde.

Die Versuche mit Alkohol ergaben, dass mit dem Drucke in der
Aorta auch der Druck in den Venen und im linken Vorhofe sinkt. Es
zeigt also der Thierversuch die gleichen Druckänderungen, wie sie der
Modellversuch uns kennen lehrt.

Bemerkenswert ist bei diesem Versuche, dass der Druck im linken
Vorhofe, respective in den Lungenvenen, verhältnismässig mehr sinkt, als
der Druck in den Körpervenen, d. i. in der *Vena jugularis*.

Aus diesem relativ tiefern Absinken des Drucks im linken Vorhofe
ist zunächst zu erschliessen, dass der Druck in der Pulmonalarterie keinesfalls eine Steigerung, weit eher eine Senkung erfahren dürfte, denn dieses
Sinken bedeutet ja eine Verminderung des Widerstandes gegen den
Abfluss des Blutes aus der Pulmonalarterie.

Des Weiteren ergibt sich hieraus, dass die Lungencapillaren nicht
unter hohem Drucke, also auch nicht prall gefüllt sein können, dass demnach die Lunge weder starr noch geschwellt sein kann, dass sie im
Gegentheile dehnbarer und kleiner geworden sein muss.

Das Sinken des Drucks in der Pulmonalarterie, sowie die Verkleinerung
der Lunge, sind aber auch Erscheinungen, die der Modellversuch unter
gleichen Bedingungen demonstrirt. Die Uebereinstimmung zwischen diesem
und dem Thierversuche ist also im Grossen und Ganzen eine vollkommene.

Wenn wir nun die Frage in Erwägung ziehen, wie sich nach dem
dem eben erwähnten Eingriffe, der, wie man annehmen darf, in erster
Reihe die Muskulatur der Unterleibsgefässe in ihrem Tonus beeinträchtigt,
und eine Erweiterung des betreffenden Strombettes bedingt, die Blut-

vertheilung ändert, so dürfen wir uns zunächst vorstellen, dass dieses Gebiet reichlicher mit Blut gefüllt wird als vorher. Zu dieser Vorstellung berechtigt nicht die Thatsache, dass der Arteriendruck gesunken ist, denn aus dieser erfliesst nur, dass das Blut den linken Ventrikel unter erheblich geringerem Widerstande verlässt, sondern die Thatsache, dass auch der Druck im linken Vorhofe sinkt, denn dieses Sinken bedeutet ja, dass der linke Ventrikel dem linken Vorhofe grössere Blutmengen entnimmt und dieselben in die Aorta wirft. Man wird selbstverständlich die Menge des Blutes, mit dem der linke Ventrikel das Arteriensystem füllt, um so höher anschlagen müssen. je mehr im Vergleiche zum Arteriendruck der Druck in dem linken Vorhofe sinkt. Sinkt aber nur der Druck in den Arterien, ohne dass gleichzeitig der Druck im linken Vorhofe sinkt, dann muss man sich vorstellen, ist die Blutmenge, die der linke Ventrikel in die Arterien befördert, nicht vermehrt, sondern sie durchfliesst nur unter geringerem Drucke die dehnbarer gewordenen Gefässe.

Die reichlichere Blutmenge, die den linken Ventrikel verlässt, wird, wie man sich weiters vorstellen darf, zum grösseren Theile jene Gefässgebiete füllen, deren Dehnbarkeit am grössten geworden ist, also wie erwähnt, wahrscheinlich diese der Unterleibsorgane, zum geringern Theile jene, deren Dehnbarkeit nach den früheren Auseinandersetzungen gewisse Grenzen nicht überschreiten kann. In dem Maasse, als die Dehnbarkeit der Gefässe der Unterleibsorgane gewachsen ist, wird selbstverständlich die Blutfüllung derselben zunehmen und die der anderen abnehmen; ja es kann dazu kommen, dass letztere sogar mehr oder weniger blutleer werden.

Entsprechend der Füllung der verschiedenen Arteriengebiete, werden auch die verschiedenen Capillargebiete verschieden gefüllt sein, d. i. die der Muskeln. der Haut, der Knochen, des Centralnervensystems etc. weniger als die der Unterleibsorgane.

Da, wie der Versuch ferner lehrt, der Druck in den Venen nahe dem rechten Vorhofe absinkt, so darf man im Allgemeinen schliessen, dass die grossen Venenstämme weniger Blut enthalten, es ist aber denkbar, dass der Stamm der Pfortader und die Wurzeln derselben verhältnismässig stärker mit Blut gefüllt sind, als die oberen Hohlvenen und die untere, letztere auf der Strecke wenigstens vor der Einmündung der *Vena portae*.

Aus dem Umstande, dass der Venendruck, wie der Versuch lehrt, nur in geringerem Grade absinkt, also die Venenfüllung noch eine verhältnismässig grosse ist, und dass, wie schon erwähnt, der linke Ventrikel grössere Blutmengen in das Aortensystem befördert, darf man die allgemeine Vorstellung ableiten, dass die Füllung des sogenannten grossen Kreislaufs im Grossen und Ganzen eine reichliche sein wird. Auf Kosten dieser vermehrten Füllung des grossen Kreislaufs, muss die Füllung des kleinen Kreislaufs abnehmen. Diese Abnahme wird, wie man sich weiters vorstellen darf, nahe dem linken Vorhofe, d. i. in den Lungenvenen und Lungencapillaren verhältnismässig am grössten sein, denn hier überwiegt, wie direct aus dem Versuche hervorgeht, der Abfluss des Blutes in den linken Vorhof den Zufluss zu denselben.

Um es kurz zu wiederholen, es wird das Gefässgebiet der Lungen und das wenig dehnbare Gefässgebiet des sogenannten grossen Kreislaufs weniger gefüllt sein, als das mehr dehnbare Gebiet des letztern.

Ehe wir die Frage discutiren, wie sich die Geschwindigkeit des Blutstromes in diesem Falle verhält, wollen wir in Betracht ziehen, in welcher Weise sich hier der Nutzeffect der Arbeit des linken Ventrikels gestaltet haben dürfte. Das Sinken des Arteriendrucks allein würde darauf schliessen lassen, dass er vermindert wurde, wenn man aber die Thatsache, dass der Druck im linken Vorhofe sinkt, mit in Erwägung zieht, so muss man zu der gegentheiligen Vorstellung gelangen, dass der Nutzeffect keinesfalls vermindert, sondern eher vergrössert ist. Eine wirkliche Vergrösserung wird man selbstverständlich da annehmen dürfen, wo der Versuch lehrt, dass der Druck im linken Vorhofe verhältnismässig mehr sinkt, als in der Aorta, denn das deutet ja darauf hin, dass die vom Ventrikel aus dem linken Vorhofe geschöpfte und in die Aorta beförderte Blutmenge in höherem Grade anwächst, als der Druck in letzterer sinkt. Dieser gesteigerte Nutzeffect muss zu der Vorstellung führen, dass der lebende Ventrikel, wenn er unter geringerem Widerstande, also unter geringerer Spannung seines Inhalts arbeitet, sich auch vollständiger contrahirt.

Diese Vorstellung kann uns nicht fremd erscheinen, wenn wir bedenken, dass wir am Kautschukherzen des Modells das Gleiche fanden. Die Erklärung hiefür liegt auf der Hand. Wir brauchen nur anzunehmen, dass der linke Ventrikel, selbst wenn er unter normalem Widerstande, d. i. unter einer Spannung arbeitet, die wir als normal bezeichnen, sich doch nicht ganz vollständig contrahirt, d. h. in geringem Grade insufficient ist, und dass die vollständige Sufficienz desselben erst bei einer Spannung seines Inhalts eintritt, die geringer ist als jene, die wir als die normale aufzufassen gewöhnt sind.

Diese Schlussfolgerung hat allerdings, wie ich besonders betonen muss, eine Lücke. Es ist nähmlich sehr gut möglich, dass nicht so sehr die verminderte Spannung, als der Alkohol selbst diese Steigerung des Nutzeffects hervorgerufen hat. Es wäre ja denkbar, dass der Alkohol die Contractionsfähigkeit des Herzens im günstigen Sinne beeinflusst. Keinesfalls, das lässt sich mit Bestimmtheit behaupten, schädigt, soweit sich aus dem Thierversuche beurtheilen lässt, der Alkohol die Herzmuskulatur.

Ich habe der Ausführung dieser Thatsache grössere Beachtung gewidmet, weil dieselbe insoferne von eminent praktischer Bedeutung ist, als sie uns einen Einblick in die günstige therapeutische Wirkung des Alkohols gewährt.

Mit dieser günstigen Wirkung des Alkohols darf man die deletäre Wirkung desselben auf die Herzmuskulatur, die bekanntlich nach längerem Missbrauche von Alkohol beim Menschen zu beobachten und anatomisch zu constatiren ist, nicht verwechseln.

Wenn nun, wie man aus dem Thierversuche schliessen darf, der Nutzeffect der Arbeit des linken Ventrikels erhöht ist, so ist auch die Vorstellung gestattet, dass die Geschwindigkeit des Gesammtblutstroms in der ganzen Strecke von der Aorta bis zum linken Vorhofe eine grössere ist, denn die Druckdifferenz zwischen dem linken Ventrikel und dem linken Vorhofe ist ja trotz der Erniedrigung des Arteriendrucks eine grössere geworden. Die Beschleunigung des Gesammtblutstroms hat man sich aber nicht als eine vollständig gleichmässige vorzustellen.

Das Verhalten der Drücke in den verschiedenen Gefässgebieten gibt vielmehr Anlass zu der Vorstellung, dass die Stromgeschwindigkeit in der Bahn des grossen Kreislaufs verhältnismässig geringer sein dürfte, als in der Bahn des kleinen.

Ob jede Verminderung des Widerstandes in der Bahn des arteriellen Kreislaufs, ausser von der Erniedrigung des arteriellen Blutdrucks, von den gleichen Aenderungen der Drücke in den übrigen Gefässgebieten, sowie von den gleichen Aenderungen der Blutvertheilung und des Blutstroms begleitet wird, wie sie nach Alkohol eintreten, lässt sich deshalb nicht mit Bestimmtheit aussagen, weil in den bezüglichen Versuchen zumeist nur der Druck in der Aorta gemessen wurde.

Nur vom Chloralhydrat, das, wie schon erwähnt, die Erregbarkeit der vasomotorischen Centra herabsetzt, und also den Arteriendruck wesentlich erniedrigt, ist noch bekannt, dass mit diesem Sinken auch ein Sinken des Venendrucks einhergeht. Ob aber auch der Druck im linken Vorhofe sinkt, ist bis jetzt durch den directen Versuch nicht nur nicht erwiesen, es ist sogar wahrscheinlich, dass derselbe nicht sinken, vielmehr eher steigen dürfte. Denn das Chloralhydrat ist nicht bloss ein Gift für die Gefässnervencentren des Rückenmarks, sondern auch ein Herzgift, grössere Dosen tödten selbst das Herz, und so ist zu vermuthen, dass der linke Ventrikel, trotzdem die Spannung seiner Wand durch Erniedrigung des Arteriendrucks abnimmt, nicht an Contractionsfähigkeit zunimmt, sondern abnimmt. Eine solche Abnahme würde nicht ein Sinken, sondern ein Steigen des Drucks im linken Vorhofe zur Folge haben. Für den Fall aber, dass die Erweiterung des arteriellen Strombettes sich mit einer verminderten Contractionsfähigkeit des linken Ventrikels combinirt, und nun der Druck in der Aorta und in den Körpervenen, muthmasslich auch in der Pulmonalarterie sinkt, dagegen im linken Vorhofe steigt, würde die Blutvertheilung und der Blutstrom sich nach Chloralhydrat nicht in gleicher Weise ändern, wie nach Alkohol.

Das Gebiet der Unterleibsgefässe, vorausgesetzt dass deren Dehnbarkeit am grössten geworden ist, würde wohl auch die relativ grösste Blutmenge enthalten, aber nicht soviel wie früher, weil der linke Ventrikel nicht aus dem linken Vorhofe mehr, sondern weniger Blut schöpfen würde. Das Gebiet der wenig dehnbaren Gefässe würde aber hier ebenso wenig gefüllt werden wie dort, dagegen würde die Füllung der Lungengefässe um jenen Blutantheil grösser werden, den der arbeitsuntüchtigere linke Ventrikel aus dem linken Vorhofe weniger schöpft.

Die Geschwindigkeit des Gesammtblutstromes würde hier selbstverständlich eine geringere werden, entsprechend der geringeren Druckdifferenz zwischen linkem Ventrikel und linkem Vorhofe.*)

Dass nach Durchschneidung des Halsmarks und der *Nn. splanchnici* der Arteriendruck sinkt und weshalb er sinkt, ist schon besprochen worden.

Es fehlen aber Thierversuche, die über das gleichzeitige Verhalten des Drucks in den übrigen Gefässgebieten Aufschluss geben. Wir müssen uns demnach die Vorstellungen über die hier eintretenden Aenderungen der Drücke, der Blutvertheilung und des Blutstromes aus jenen Thatsachen construiren, die wir durch den Modellversuch und die eben besprochenen Thierversuche kennen gelernt haben.

Auf Grund dessen leuchtet ohneweiters ein, dass auch hier jedenfalls die Blutfülle des Gebietes der weniger ausdehnbaren Gefässe auf Kosten der reichlicheren Füllung der stark ausdehnbaren und infolge dessen ausgedehnten Gefässe der Unterleibsorgane geringer ausfallen wird. Hiefür besitzen wir übrigens auch im Thierexperimente eine bestimmte Stütze, denn dieses lehrt, dass nach Splanchnicusdurchschneidung das Volum der unteren Extremitäten kleiner wird, und dass die Retina augenscheinlich blass, also blutleer wird. Diese Volumverkleinerung der unteren Extremitäten ist unstreitig der Ausdruck der verminderten Blutfüllung der Haut- und Muskelgefässe, sowie die blasse blutleere Retina darauf hinweist, dass in gleicher Weise der Blutinhalt der Hirngefässe ein geringerer wurde.

*) Wenn auch die vorhergehenden Betrachtungen sich nur auf Vermuthungen stützen, so glaube ich sie deshalb nicht unterlassen zu sollen, weil diese Vermuthungen durchaus nicht völlig aus der Luft gegriffen sind, sondern eine wirkliche experimentelle Basis haben, weil ferner die Fälle, wo die Erschlaffung der Gefässmuskulatur sich mit einer Schwäche des linken Ventrikels combinirt, soweit man aus der klinischen Erfahrung schliessen darf, im Leben vorkommen dürften. Die Erörterung dieser Fälle gehört in das Capitel des pathologischen Kreislaufs, und ich werde an Ort und Stelle auf dieselben zurückkommen. Hier will ich nur erwähnen, dass die experimentelle Basis für die Vermuthung, dass der entspannte Ventrikel seine Contractionsfähigkeit einbüssen kann, in Versuchen besteht, die lehren, dass bei Lösung der Aortencompression mit dem Sinken des vorher erhöhten Aortendrucks der Druck im linken Vorhofe nicht immer sinkt, wie zu vermuthen wäre, sondern manchmal steigt. Dieses Steigen kann nur so erklärt werden, dass man annimmt, der gespannte Ventrikel werde insufficient, wenn er plötzlich erschlafft. Man sieht, dass hier Entspannung und Verminderung der Contractionsfähigkeit des linken Ventrikel miteinander Hand in Hand gehen, und das Gleiche könnte ganz gut bei Chloralhydrat der Fall sein.

Im Bereiche des Aortengebietes mindestens bis zur Strecke der Venen müssen unter allen Umständen die gleichen bisher geschilderten Aenderungen nach Erschlaffung des Gefässgebietes der Unterleibsorgane eintreten, gleichgiltig, ob das Herz, respective beide Ventrikel ihre alte Contractionsfähigkeit behalten oder nicht.

Erfährt die des linken Ventrikels eine Einbusse, dann wird zunächst das Blut in den Lungenvenen sich anstauen müssen.

Wenn diese Anstauung stark ist, dann kann es auch dazukommen, dass consecutiv auch der rechte Ventrikel, weil er genöthigt ist, sich gegen den grösseren Widerstand des gespannten linken Vorhofes zu entleeren, eine Einbusse seiner Contractionsfähigkeit erfährt, und in diesem Falle würde der Venenstrom in seinem Laufe aufgehalten und die Venen würden unter höherem Drucke und stärker gefüllt werden.

Man sieht also, die Drücke in den Körper- und Lungenvenen, sowie die Blutvertheilung, soweit dieselbe namentlich die Lunge betrifft, sowie die Geschwindigkeit des Blutstromes können nach Verminderung des Widerstandes in der Hauptstrombahn der Aorta in verschiedenfacher Weise variiren. Diese Variationen sind zumeist von der Art der Herzthätigkeit abhängig, die diese Verminderung begleitet.

Die Blutleere des Gehirns allein ist das constante Phänomen, das die Erweiterung der Strombahn der Unterleibsgefässe begleitet. An dieses Phänomen schliessen sich bekanntlich Symptome, wie Ohnmacht, Schwindel etc. an, die nicht dem Normalzustande des Körpers angehören, sondern auf einen pathologischen hinweisen. Aus diesem Grunde können wir einen Kreislaufzustand, der Anlass zur Entstehung von Blutleere des Gehirns gibt, nicht als einen physiologischen im engeren Sinne des Wortes bezeichnen, und die Thierversuche, in denen ein solcher Zustand erzeugt wird, sind ebensowenig wie jene, bei denen der Widerstand des Aortengebietes *ad maximum* gesteigert wird, rein physiologische Versuche. Sie führen nur diesen Namen, weil sie, wie wiederholt werden muss, am normalen Thiere angestellt sind, und weil der Herzzustand, von dem sie ausgehen, ein normaler ist.

Wenn die Verminderung des Widerstandes im Aortengebiete einen hohen Grad erreicht und zugleich der linke Ventrikel seine Contractionsfähigkeit bewahrt, oder dieselbe sogar erhöht wird, werden, wie bereits auseinandergesetzt wurde, die Lungen blutleerer.

Diese Blutleere der Lungen kann ebenso Anlass zur Dyspnoe geben, wie eine Embolie der Lungenarterie. Denn in einem solchen Falle können sich die Lungen sehr gut ausdehnen und Luft aufnehmen, aber die eingeführte Luft kann in der Zeiteinheit nur geringe Blutmengen mit Sauerstoff sättigen, und das Gesammtblut muss demzufolge eine dyspnoeische Beschaffenheit annehmen, also reizend auf die Athmungscentra wirken. Verliert aber unter der Verminderung des Widerstandes im Aortengebiete

der linke Ventrikel seine alte Contractionsfähigkeit, und staut sich das
Blut in den Lungenvenen und Lungencapillaren, dann kann wieder die
Lunge wegen der sich nun entwickelnden Lungenschwellung und
Lungenstarrheit ihre Athmungsfähigkeit zum Theile einbüssen, und es
kann auf diese Weise auch zur Dyspnoe kommen, allerdings zu einer
andern Form als der vorher erwähnten.

Die Dyspnoe kann also als zweites krankhaftes Symptom die
hochgradige Verminderung des Widerstandes im Aortengebiete begleiten,
ein Grund mehr also für die Meinung, dass die bezüglichen Kreislaufzustände und Thierversuche nicht als physiologische *sensu strictiori* betrachtet werden können.

Nur jene Kreislaufzustände können als rein physiologische bezeichnet
werden, bei denen die Verminderung des Widerstandes im Aortengebiete
nicht zu einer Blutvertheilung führt, die Anlass zur Ausbildung der
Dyspnoe und Blutleere des Gehirns geben kann.

V.

Ueber Regulations-, Accommodations- und Compensationseinrichtungen im physiologischen Kreislaufe.

Als Regulationseinrichtungen des Kreislaufs möchte ich vorschlagen,
diese zu bezeichnen, welche ihrer Natur nach jenen zu vergleichen sind,
durch welche im Kreislaufmodelle die Frequenz und Stärke der Ventrikel-
verkleinerung, sowie die Weite der Gefässröhren bestimmt wird.

Im Modelle sind diese Regulationseinrichtungen verhältnismässig grob,
ganz anders im thierischen wie im menschlichen Kreislaufe. Hier begegnen
wir geradezu idealen Mechanismen, die sich vornehmlich durch die Eigenschaft der feinsten Abstufungsfähigkeit auszeichnen. Durch diese Einrichtungen ist die Frequenz des Herzschlages in mannigfachster Weise variirbar
und die Lichtung der Gefässe kann ebenso in verschiedenfachster Weise
variirt werden.

Der Zweck und die Function dieser Regulationseinrichtungen ist ganz
offenbar ein mechanischer. Die Natur und das innere Getriebe dieser
Einrichtung näher kennen zu lernen, gehört zu den interessantesten Aufgaben der ferneren Physiologie und Anatomie. Vorläufig können wir dieselben nur ganz allgemein als physiologische Regulationsapparate bezeichnen.

Wir können dreierlei Regulationseinrichtungen annehmen, solche
nähmlich, die die Frequenz des Herzschlages, solche, die den systolischen
und diastolischen Volumwechsel des Herzens, und solche endlich, welche
das Lumen der Gefässe reguliren.

Die regulatorischen Einrichtungen, durch welche die Action des
Herzens beschleunigt oder verlangsamt wird, liegen — um mich eines
ganz allgemeinen Ausdrucks zu bedienen — in nervösen, mit dem Herz-

muskel verknüpften Apparaten, über welche ich schon früher einige allgemeine Bemerkungen vorgebracht habe.

Diese Apparate stehen, wie ich ebenfalls schon früher auseinandergesetzt, mit den verlangsamenden und beschleunigenden Herznerven, deren Ursprünge im Centralnervensysteme wurzeln, im Zusammenhange und der Rhythmus des Herzens kann auf Anregung dieser Nerven in verschiedenfachster Weise variirt werden.

Die Thätigkeit dieser im Herzen liegenden regulatorischen Apparate wird aber nicht bloss durch die Herznerven beeinflusst, sie unterliegt auch Einflüssen, die an Ort und Stelle, d. i. im Herzen selbst dieselben treffen. So kann die verschiedene Blutbeschaffenheit die verschiedene Spannung der Wand, den Rhythmus eines Herzens ändern, dessen Nerven durchschnitten sind, die also nicht mehr vom Centralnervensysteme aus demselben beschleunigende oder verlangsamende Impulse zuführen können.

In diese nervösen Apparate*), die mit der Herzmuskulatur verknüpft sind, verlegen wir auch den Grund für die Automatie der Herzbewegung, d. h. wir stellen uns vor, dass in denselben sich unabhängig von den Herznerven Impulse entwickeln, welche die Rhythmik des Herzens erhalten. Zu dieser Vorstellung berechtigt uns die Erfahrung, dass das von seinen Nerven befreite Herz fortfährt, sich zu contrahiren.

Die Fähigkeit der Automatie besitzt nicht nur das Herz als Ganzes, sondern auch die einzelnen Theile des Herzens. Die Vorhöfe sowohl als die Ventrikel schlagen von einander abgetrennt noch mehr weniger lange rhythmisch fort. Nicht alle Herzabschnitte besitzen übrigens die Fähigkeit, sich automatisch rhythmisch zu contrahiren, in gleichem Grade. Die Ventrikelspitze ist weniger automatisch befähigt als die Ventrikelbasis und die Vorhöfe.

Die Verlangsamung und die Beschleunigung der Herzschläge verursachen, wie dies früher auseinandergesetzt wurde, eine ganz allgemeine Aenderung der Blutvertheilung, und zwar derart, dass entweder die Arteriengebiete auf Kosten der Venengebiete stärker gefüllt werden oder umgekehrt. Durch die Beschleunigung des Herzschlages wird, wie ich hier wiederholen will, die Geschwindigkeit des Gesammtblutstromes erhöht, durch Verlangsamung der Herzschläge wird dieselbe herabgesetzt.

---

*) Ich spreche nicht von den Herzganglien, weil es durchaus nicht ausgemacht ist, dass gerade diese die motorische Function des Herzens vermitteln. Ehe die Untersuchung hierüber abgeschlossen ist, halte ich es für besser, sich einer allgemeinen Ausdrucksweise zu bedienen. Eine bestimmte Ausdrucksweise, also eine bestimmte Bezeichnung verlockt leicht zu der Meinung, dass die Vorstellung, die ihr zu Grunde liegt, nicht angezweifelt werden dürfe. Weit gefährlicher noch ist es, wenn man derartige Vorstellungen, die man häufig nicht als Hypothesen, sondern als Thatsachen betrachtet, als festen Ausgangspunkt für weitere Untersuchungen benützt. Denn so errichtet man ein Gebäude, wo die Thatsache auf der Hypothese ruht, während ja umgekehrt die Hypothese sich auf Grund der Thatsachen aufbauen soll.

Ausser diesen verhältnismässig am besten bekannten Regulatoren der Schlagfolge des Herzens scheint das Herz auch über Einrichtungen zu verfügen, die die systolische Volumverkleinerung und die diastolische Volumvergrösserung zu begünstigen, d. i. die schöpfende Thätigkeit der Ventrikel zu erhöhen im Stande sind.

Ich habe schon früher darauf hingewiesen, dass die Beschleunigungsnerven des Herzens ausser ihrer Eigenschaft, die Herzschlagfrequenz zu erhöhen, wahrscheinlich einen derart begünstigenden Einfluss auf die Herzcontraction besitzen. Dieser letztere Einfluss ist im Thierversuche deshalb schwer zu constatiren, weil, wie aus dem früher Mitgetheilten erhellt, die Beschleunigung des Herzschlages an und für sich ja in gleicher Weise wirken muss wie die verstärkte Thätigkeit der Ventrikel. Der Thierversuch würde über diese Frage nur dann eine sichere Auskunft geben können, wenn es gelänge, diejenigen Fasern, die die Herzaction begünstigen, isolirt, d. i. ohne gleichzeitige Erregung der eigentlich beschleunigenden Fasern zu reizen.

Für die Annahme, dass das Herz derartige, die Arbeitsfähigkeit begünstigende regulatorische Einrichtungen besitze, sprechen directe experimentelle Erfahrungen über die Wirkung bestimmter Herzgifte, und zwar der Digitalis und des Strophantus.

Der Thierversuch gewährt nähmlich ziemlich sichere Anhaltspunkte dafür, dass diese beiden Herzgifte, ohne dass dieselben die Herzaction beschleunigen, ja sogar während sie dieselbe verlangsamen, den Druck in den beiden Arteriensystemen erhöhen und zugleich in beiden Venensystemen herabsetzen.

Für die Digitalis wenigstens kann ich aus eigenen Erfahrungen mit Bestimmtheit aussagen, dass mit dem Steigen des Aortendrucks der Druck im linken Vorhofe sinkt. Auch der Venendruck zeigt hier öfters, wenn auch nicht immer, ein deutliches Sinken, aber der Druck in der Pulmonalarterie soll verschiedenen Angaben gemäss nicht steigen.

Nach der früheren Auseinandersetzung würde aus der Thatsache, dass mit dem Steigen des Arteriendrucks der Druck in dem linken Vorhofe sinkt, sich die Deutung ableiten lassen, dass vorzugsweise die Arbeit, respective die schöpfende Thätigkeit des linken Ventrikels durch Digitalis erhöht wird. Es lässt sich aber annehmen, dass wie der linke auch der rechte Ventrikel durch Digitalis günstig beeinflusst wird. Man darf sich in dieser Meinung nicht dadurch beirren lassen, dass man im Versuche den Druck in der Pulmonalarterie sinken sieht, man muss sich dabei nur daran erinnern, dass der sinkende Druck im linken Vorhofe ja den Widerstand in der Strombahn der Pulmonalarterie herabsetzt. Der rechte Ventrikel kann sehr gut grössere Blutmengen in die Gefässe der Lungen befördern, ohne dass der Druck in der Pulmonalarterie anzusteigen braucht, ja er muss sogar dieselben befördern, wenn der hohe Druck in der Aorta eine stärkere Füllung derselben anzeigt. Diese stärkere Füllung darf selbstverständlich nicht auf einer Vermehrung des Widerstandes in der Aortenbahn, sondern sie muss auf einem stärkeren Zuflusse zu derselben beruhen, wofür ja das Sinken des Drucks in dem linken Vorhofe ein deutliches Kennzeichen abgibt.

Für die Meinung, dass auch die Arbeit des rechten Ventrikels und nicht die des linken allein durch Digitalis günstig beeinflusst wird, spricht auch das Sinken des Venendrucks, denn dieses weist ganz klar darauf hin, dass der rechte Ventrikel mehr aus seinem Reservoir schöpft. Für jene Fälle, wo der Venendruck nicht sinkt und sogar ansteigt, ist eine doppelte Deutung zulässig. Entweder ist nähmlich die Thätigkeit des linken Ventrikels relativ mehr erhöht als die des rechten, d. i. der rechte Ventrikel schöpft verhältnismässig weniger als der linke, oder es ist die Steigerung des Venendrucks der gefässverengernden Wirkung der Digitalis zum Theile zuzuschreiben. Durch diese kann ja leicht das Venensystem so stark gefüllt werden, dass der selbst stärker arbeitende Ventrikel die ihm reichlicher zuströmenden Blutmengen nicht rasch genug in die Lungengefässe zu befördern vermag.

Als sichergestellt darf man betrachten, dass die Digitalis, indem sie die Arbeit der Ventrikel erhöht, den Blutstrom im Ganzen und Grossen beschleunigt.

Aehnliches darf man wohl auch vom Strophantus annehmen. Hier ist allerdings durch den Thierversuch nicht das Sinken des Drucks im linken Vorhofe nachgewiesen worden. Man weiss aber anderseits mit Bestimmtheit, dass sowohl der Druck in der Aorta als der Druck in der Pulmonalarterie hier steigt und dass der Druck in den Venen absinkt. Das Steigen des Drucks in der Aorta kann hier deshalb als eine Wirkung der vermehrten Herzarbeit angesehen werden, weil zugleich durch den Thierversuch nachgewiesen ist, dass die Gefässe der Unterleibsorgane sich während dieses Steigens nicht verengern, was als Beweis dafür zu gelten hat, dass die Drucksteigerung nicht durch eine Vermehrung des Widerstandes in der Aortenbahn zu Stande kommt. Kann aber die Widerstandserhöhung als Ursache der Drucksteigerung ausgeschlossen werden, dann bleibt nichts übrig, als dieselbe auf eine vermehrte Füllung der Gefässe infolge von erhöhter Herzarbeit zu beziehen.

Der Beweis hiefür wäre allerdings erst dann als vollständig erbracht zu betrachten, wenn auch das Sinken des Drucks im linken Vorhofe nachgewiesen wäre. Dafür ist aber, wie schon erwähnt, dieses Sinken für die Venen, respective für den rechten Vorhof constatirt. Da zugleich mit dem Sinken des Drucks in den Venen auch der Druck in der Pulmonalarterie steigt, so kann wohl jedenfalls mit Sicherheit angenommen werden, dass die Contractionsfähigkeit des rechten Ventrikels durch Strophantus günstig beeinflusst wird. Dass der allgemeine Effect dieser durch Stro-

phantus bewirkten Begünstigung der Herzarbeit in einer Beschleunigung
des Gesammtblutstromes besteht, braucht nicht weiter auseinandergesetzt
zu werden.

Es scheint, dass die Thätigkeit des Herzens auch in umgekehrter
Weise beeinflusst werden kann, und zwar ist es der Vagus, dem man eine
derartige, die Herzthätigkeit herabsetzende Fähigkeit zuschreibt. Doch
sind die vorhandenen Thatsachen nicht ausreichend genug, um auf Grund
derselben sich in weitere Erörterungen einlassen zu können.

Ungleich mehr sind wir über jene Einrichtungen orientirt, durch
welche das Lumen der Gefässe, und zwar das der Arterien verändert,
d. i. bald verengert und bald erweitert wird.

Dieselben sind schon früher in den Capiteln, die von der Vermehrung
und Verminderung des Widerstandes in dem Aortengebiete handeln, des
Näheren besprochen worden.

Ich will nur hier übersichtlich erwähnen, dass durch diese regulatorischen Einrichtungen in directer Weise eine Aenderung der Blutvertheilung
in jener Gefässbahn bewirkt wird, die mit der Aorta beginnt und mit den
Körpernerven endigt.

Ausser dieser directen Wirkung der Verengerung und Erweiterung
der Gefässe haben wir noch indirecte Wirkungen kennen gelernt, die
darauf zurückgeführt werden könnten, dass mit der Aenderung des Widerstandes in der arteriellen Strombahn sich auch die Arbeit der beiden
Ventrikel ändert, respective ändern kann.

Wir konnten aus den diesbezüglichen Erscheinungen im Thierversuche und an der Hand des Modellversuches die Vorstellung ableiten,
dass mit der Verengerung und Erweiterung der Gefässe des Körpergebietes
nicht nur eine Aenderung der Blutvertheilung im sogenannten grossen
Kreislaufe einhergeht, sondern dass sich an dieselbe auch eine allgemeine
Aenderung der Blutvertheilung im Gesammtkreislaufe anschliessen kann.

Mit dem Namen Accommodationseinrichtungen möchte ich jene
bezeichnen, die das Herz und die Gefässe befähigen, sich den verschiedenen
Füllungs- und Druckänderungen anzupassen.

Diese Einrichtungen sind wohl ihrer Function nach auch mechanische;
sie existiren aber nicht in dem aus anorganischen Stoffen construirten
Kreislaufmodelle, sondern sie sind den organischen Substanzen eigen-
thümlich, aus denen der thierische Kreislauf besteht.

Wir haben solche Einrichtungen schon früher kennen gelernt, nur
haben wir dieselben nicht unter der Bezeichnung Accommodationseinrichtung vorgeführt.

Wenn die Herzwand in hohe Spannung geräth, haben wir erfahren,
so kann sie überdehnt werden, und es kann infolge dieser Ueberdehnung
zu einer insufficienten Herzcontraction kommen, also zu einem Zustande,
in den auch der anorganische Ventrikel des Modells geräth. Durch gewisse

Nerveneinflüsse kann, wie gezeigt wurde, der Eintritt dieser Insufficienz nicht nur aufgehalten, es kann sogar die Contractionsfähigkeit des Herzens bei vermehrter Spannung seines Inhalts vergrössert werden. Im mechanischen Sinne haben wir diese vermehrte Contractionsfähigkeit als einen Zuwachs der Muskelelasticität aufgefasst, der sich während der vermehrten Spannung des Herzmuskels entwickelt. Wir haben auch erfahren, dass ein solcher Elasticitätszuwachs die vermehrte Spannung begleiten kann, ohne dass directe Nerveneinflüsse ins Spiel kommen, denn es kommt vor, dass während der Compression der Bauchaorta unter hohem Arteriendrucke der Druck im linken Vorhofe sinkt, was nach früheren Auseinandersetzungen eine vermehrte Contractionsfähigkeit des linken Ventrikels bedeutet.

Man kann nun leicht einwenden, dass das, was ich als Accommodationseinrichtung bezeichne, im Wesentlichen identisch ist mit jener, die ich kurz zuvor als jene Art von Regulationseinrichtung bezeichnet habe, durch welche die Herzcontraction begünstigt wird. Gegen diesen Einwand habe ich zu erwidern, dass der eigentliche Sinn der Accommodation nicht sowohl darin zu suchen ist, dass der Herzmuskel günstiger arbeitet, sondern dass er unter hoher Spannung nicht ungünstig arbeitet. Nicht die günstigere Herzarbeit allein also bezeichne ich als Accommodation, sondern die günstigere Herzarbeit trotz hoher Spannung. An die eben besprochene Accommodation, die ich als physiologische bezeichnen möchte, kann sich eine anatomische anschliessen, d. h. wenn der Herzmuskel genöthigt ist, längere Zeit unter hoher Spannung seines Inhalts zu arbeiten, so hypertrophirt er. Ich nenne diese Hypertrophie, nicht wie bisher üblich, Compensations-, sondern Accommodationshypertrophie, weil ich, wie sich später zeigen wird, mit dem Namen Compensationsvorgang etwas ganz Anderes bezeichne.

Nicht allen Herzen dürfte diese Accomodationsfähigkeit in gleichem Grade zukommen. Sie ist wohl, wie anzunehmen ist, bei Herzen jüngerer Individuen grösser als bei solchen älterer, auch mögen ausser dem Alter noch andere Bedingungen, wie Geschlecht, Lebensweise, allgemeiner Ernährungszustand etc. dieselbe wesentlich beeinflussen.

Mit den auf der Accommodationsfähigkeit des Herzens beruhenden Erscheinungen darf man nicht diejenigen verwechseln, die nur als Ausdruck des allgemeinen Gesetzes zu gelten haben, dass Druck und Gegendruck immer gleich sind, Erscheinungen also, die mit den eben erwähnten ganz bestimmten Eigenthümlichkeiten der organischen Herzsubstanz nichts gemein haben. Wenn das Herz unter höherem Widerstande seinen Inhalt unter höherem und umgekehrt, wenn dasselbe unter geringerem Widerstande seinen Inhalt unter niedrigem Drucke auswirft, und das einemal also stärker, das anderemal schwächer arbeitet, so hat dies mit einer Accommodation nichts zu schaffen, denn ganz dasselbe ereignet sich auch im Modell-

versuche. Im Modellversuche wird dagegen der Ventrikel bei höherer
Spannung immer insufficient, während das accommodationsfähige lebende
Herz trotz der hohen Spannung seine Sufficienz bewahren kann.

Die Accommodation dürfte unter physiologischen Verhältnissen, wie
man sich vorstellen darf, bei jeder Drucksteigerung im Aortengebiete in
Anspruch genommen werden, so bei Drucksteigerungen, die infolge von
Reizung sensibler Nerven, bei psychischen Aufregungen, bei starker Muskelanstrengung entstehen. Ihre wichtigste Rolle scheint sie bei der Muskelanstrengung zu spielen. Wenn nähmlich hier die Accommodation versagt und
der gesteigerte Aortendruck den linken Ventrikel insufficient macht, wenn
demzufolge der Druck im linken Vorhofe steigt, die Lungencapillaren unter
hohem Drucke gesetzt werden und die Lunge ihre Athmungsfähigkeit zum
Theile einbüsst, so sind hiemit, wie schon erwähnt, die Bedingungen zur
Dyspnoe gegeben. Die mangelhafte Athmung ist aber zur Zeit der Muskel-
arbeit für den Körper weit schädlicher als zur Zeit der Ruhe, weil der Körper
hier ein grösseres Sauerstoffbedürfnis hat, dem nicht in ausreichender Weise
entsprochen werden kann. Solange der Arteriendruck gewisse Grenzen nicht
überschreitet, braucht die Accommodation nicht in Anspruch genommen
zu werden, ebensowenig bei sinkendem Arteriendrucke. Wir begegnen
hier allerdings der Erscheinung, ich erinnere an den Alkoholversuch, dass
mit sinkendem Drucke die Arbeit des linken Ventrikels sich günstiger
gestaltet, und man könnte geneigt sein, auch hier an Accommodationseinrichtungen zu denken.

Der gleichen Erscheinung begegnen wir aber auch am anorganischen
Kautschukventrikel, d. i. sie ist zum Theile wenigstens rein mechanischer
Natur und nicht bloss von der organischen Substanz des Herzmuskels
abhängig.

Auch der Gefässwand müssen wir auf Grund von experimentellen
Erfahrungen die Eigenschaft zuschreiben, sich ihrem Inhalte anzupassen.
Die Accommodationseinrichtungen, welche die Gefässwand hiezu befähigen,
stehen wie beim Herzen unter dem Einflusse der Nerven und zwar der
Gefässnerven, sie scheinen aber auch eine selbständige Thätigkeit zu
besitzen.

Ich habe auf S. 33 Modellversuche vorgeführt, aus denen ersichtlich
wird, dass, wenn man die Flüssigkeitsmenge im Kreislaufmodelle vermehrte,
sämmtliche Drücke anwachsen. Wenn man die gleichen Versuche am
Thiere anstellt, d. i. die Blutmenge durch Transfusion von Blut oder
physiologischer Kochsalzlösung vermehrt, dann steigt der Druck in den
Arterien und Venen nur solange, als die Transfusion währt. Nach Be-
endigung derselben aber bleibt der Druck nicht höher wie im Modellversuche, sondern er sinkt wieder auf dasjenige Maass zurück, das er vor
der Transfusion zeigte. Man kann einem Thiere doppelt soviel Blut, als
es gewöhnlich besitzt, in den Kreislauf einbringen, ohne dass Arterien- und

Venendruck anwachsen. Mit anderen Worten, trotz der vermehrten Füllung der Gefässe ist deren Spannung nicht gewachsen. Das kann nur darin seinen Grund haben, dass die Gefässe mit der grösseren Füllung dehnbarer wurden, d. i. dass ihre Elasticität geringer wurde. Durch diese grössere Dehnbarkeit wird es ihnen, wie schon erwähnt, möglich, sich leicht auszuweiten und grössere Flüssigkeitsmengen aufzunehmen, ohne dass ihre Spannung grösser wird.*)

Die Accommodation der Gefässe ist, wie man sieht, eine ganz andere als die des Herzens. Bei letzterem wird mit der stärkeren Füllung und höheren Spannung des Inhalts die Elasticität desselben grösser und es entfällt hiemit die Insufficienz desselben, bei den Gefässen wird mit der stärkeren Füllung deren Elasticität geringer und es entfällt infolge dessen die hohe Spannung, die unbedingt ohne diese Accommodation hätte eintreten müssen.

Diese Art der Accommodation der Gefässwand scheint übrigens von Nerven unabhängig zu sein, es ist wenigstens nicht bekannt, dass die Gefässnerven diesbezüglich einen Einfluss ausüben. Es wäre allerdings denkbar, dass die durch grössere Füllung bedingte Spannung der Gefässwand einen Reiz für gewisse Nervenapparate in deren Wand abgeben könnte, der sich zum Centralnervensysteme fortpflanzte und daselbst entweder die Ursprünge von vasodilatatorischen Nerven erregte oder umgekehrt, der die Erregbarkeit der Centren für die Vasoconstrictoren herabstimmte.

Die früher S. 33 vorgeführten Modellversuche lehren weiter, dass der Druck in sämmtlichen Kreislaufgebieten absinkt, wenn man die Flüssigkeitsmenge, die im Kreislaufmodelle enthalten ist, vermindert. Der correspondirende Thierversuch unterscheidet sich nun wieder wesentlich von diesem Modellversuche. Denn wenn man einem Thiere durch Eröffnung einer Arterie Blut entzieht, so sinkt wohl der arterielle Blutdruck solange, als der Aderlass währt, aber nach Sistirung desselben kehrt der arterielle Blutdruck fast ganz wieder auf seine frühere Höhe zurück.

Die lebende Gefässwand unterscheidet sich also auch nach dieser Richtung wesentlich von der aus Kautschuk geformten, denn die Rückkehr zur hohen Spannung kann nur in der Weise zu Stande gekommen sein, dass der geringeren Füllung der Gefässe entsprechend der Gefässraum sich verkleinert, d. i. dass die Gefässe sich verengt haben, oder wie man

---

*) Es ist auch die Ansicht ausgesprochen worden, dass die Spannung in den Gefässen bei Vermehrung ihres Inhalts sich deshalb gleichbleibt, weil die durch Transfusion eingebrachte Blutmenge sofort auf dem Wege der stärkeren Nierensecretion, Transsudation in die Gewebe etc. wieder den Gefässraum verlässt. Das mag bis zu einer gewissen Grenze richtig sein. Wenn man aber im Versuche beobachtet, wie rasch der Blutdruck in Arterien nach der Transfusion zur Norm zurückkehrt und wie wenig Harn zu gleicher Zeit die Niere verlässt, so kann man kaum annehmen, dass nur der Austritt von Flüssigkeit aus den Gefässen die Spannung derselben vermindert habe.

dies auch anders ausdrücken darf, dass die Elasticität der Gefässe in dem Maasse zunahm, als ihre Füllung sich verminderte.

Diese Accommodationsfähigkeit der Gefässwand darf man wohl zum Theile wenigstens mit der Elasticität der Gefässmuskulatur in Zusammenhang bringen. Den eigentlichen Accommodationsmechanismus müssen wir aber ins Centralnervensystem, d. i. in die Ursprünge der vasomotorischen Centren verlegen. Auf diese wirkt nähmlich die Blutleere der sie ernährenden Gefässe als mächtiger Reiz. Die Folge hievon ist, dass die Muskelringe der Gefässe sich *ad maximum* contrahiren. Hiedurch wird der Gefässraum klein genug und die verminderte Blutmenge erfüllt nun unter gleichem Drucke, wie früher die grössere, denselben.

Nicht so energisch reizend wie die durch rasches Verbluten aus einer Arterie erzeugte acute Blutleere wirkt jene Blutleere, die man im Experimente durch langsames Bluten aus einer Vene hervorruft. Denn während bei rascher Verblutung sich nach einem Blutverluste von 3% bis 4% der Blutmenge noch immer der alte Druck herstellt, bleibt nach langsamer Verblutung, wenn der Blutverlust nur 2% der Blutmenge beträgt, der Blutdruck sehr niedrig. Dieser Unterschied zwischen dem Effecte einer raschen und langsamen Blutentziehung beruht wohl darauf, dass im ersteren Falle ein sehr starker Reiz auf nervöse Apparate einwirkt, deren Erregbarkeit wegen der kurzen Dauer der Blutleere nicht wesentlich gelitten hat, während im zweiten Falle ein schwacher Reiz die Apparate, die er erregen soll, in dem Zustande stetig abnehmender Erregbarkeit vorfindet.

Wenn wir die Einrichtungen, die ich früher als regulatorische bezeichnet habe, eingehender prüfen, so begegnen wir häufig genug einem Zusammentreffen von Erscheinungen, welches wir insofern als einen Compensationsvorgang ansehen dürfen, als demselben der Sinn eines Ausgleiches innewohnt, von dem bald die eine, bald die andere dieser Erscheinungen betroffen wird.

Ich will diesen allgemeinen Gedanken durch ein Beispiel erläutern.

Bei Reizung der *Nn. splanchnici* wird, wie das Experiment, das früher besprochen wurde, lehrt, der arterielle Blutdruck erhöht. Dasselbe Experiment lehrt weiter, dass, sowie der Druck in der Aorta steigt, auch die Pulse langsamer werden. Diese Pulsverlangsamung, lehrt ferner das Experiment, ist dadurch hervorgerufen worden, dass die Ursprünge der *Nn. vagi* im Centralnervensysteme gereizt werden. Denn sie bleibt aus, wenn man die Vagi durchschnitten hatte. Frägt man nun, welches der Grund sei, der die Vagusursprünge erregt, so erhält man zur Antwort, dass derselbe in der Blutdrucksteigerung selbst liege. Nach dem durch die Splanchnicusreizung bewirkten Verschlusse der Unterleibsgefässe füllen sich, wie man von früher weiss, die Blutgefässe des Centralnervensystems unter hohem Drucke sehr stark an, es wächst das Volum des Gehirns

und des Rückenmarks und hiemit auch der Gehirn- und Rückenmarks-
druck. Dieser höhere Druck versetzt die Vagusstätte in einen Zustand
gesteigerter Erregbarkeit, und die auf der Bahn des Vagus zum Herzen
abströmenden stärkeren Reize machen dasselbe langsamer schlagen. Mit
der Verlangsamung der Herzthätigkeit erniedrigt sich aber sofort der
Druck in den Arterien.

Die durch Verengerung der Unterleibsgefässe entstandene hohe Blutspannung ist also durch den Gehirndruck, welchen dieselbe erzeugte, unter
Vermittlung der Pulsverlangsamung in eine niedrigere verwandelt worden.

Der hohe Blutdruck wurde dadurch ausgeglichen, d. i. compensirt,
dass er zur Reizung der Vagus Veranlassung gab, die ihrerseits den Blutdruck erniedrigt.

Aehnliche Einrichtungen, denen ein compensatorischer Sinn unterliegt, und die ich deshalb vorschlagen möchte, als Compensationseinrichtungen zu bezeichnen, gibt es mannigfaltige.

Wir wollen zunächst von jenen sprechen, durch welche eine hohe
Blutspannung herabgedrückt wird. Dies kann in zweifacher Weise geschehen,
entweder durch eine veränderte Action des Herzens oder durch eine solche
der Gefässe.

Eine hohe Spannung verwandelt sich in eine niedrige, wenn der
Herzrhythmus sich verlangsamt.

Als Beispiel hiefür habe ich eben die compensatorische Einrichtung
erörtert, der zufolge die hohe Blutspannung, indem sie durch Vermittlung eines gleichzeitig entstehenden grösseren Hirndrucks die Vagusursprünge in höhere Thätigkeit versetzt, gewissermassen sich selbst ein
Ende bereitet.

Diese Art der Compensation sehen wir im Experimente, nicht bloss,
wenn die peripheren Enden der *Nn. splanchnici* gereizt werden, wir sehen
sie auch, wenn rein mechanische Hindernisse, wie die Compression der
Brustaorta, den Blutdruck erhöhen; wir beobachten ferner, dass sie auch
in Erscheinung tritt, wenn der Blutdruck auf dem Wege des Reflexes,
d. i. durch Reizung sensibler Nerven erhöht wird.

Des Besonderen bietet uns das Studium der Gefässgifte Gelegenheit,
diese Art von compensatorischer Einrichtung ins Leben treten zu sehen.
Denn fast ausnahmslos sehen wir, wie die durch toxische Reize entstehende
Steigerung des arteriellen Drucks mit einer Pulsverlangsamung zusammenfällt. Dies ist der Fall, wenn die Gefässnervencentra durch Erstickungsblut
gereizt werden, denn da beobachtet man zugleich mit der Steigerung des
arteriellen Drucks eine Verlangsamung der Pulse durch Vagusreizung.
Diese Vagusreizung ist übrigens nicht bloss durch den erhöhten Gehirndruck, sondern auch toxisch bedingt, denn das Erstickungsblut ist ein
starker Reiz für die Vaguscentren. Ebenso wird der Herzschlag verlangsamt, wenn das Strychnin den Blutdruck zum Steigen bringt.

Steigerung des arteriellen Blutdrucks und Vagusreizung fallen also fast immer zusammen, und wir dürfen dieses Zusammenfallen insofern in compensatorischem Sinne deuten, als wir sagen können, dass in diesen Fällen die Steigerung des arteriellen Blutdrucks viel grösser ausfiele, wenn sie nicht in ihrer Ausbildung durch die Verlangsamung des Herzschlages gehemmt würde.

Die hohe Blutspannung kann auch auf anderem Wege als dem der verlangsamten Herzaction herabgesetzt werden, und zwar dadurch, dass zugleich mit der Entstehung der hohen Spannung sich Vorgänge entwickeln, welche zur Erschlaffung der Gefässmuskulatur und somit zur Gefässerweiterung führen.

Die allgemeine Vorstellung, die wir uns bei dieser Art der Compensation zu machen haben, wäre die, dass entweder die Contraction in jenen Gefässen beseitigt wird, die zur hohen Blutspannung führte, oder dass, während in dem einen Gefässgebiete die Contraction fortbesteht, in einem anderen Gebiete die Gefässe erschlaffen. Der ganze Vorgang wäre also Schleussenvorrichtungen vergleichbar, die automatisch in compensirender Weise functioniren, etwa so, dass sich an bestimmten Stellen Schleussen öffnen, wenn anderswo die Flut beträchtlich anschwillt oder umgekehrt.

Es scheint, dass vorzüglich die sensiblen Nerven mit Apparaten verknüpft sind, die eine solche compensatorische Thätigkeit zu entfalten im Stande sind. Hierauf deutet wenigstens die durch das Experiment erwiesene Thatsache, dass die Reizung sensibler Nerven vom Stamme gegen das Centrum, also die centrale Reizung, die Erregbarkeit der Gefässnervencentren steigert und so bestimmte Gefässe zur Contraction bringt, während zugleich die periphere Reizung derselben Nerven direct zur Erweiterung der Gefässe in jenem Bezirke führt, in dem die Enden derselben wurzeln. Wenn man diese beiden Vorgänge, die im Experimente isolirt, von einander getrennt, auftreten, mit einander verknüpft, und eine solche Verknüpfung dürfte wohl, wie wir ohneweiters annehmen dürfen, im Leben stattfinden, so ergibt sich hieraus ein Bild, das uns veranschaulicht, wie eine hohe Blutspannung, wenn sie durch Reizung sensibler Nerven erfolgt, schon bei ihrem Auftreten an ihrer vollen Entfaltung verhindert werden kann. Ein sensibler Nerv vor Allem ist es, dem eine solche Compensationsfähigkeit unzweifelhaft in ganz ausgezeichneter Weise zukömmt, und zwar einer der sensiblen Nerven des Herzens, dem wegen dieser seiner Eigenschaft, die Gefässmuskulatur in depressorischer, d. i. contractionhemmender Weise zu beeinflussen, von seinen Entdeckern Ludwig und E. Cyon der Namen *Nerv. depressor* beigelegt wurde. In dem bezüglichen Experimente, über das ich schon früher gesprochen, bewirkt die Reizung des centralen Endes dieses Nerven eine Herabsetzung des Blutdrucks, und zwar, wie ebenfalls schon erwähnt wurde, dadurch, dass die Reize, die auf dem Wege dieses Nerven zum Centrum gelangen, die Erregbarkeit der daselbst gelegenen Gefässnervencentren herabsetzen. Es ist allerdings nicht durch das Experiment direct erwiesen, welcher Natur eigentlich die physiologischen Reize sind, welche den *Nervus depressor* in Action versetzen, da aber die Endapparate dieses Nerven im Herzen selbst wurzeln, so ist die Vorstellung erlaubt, dass die grössere Spannung der Herzwand, die ja mit der grösseren Spannung der Arterien einhergeht, diese Enden zu erregen vermag.

Sowie der vom Herzen entspringende Depressor wirken, wie oben mitgetheilt, auch die sensiblen Nerven der Vaginal- und Rectalschleimhaut. Die compensatorische Wirkung dieser letzteren Depressoren bestünde darin, dass die Steigerung des Blutdrucks, wie sie bei der Wirkung der Bauchpresse und beim Coitus mit aller Wahrscheinlichkeit erfolgt, durch eine gleichzeitige Herabstimmung der Erregbarkeit der Gefässnervencentren gedämpft, d. i. compensirt würde.

Die Depressoren, von denen ich eben sprach, vermehren die Dehnbarkeit des vorzugsweise vom Splanchnicus beherrschten Gefässgebietes. Die Compensation setzt also, wenn ich mich so ausdrücken darf, dort ein, von wo die Steigerung des Blutdrucks ausgieng; sie entfaltet gewissermassen antagonistische Kräfte, die der Gefässverengerung entgegentreten.

Die Compensation kann aber auch, wie wir uns vorstellen dürfen, an anderer Stelle einsetzen, und zwar in jenen Gefässgebieten, in denen zunächst bei Verengerung der Unterleibsgefässe aus rein mechanischen Gründen eine passive Erweiterung auftreten muss. Wenn nähmlich die Gefässe dieser letzteren Gebiete infolge von dilatatorischen Einflüssen dehnbar werden, dann muss trotz der fortbestehenden Verengerung der Unterleibsgefässe die gesammte Blutspannung abnehmen.

Es fehlt nicht an Angaben, die es wahrscheinlich machen, dass solche compensatorische Vorgänge in der That im Leben stattfinden. Es wird wenigstens von verschiedenen Seiten behauptet, dass die Erweiterung der Haut-, Schleimhautgefässe etc. bei centraler Reizung sensibler Nerven nicht bloss passiver Natur sei, sondern auch auf dilatatorischer, also in gewissem Sinne activer Gefässerweiterung beruhe.

Mit anderen Worten, es ist wahrscheinlich, dass mit den sensiblen Nerven Depressoren für die Haut-, Schleimhautgefässe etc. verlaufen, durch welche die Wirkung der in denselben sensiblen Nerven verlaufenden pressorischen, d. i. blutdruckerhöhenden Nerven compensirt werden kann.

Es liegen auch Experimente vor, aus denen die Vorstellung abgeleitet werden kann, dass es compensatorische Apparate gibt, durch deren Action eine niedrigere Spannung der Arterien zu einer höheren gebracht werden kann.

Eine niedrige Spannung kann, wie schon erwähnt, durch eine schwächere oder langsamere Herzarbeit oder durch eine Erschlaffung der Gefässmuskulatur entstehen.

Die compensirenden Vorgänge, die einen niedrigen Druck zum
Steigen bringen können, spielen sich wieder wie früher entweder im
Herzen oder in den Gefässen ab. Die Erniedrigung des Blutdrucks kann
nähmlich, wie Versuche lehren, eine beschleunigte Herzaction herbeiführen,
und diese kann, wie leicht ersichtlich, den Blutstrom beschleunigen und
somit die Arterienfüllung günstiger gestalten.

Wichtig sind diesbzüglich experimentelle Erfahrungen, die lehren,
dass die Erregung sensibler Muskelnerven von einer Beschleunigung der
Herzaction begleitet wird. Wir können in dieser Beschleunigung umsomehr
einen compensatorischen Vorgang erblicken, als anderseits durch das Experiment erwiesen ist, dass die Gefässe im contrahirten Muskel sich erweitern. Eine solche Gefässerweiterung könnte, wenn grosse Muskelgruppen
auf einmal in Thätigkeit gerathen, leicht zu einer Erniedrigung des Blutdrucks führen. Der Beschleunigung des Herzschlages käme also in diesem
Falle die compensirende Wirkung zu, die Arterien durch den raschen Blutstrom stärker und unter höherer Spannung zu füllen.

Von besonderer Wichtigkeit wäre es, zu erfahren, ob nicht auch
von Seite der sensiblen Magen- und Darmnerven die Herzaction beschleunigt werden kann; denn das Gefässgebiet der Unterleibsorgane ist es ja
zumeist, das, wenn es sich erweitort, den Blutdruck am meisten erniedrigt.
Doch hierüber besitzen wir, soweit mir bekannt ist, keine experimentellen
Erfahrungen und somit auch keinen Anhaltspunkt für die Annahme, dass
eine durch die Erweiterung von Unterleibsgefässen entstandene Erniedrigung des Blutdrucks auf dem Wege der beschleunigten Herzaction compensirt werde.

Eine weitere Compensation für die Erniedrigung des arteriellen Blutdrucks dürfen wir in der schon früher erwähnten Empfindlichkeit der
vasomotorischen Centren gegen die Blutleere erblicken.

Wir haben früher die vasomotorischen Centren als Accommodationsapparate aufgefasst, weil deren Thätigkeit bei mangelhafter Füllung der
Gefässe infolge von Verblutung die Gefässe befähigt, sich ihrem Inhalte
anzupassen. Wir können dieselben aber auch zugleich als Compensations-
apparate auffassen. Denn eine Blutleere des Centralnervensystems kann
ja auch, wie bereits dargelegt wurde, bei niedrigem Arteriendrucke, sei
es, dass derselbe durch eine sehr langsame Schlagfolge des Herzens, sei
es, dass er durch eine Erweiterung der Gefässe der Unterleibsorgane
bedingt ist, zu Stande kommen. Im ersteren Falle kann die durch die
Blutleere bedingte Reizung der vasomotorischen Centren den arteriellen
Blutdruck höher machen. Für den zweiten Fall allerdings ist eine solche
Compensation nicht denkbar. Denn hier ist es ja die herabgesetzte Erregbarkeit der vasomotorischen Centren, die den Blutdruck von vornerein
erniedrigt, und der Reiz der Blutleere muss deshalb wirkungslos bleiben.

Wenn ich ein und dieselben Einrichtungen einmal als Accommodationseinrichtungen, und dann wieder als Compensationseinrichtungen bezeichne, so darf man hiebei nicht vergessen, dass diese Bezeichnungen nur den Gesichtspunkt feststellen, unter welchem diese Erscheinungen aufzufassen sind. Wir sind einmal gewohnt, jede Verkettung von Erscheinungen in causalem Sinne, d. i. mit Rücksicht auf die Wirkung, die diese Verkettung zur Folge hat, zu deuten. Eine solche Deutung hat nur den Zweck der Uebersichtlichkeit, sie soll hier namentlich dazu dienen, das Verständnis und das Interesse für dieselben dem Praktiker näherzurücken.

Von diesem Standpunkte aus ist es auch gestattet, von der Zweckmässigkeit dieser Accommodations- und Compensationseinrichtungen zu sprechen.

Wir dürfen wohl die Zweckmässigkeit aus den Naturvorgängen ableiten, es muss uns aber ganz ferne bleiben, den Zweckmässigkeitsgedanken den Naturvorgängen aufzudrängen, d. i. der Natur anzusinnen, dass sie bei ihren Handlungen sich von Absichten leiten lasse, die uns zu Nutz und Frommen gerathen.

Eine solche Auffassungsweise wäre in der That eine teleologische, diese ist aber in der Naturwissenschaft nicht gestattet. Denn Aufgabe der Naturwissenschaft ist es, die Natur zu studiren, nicht aber dieselbe zu bewundern.

Ich hielt es für nothwendig, mich über diesen Punkt klar auszusprechen, weil ich in dem nächsten Abschnitte dieses Buches, der von der Pathologie des Kreislaufs handelt, zeigen werde, dass die Lehre von der Compensation und Compensationsstörung, sowie sie in den meisten Lehrbüchern vorgetragen wird, zumeist mit teleologischer Betrachtungsweise durchtränkt ist, und dass dieselbe sehr gut durch eine solche ersetzt werden kann, welche die Thatsachen so deutet, wie sie sind, nicht aber so, wie sie nach unseren Ansichten über Zweckmässigkeit sein sollen.

III. Abschnitt.

Allgemeine Pathologie des Kreislaufs.

Die Lehre von der Pathologie des Kreislaufs umfasst zunächst jene Abweichungen vom normalen Zustande des Kreislaufs, die durch eine primäre Ungleichmässigkeit der Arbeit der Ventrikel bedingt sind.

Diese Ungleichmässigkeit kann in sehr verschiedenfacher Weise variiren. Es kann die Arbeit des linken Herzens bei vollständig intacter Arbeit des rechten Ventrikels primär geschädigt sein, und es kann sich aber hieran auch eine secundär bedingte Schädigung des rechten Ventrikels anschliessen; es kann ferner umgekehrt zunächst die Arbeit des rechten Ventrikels primär eine Einbusse erleiden, ohne dass der linke Ventrikel

in seiner Arbeit irgendwie beeinträchtigt wird, und es kann im Verlaufe auch
der linke Ventrikel in seiner Arbeit geschädigt werden etc. Kurz es gibt
hier eine grosse Zahl von möglichen Combinationen, die unzweifelhaft bei
Erkrankungen des Herzens auftreten können, und die um so grösser sind,
als ja oft genug zugleich mit der Erkrankung des Herzens Erkrankungen
der Gefässe auftreten, die, indem sie zur Veränderung des Widerstandes
in der Gefässbahn führen, ihrerseits wieder den Anlass zur Ungleichmässigkeit der Herzarbeit und somit zu weiteren Complicationen abgeben.

Es soll eine der Aufgaben der nachfolgenden Betrachtungen sein,
diese mannigfachen Combinationen und Complicationen in jener Vollständig-
keit vorzuführen, die, wie ich glaube, das Verständnis für die klinischen
Vorgänge erheischt. Die Mannigfaltigkeit dieser letzteren Vorgänge können
wir nur dann richtig würdigen, wenn wir im Stande sind, jeden derselben
mit einer bestimmten Vorstellung über die jeweilig vorliegenden Veränderungen des Kreislaufs zu verbinden.

Sowie man bei der Therapie an dem Grundsatze festhält, einen jeden
Einzelnen mit Berücksichtigung der ihm besonders anhaftenden Eigenthümlichkeiten, d. i. der Individualität, zu behandeln, so muss man auch bei
jenen Ueberlegungen, die zur Diagnose, d. i. zur möglichst sicheren
Einsicht in die jeweilig vorliegenden krankhaften Veränderungen
führen, individualisirend vorgehen, und das ist nur in der Weise zu erreichen, dass man nicht bloss für jede Gruppe von Erscheinungen, sondern
für jede Erscheinung selbst sich bestimmte Vorstellungen construirt.

Diese Construction wird in dem Maasse an Festigkeit gewinnen, als
sie zu ihrer Grundlage direct beobachtete Thatsachen zu benützen im
Stande ist. Am Krankenbette ist die directe Aufdeckung von Thatsachen
nicht immer möglich; man muss sich sehr häufig nur mit Merkmalen begnügen, die uns indirect Aufschlüsse über jene Thatsachen geben, deren
Kenntnis uns wünschenswert erscheint. Diese Grundlagen für die Construction neuer, der Diagnose dienenden Vorstellungen haben nun, je
nachdem sie auf direct oder indirect beobachteten Thatsachen beruhen,
verschiedenen Wert, und die Art dieses Wertes muss immer wohl berücksichtigt werden, denn sonst verfällt man leicht in die Fehler des Ueber-
schätzens oder Unterschätzens.

Diese allgemeinen Betrachtungen werden, wie ich hoffe, durch die
folgende Darstellung noch an Deutlichkeit gewinnen.

I.

Primäre ungleichmässige Herzarbeit bei geringerer Leistung des linken Ventrikels.

Ich will nun vorerst die Störung der Arbeit des linken Ventrikels
und deren Folge für den Kreislauf in Betracht ziehen.

Bei dieser Betrachtung wollen wir von dem S. 18 beschriebenen Modellversuche ausgehen, in dem wir die Thätigkeit des linken Ventrikels vollständig sistirten. Hiebei sahen wir, dass der Kreislauf unter geänderten Druckverhältnissen in den Arterien und Vorhöfen, sowie unter geänderter Vertheilung der Flüssigkeit nicht nur fortbesteht, sondern dass sich eine Gleichmässigkeit zwischen Zu- und Abfluss herstellt, denn aus dem arbeitenden rechten Ventrikel fliesst in diesem Falle dieselbe Flüssigkeitsmenge in den ruhenden linken Ventrikel ab, die aus demselben durch die Arterien und Venen dem rechten Vorhofe zuströmt. Wir sehen dementsprechend, wie ich nochmals wiederholen will, am Modelle die Flüssigkeitsniveaus der beiden Vorhöfe, nachdem das linke sich um Geringes erhoben und das rechte um ein Geringes gesenkt hatte, auf gleicher Höhe verharren, nur die Drücke in den verschiedenen Systemen hatten sich geändert. Der Druck im Arteriensysteme ist fast bis auf die Nullinie herabgesunken, dementsprechend ist auch der Druck im rechten Vorhofe niedriger geworden, aber der Druck im linken Vorhofe ist beträchtlich angestiegen und mit demselben auch der Druck in der Pulmonalarterie.

Wird die Arbeit des linken Ventrikels nicht sistirt, sondern nur in eine unvollkommene verwandelt, dann vollziehen sich in den Drücken der verschiedenen Gefässgebiete und in der Flüssigkeitsvertheilung Aenderungen, die sich nur in quantitativer Hinsicht von jenen unterscheiden, die bei vollständiger Sistirung der Arbeit des linken Ventrikels auftreten.

Es sinkt, der verminderten Arbeit des linken Ventrikels entsprechend, der Druck in den Arterien und im rechten Vorhofe, dem ja von den Venen aus weniger zufliesst. Zugleich steigt der Druck im linken Vorhofe, weil der unvollkommener sich entleerende linke Ventrikel nur einen Theil der Flüssigkeit aus demselben schöpft. Mit diesem Steigen des Drucks im linken Vorhofe erwächst dem rechten Herzen ein vermehrter Widerstand und es steigt der Druck in der Pulmonalarterie. Die zwischen dem linken Vorhofe und der Pulmonalarterie eingeschobene Lunge wird der Veränderung der Flüssigkeitsvertheilung gemäss, die hier stattgefunden hat, grösser, und diese Vergrösserung erfolgt auf Kosten des Volums jener Theile, die aus dem Röhrengebiete der Arterien und Venen bestehen.

Das lässt sich Alles im Modellversuche deutlich demonstriren; ich habe aber als Beleg hiefür keine besondere Illustration vorgeführt, weil ja Fig. 5 insofern als solche gelten kann, als man aus derselben die übrigens schon früher beschriebenen Erscheinungen, allerdings in sehr verstärktem Maasse ersieht, und weil ich ja noch bei Besprechung der Herzfehler auf die gleichen Vorgänge zurückkomme und bei dieser Gelegenheit die auf dieselben sich beziehenden Curven vorführen werde.

Dieser Modellversuch dient zunächst als Ausgangspunkt für jene am Thierversuche geprüften Formen von Ungleichmässigkeit der Herzarbeit, bei welchen der linke Ventrikel eine Einbusse in seiner Contractionsfähigkeit erfährt. Ehe ich von denselben spreche, will ich jene primäre Ungleichmässigkeit der Herzarbeit besprechen, die durch die Klappenfehler des linken Herzens bedingt wird. Hier kann der Herzmuskel, respective die Contraction des linken Ventrikels vollständig sufficient sein, und doch ist der Nutzeffect seiner Arbeit vermindert.

II.
Insufficienz der Mitralklappe.

Wenn wir am Modelle die Nebenschliessung neben der Vorhofsklappe nur sehr wenig öffnen, so kann während der Systole ein Theil der in dem linken Ventrikel enthaltenen Flüssigkeit an der Vorhofsklappe vorbei in den linken Vorhof gelangen. Dieser Theil wird um so grösser, je mehr man die Nebenschliessung eröffnet. Man kann demnach am Modelle eine schwache und eine stärkere Mitralinsufficienz erzeugen.

Fig. 12.

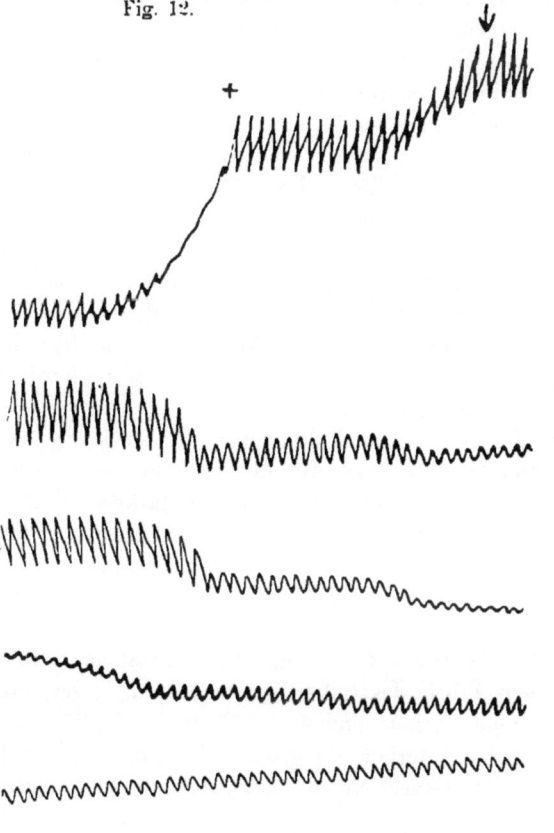

Die beistehende Figur 12 erläutert die Vorgänge, die bei Erzeugung einer solchen schwachen und starken Mitralinsufficienz auftreten. Bei ↓ wurde eine schwache, bei + eine starke Mitralinsufficienz erzeugt. Die beiden sind, wie man der Figur entnimmt, nur graduell von einander verschieden. Im Anfange der Curve bei ↓ sieht man den Arteriendruck *A* nur wenig herabsinken. Aus den schwachen Wellen, die vom linken Vorhofe *l. Vh.* aufgezeichnet wurden, so lange die Klappe schloss, sieht man den stärkeren Schwankungen entsprechend, die durch die Regurgitation der Flüssigkeit entstehen, stärkere werden, und diese stärkeren Schwankungen erheben sich auch über das frühere Niveau,'d. i. der Druck im linken Vorhofe ist angestiegen, aber nur unbeträchtlich; desgleichen zeigt der Druck in der Pulmonalarterie *PA* keine erhebliche Steigerung. Der Druck im rechten Vorhofe *r. Vh.* sinkt auch nur wenig ab. Das Volum der Lungen *L* hat sich entsprechend der Drucksteigerung im linken Vorhofe *l. Vh.* und in der Pulmonalarterie etwas vergrössert.

Sowie man die Nebenschliessung weit öffnet, dieses geschah bei +, sinkt der Druck in der Arterie *A* steil herab, es erhebt sich unter noch grösseren Schwankungen der Druck im linken Vorhofe *l. Vh.*, der Druck in der Pulmonalarterie *PA* steigt nun deutlich, die Lunge *L* wird auffallend grösser und der Druck im rechten Vorhofe *r. Vh.* sinkt ab.

Aus dem Modellversuche ist also zunächst ersichtlich, dass die Mitralinsufficienz ganz dieselbe Veränderung in den Drücken der verschiedenen Gebiete erzeugt wie die unvollkommenere Entleerung des linken Ventrikels. Ein Unterschied besteht nur darin, dass bei Insufficienz des linken Ventrikels der Druck im linken Vorhofe sich in schwachen Wellen erhebt, während er hier unter Ausbildung starker Wellen steigt.

Der Mechanismus dieser Klappeninsufficienz und seine Uebereinstimmung mit der Ventrikelinsufficienz, soweit es sich um die Druckänderungen handelt, ist auch vollständig klar und verständlich.

Der Druck in der Arterie sinkt hier wie dort, weil der linke Ventrikel nur einen Theil seines Inhalts in die Arterien wirft, hier wird der Theil, der für die Arterienfüllung verloren geht, in den linken Vorhof befördert und steigert daselbst den Druck, während dort dieser Theil im Ventrikel, der sich nicht vollständig entleert, zurückbleibt. Durch dieses Zurückbleiben verhinderte er die Entleerung des linken Vorhofes und bewirkte so die Drucksteigerung in demselben.

Die Steigerung des Drucks in der Pulmonalarterie, sowie die Vergrösserung der Lungen sind hier wie dort der Ausdruck des erschwerten Flüssigkeitsabflusses aus dem rechten Ventrikel und der stärkeren Füllung des die Lungengefässe repräsentirenden Röhrensystems *L*. Hier wie dort wird mit dem Arteriensysteme zugleich auch das Venensystem und der rechte Vorhof geringer gefüllt und dementsprechend sieht man den Druck im rechten Vorhofe sinken.

Im Grossen und Ganzen bewirkt also die Mitralinsufficienz einen verminderten Nutzeffect der Arbeit des linken Ventrikels, d. i. der linke Ventrikel verwertet bei seiner Arbeit nur einen Theil der Kräfte, über die er verfügt, zur Füllung der Arterien, ein grosser Theil derselben geht durch die unnütze Vorhofsfüllung verloren. Mit der Grösse dieses Verlustes muss, wie erwähnt, Druck und Flüssigkeitsmenge in der Lungenarterie und Lungenvene zunehmen und die der Arterien und Venen abnehmen, und umgekehrt muss, wenn dieser Verlust kleiner wird, der Druck und die

Füllung der Lungenarterie und Lungenvene der Grenze des Normalen sich nähernd abnehmen und in den Arterien und Venen müssen Druck und Füllung wachsen.

Nach dieser durch das Modell gewonnenen theoretischen Einsicht in die Natur und Bedeutung der Mitralinsufficienz wollen wir untersuchen, ob und inwieferne das Thierexperiment und die klinische Beobachtung Anhaltspunkte dafür bieten, dass diese Einsicht wirklich eine richtige sei.

Was nun zunächst das Thierexperiment betrifft, so herrscht nach meinen Erfahrungen zwischen diesem und dem Modelle die vollkommenste Uebereinstimmung.

Im Thierexperimente sieht man bei Erzeugung einer Mitralinsufficienz den Druck in den Arterien sowohl als in den Venen sinken und den Druck im linken Vorhofe, sowie in der *Art. pulmonalis* steigen, und zwar in ersteren verhältnismässig mehr als in letzterer.

Auch für die vermehrte und unter höherem Drucke erfolgende Füllung der Lungengefässe gibt das Thierexperiment ganz sichere Anhaltspunkte, denn es lehrt, dass sich während der Mitralinsufficienz Lungenschwellung und Lungenstarrheit entwickeln, d. i. jene Zustände, von denen, wie wir wissen, die erstere auf der vermehrten Blutfüllung, die zweite auf der erhöhten Spannung der Alveolarcapillaren beruht. Das Thierexperiment lehrt übrigens auch, wie zu wiederholen ist, dass der Venendruck bei Erzeugung einer Mitralinsufficienz herabsinkt.

Die Vorstellung über die durch eine Mitralinsufficienz erzeugte Art der Kreislaufstörung, die wir durch das Modell und den Thierversuch gewonnen haben, dürfen wir insofern für die Beurtheilung der klinischen Erscheinungen verwerten, als wir mit Bestimmtheit sagen können, dass die Insufficienz der Mitralklappe am Menschen zu gleichartigen Aenderungen in den Drücken und der Blutvertheilung führen muss. Denn diese Aenderungen sind rein mechanischer Natur, sie erfolgen aus mechanischen Gründen und beruhen auf mechanischen Gesetzen.

Die Verwertung dieser Vorstellungen für das Verständnis der Erscheinungen am Krankenbette wird um so sicherer, überzeugender und gewinnreicher sein, je mehr wir im Stande sein werden, letztere, d. i. die klinischen Erscheinungen mit ersteren, d. i. der auf theoretischem Wege gewonnenen Vorstellungen in Einklang zu bringen.

Hiefür ist es zunächst nöthig, dass wir in Erwägung ziehen, durch welche Merkmale sich am Menschen die Insufficienz der Mitralklappen, die hiebei eintretenden Aenderungen der Drücke in den beiden Arterien- und Venensystemen, sowie die Aenderungen der Blutvertheilung offenbaren.

Als markantestes Merkmal der Mitralinsufficienz gilt bekanntlich ein Geräusch, das man zur Systolenzeit auscultatorisch wahrnimmt. Ueber den Charakter dieses Geräusches, seine Entstehungsweise etc. belehren ausführlich genug die Lehrbücher, die die physikalischen Untersuchungsmethoden behandeln und die Lehrbücher über Herzkrankheiten; ich will hier nur feststellen, dass die Stärke dieses Geräusches kein bestimmtes Maass für die Grösse der Klappenläsion, respective für die Grösse der Insufficienz abgibt. Man darf ebensowenig aus starken Geräuschen auf eine grosse Insufficienz, d. i. auf die systolische Regurgitation einer grossen Blutmenge in den linken Vorhof schliessen, als man berechtigt ist, aus schwachen Geräuschen eine geringe Insufficienz, d. i. das systolische Rückströmen geringer Blutmengen in den linken Vorhof zu folgern. Denn die durch die Reibung entstehenden Schwingungen des Blutes oder der Klappen hängen nicht bloss von der Grösse des Reibungswiderstandes, sondern von der Schnelligkeit ab, mit der sich die Herzwand um ihren Inhalt zusammenzieht und somit von der Geschwindigkeit des regurgitirenden Blutstromes, also von vielen concurrirenden Bedingungen, und es ist unmöglich, die Prävalenz der einen oder der anderen und mithin die eigentliche Ursache des stärkeren oder schwächeren Geräusches zu bestimmen.

Wie sehr die Geräusche von der Art der Herzcontraction abhängen, lehrt die alte Erfahrung, dass einestheils schwache Geräusche stärker werden, wenn die Herzaction durch körperliche Bewegung, durch Herzmittel etc. angeregt wird, und dass umgekehrt starke Geräusche mit Schwächerwerden der Herzaction auch sich abschwächen oder gar ganz verschwinden.

Das systolische Geräusch hat also nur die Bedeutung eines ganz allgemeinen Orientirungsmerkmals. Behufs gründlicherer Orientirung müssen wir uns auch an jene Merkmale halten, aus denen sich die Folgen der Insufficienz und hiemit der Grad dieser letzteren mehr weniger genau beurtheilen lassen.

Ich will diese Folgen in jener Reihenfolge besprechen, wie wir sie vom Modellversuche und vom Thierversuche her bereits kennen.

Das Erste, was eine Mitralinsufficienz bewirkt, ist die Erniedrigung des Arteriendrucks.

Der Grad dieser Erniedrigung muss *ceteris paribus* einen Maassstab abgeben für den Ausfall, den die Arterienfüllung auf Kosten der in den linken Vorhof zurückbeförderten Blutmenge erfährt.

Derselbe liesse sich am Menschen nur in der Weise kennen lernen, wenn man ebenso wie im Thierversuche den Arteriendruck, wie er zur Zeit der gesetzten Mitralinsufficienz besteht, mit jenem vergleichen könnte, wie er vorher, d. i. solange die Klappe schlussfähig war, bestand.

Diese vergleichende Prüfung liesse sich ebenfalls nur in Fällen frisch entstehender Insufficienzen durchführen. Ich spreche nur von einer vergleichenden Prüfung, weil man nur dann von einer vergleichenden Messung sprechen darf, wenn man sich bei der Untersuchung der Pulsspannung einer messenden Methode, d. i. der sphygmomanometrischen Methode bedient. Andernfalls, d. i. unter Anwendung der gewöhnlich geübten Digitalunter-

suchung, ja selbst unter Anwendung der sphygmographischen Unter-
suchungsmethode kann man nur von einer vergleichenden Schätzung
sprechen. Eine im Vergleiche mit dem Ausgangsdrucke nur unerhebliche
Erniedrigung würde unbedingt nur für einen geringen Grad von Klappeninsufficienz sprechen.

Ergäbe aber auch diese vergleichende Schätzung oder Messung eine
erhebliche Erniedrigung des Arteriendrucks, so liesse sich aus derselben
nicht unbedingt mit solcher Sicherheit wie im Thierversuche auf eine hochgradige Klappeninsufficienz schliessen. Denn hier muss in Erwägung gezogen werden, dass es ja ein entzündlicher Process ist, der die Klappenläsion veranlasst, und man muss immer der Möglichkeit gedenken, dass
infolge der im Herzen sich abspielenden entzündlichen Vorgänge, die wohl
grösstentheils das Endocardium betreffen, nicht bloss die Gestalt der Klappen
verändert wurde, sondern dass auch das Myocardium geschädigt sein konnte.
Eine solche eventuelle Schädigung des Myocardiums könnte an und für sich
die Herzarbeit ungünstig beeinflussen, die Contraction namentlich des linken
Ventrikels unvollkommen machen. Bei gleichzeitiger Insufficienz der Arbeit
des linken Ventrikels müsste also eine bloss unerhebliche Klappenläsion
eine erhebliche Erniedrigung des Arteriendrucks bewirken. Eine starke
Erniedrigung des Arteriendrucks kann also nur dann als Merkmal einer
hochgradigen Klappeninsufficienz gelten, wenn man im Stande ist, die
gleichzeitige Schädigung des linken Myocardiums auszuschliessen.

Die zweite Folge der Mitralinsufficienz, die man am Modelle und
am Thierversuche constatirt, besteht in dem Sinken des Venendrucks.

Begegnet man schon, wie ich eben gezeigt habe, Schwierigkeiten,
wo es sich darum handelt, das Verhalten des Arteriendrucks für die Beurtheilung der Mitralinsufficienz zu verwerten, so sind diese hier, wo sich
die Frage aufwirft, zu welchen Schlüssen das Verhalten des Venendrucks
berechtige, noch viel grösser.

Zunächst ist es überhaupt am Menschen sehr schwer, über die
Schwankungen des Venendrucks sich ein sicheres, überzeugendes Urtheil
zu bilden. Eine Methode, mittelst deren wir am Menschen den Venendruck ähnlich wie den Arteriendruck abschätzen, geschweige messen
können, steht uns nicht zu Gebote und wir sind hier bloss darauf an-
gewiesen, aus dem äusserlich sichtbaren Verhalten der oberflächlich
liegenden Venen deren Füllung, respective den Druck, unter welchem die
Venenwand gespannt ist, zu beurtheilen. Am meisten massgebend für diese
Beurtheilung ist jedenfalls das Verhalten der Halsvenen, weil sie in un-
mittelbarster Nähe des Herzens liegen, weil deren Füllungszustand zumeist
von der Thätigkeit des Herzens abhängt und nicht wie bei den Venen
der Extremitäten, namentlich der unteren, durch andere Bedingungen, wie
die Schwere, Füllung des Abdomens etc. beeinflusst wird.

Wenn die Halsvenen, namentlich die *Venae jugulares externae,* als

deutlich sichtbare Stränge hervortreten und wenn namentlich beim Finger-
drucke das dem Herzen zugewandte Ende derselben nicht ganz abschwillt,
dann kann man wohl mit Sicherheit auf einen hohen Venendruck schliessen,
und dieser Schluss ist um so zwingender, wenn die Untersuchung bei
aufrechter Stellung des Kranken vorgenommen wird. So verhältnismässig
leicht es ist, grössere Füllungszustände an den Halsvenen zu erkennen,
so schwierig ist es, zu bestimmen, ob die Venenfüllung eine normale ist,
oder ob sie unter die normale Grenze herabsinkt.

Ausser dieser Schwierigkeit, die zumeist, wie schon erwähnt, durch
den Mangel einer Methode bedingt ist, welche es ermöglicht, den Venendruck ähnlich wie am Thierexperimente zu messen, besteht noch eine
zweite, das Verhalten des Venendrucks für die Beurtheilung der Mitralinsufficienz in richtiger Weise zu verwerten.

Der Modellversuch und das Thierexperiment bieten nähmlich für die
betreffende Beurtheilung des Venendrucks nicht gleich sichere Anhaltspunkte, wie für die des Arteriendrucks.

Der Grund hiefür liegt darin, dass im Thierversuche, wo die Mitralinsufficienz bei geöffnetem Thorax erzeugt wird, die mechanischen Bedingungen, welche den Venendruck beeinflussen, verhältnismässig einfach
sind. Bei geschlossenem Thorax werden, wie die Ueberlegung ergibt, diese
Bedingungen etwas complicirter, und demgemäss auch die Beurtheilung des
Venendrucks schwieriger.

Die complicirenden Bedingungen sind dadurch gegeben, dass sich,
wie oben angegeben, mit der Mitralinsufficienz eine Lungenschwellung
entwickelt. Wenn diese im geschlossenen Thoraxraume sich ausbildet,
dann muss sie den Druck, der in demselben herrscht, erhöhen. Diese
Erhöhung kann auf den Blutstrom in den Arterien keinen wesentlichen
Einfluss ausüben, weil der Druck, unter welchem das Blut in denselben
strömt, ein sehr hoher ist; sie kann aber leicht hemmend auf den Venenstrom einwirken, weil der Druck, unter welchem das Blut aus den Venen
dem Vorhofe zuströmt, sowie der Druck im Vorhofe selbst dem intrathoracalen Drucke — der bekanntlich einen negativen Wert hat, d. i.
niedriger ist als der Atmosphärendruck — nahezu gleichkommt.

Bei geöffnetem Thorax kann der Venenstrom nicht durch die Lungenschwellung beeinflusst werden, weil ja hier auf den freiliegenden Gefässen
immer der gleiche Druck, d. i. der Atmosphärendruck lastet.

Bei geöffnetem Thorax hängt also, vorausgesetzt dass die Arbeit des
rechten Ventrikels sich nicht ändert, die Spannung und Füllung der Venen
nur von der Spannung und Füllung der Arterien ab. Sie muss um so geringer werden, je grösser die Mitralinsufficienz ist, und um so weniger
infolge dessen die Arterien vom linken Ventrikel angefüllt werden.

Entsteht die Mitralinsufficienz bei geschlossenem Thorax, so wird wohl
auch je nach dem Grade derselben der Zufluss zu den Venen von den

Capillaren her ein geringerer werden müssen, in dem Maasse aber, als die
entstehende Lungenschwellung den intrathoracalen Druck erhöht, muss
zugleich das Abfliessen des Blutes aus den Venen in den rechten Vorhof gehemmt werden. So wirken bei geschlossenem Thorax während einer Mitralinsufficienz zweierlei Bedingungen auf die Venen. Die eine vermindert die
Füllung und den Druck derselben, während die andere dieselben vermehrt.

Je nachdem die eine oder die andere dieser beiden Bedingungen
überwiegt, werden die Halsvenen bei der Mitralinsufficienz leer oder auch
mehr weniger gefüllt erscheinen.

Leere oder vielmehr zusammengefallene Halsvenen bei der Mitralinsufficienz gestatten jedenfalls die Annahme, dass der Abfluss des Venenblutes in den rechten Vorhof ungehindert von Statten geht. Dieser un-
gehinderte Abfluss kann wieder einestheils darauf bezogen werden, dass
die Lungenschwellung, die diesen Klappenfehler begleitet, keine erhebliche
ist, und anderntheils darauf, dass der rechte Ventrikel sich noch im Besitze voller Contractionsfähigkeit befindet und die Blutmengen vollständig
in die Lungen befördert, die ihm vom rechten Vorhofe aus zuströmen.

Die Anschwellung der Halsvenen lässt sich, sowohl was ihre Entstehung als ihre Beziehung zur Klappeninsufficienz betrifft, in verschiedenfacher Weise deuten.

Zunächst ist aus dieser Schwellung zu folgern, dass der Abfluss des
Blutes in das rechte Herz behindert ist.

Dieses Hindernis kann indirect von der Mitralinsufficienz herrühren,
und zwar dann, wenn die Klappenläsion an und für sich sehr hochgradig
ist und es dementsprechend zu einer starken Lungenschwellung kommt, es
kann aber auch, wie schon früher ausgeführt wurde, eine geringe Klappenläsion, wenn sie mit einer insufficienten Arbeit des linken Ventrikels combinirt ist, ganz im Sinne einer starken Klappenläsion wirken. In beiden
Fällen sitzt das Hindernis für den Venenabfluss in dem Anwachsen des
intrathoracalen Drucks, also ausserhalb des Herzens. Es kann aber die
Venenschwellung auch durch intracardiale Hindernisse bedingt sein.

Wenn nähmlich die Arbeit des rechten Ventrikels insufficient wird,
d. i. wenn letzterer nicht bei seiner Contraction die gesammte Blutmenge,
die ihm vom rechten Vorhofe zuströmt, in die Lungengefässe zu befördern
vermag, dann müssen sich Blutmassen im rechten Vorhofe und in den
Venen anstauen.

Wie man sieht, ist also die Schwellung der Halsvenen bei der Mitralinsufficienz ein vieldeutiges Phänomen.

Sie kann sich unter Umständen als indirecter Folgezustand eines
hochgradigen Klappenfehlers ausbilden, sie kann sich aber ganz unabhängig
von dem Grade des bestehenden Klappenfehlers des linken Herzens bei zu-
fällig mitbestehender Arbeitsinsufficienz des rechten Ventrikels entwickeln.

Ich möchte hier noch anfügen, dass für das Phänomen der Leber-schwellung, das ja auch bei der Mitralinsufficienz auftritt, dieselbe Deutung zu gelten hat, wie für die Venenschwellung. Der behinderte Abfluss des Lebervenenblutes in die *Vena cava*, auf dem wohl die Schwellung der Leber in gewissen Fällen beruht, kann durch die Arbeitsinsufficienz des rechten Ventrikels, oder sie kann auch durch die Lungenschwellung be-dingt sein.

Hiebei muss aber noch in Betracht gezogen werden, dass die Lungen-schwellung nicht bloss zu einer wirklichen, sondern auch zu einer schein-baren Leberschwellung führen kann.

Die wirkliche Leberschwellung, d. i. jene, welche auf einer Stauung des Lebervenenblutes beruht, käme nach dieser Vorstellung nur dann zu Stande, wenn die bestehende Lungenschwellung den intrathoracalen Druck sehr steigert und somit den Abfluss des Blutes aus der *Vena cava* be-sonders hemmt. Von einer scheinbaren Leberschwellung müsste man da sprechen, wo die Leber durch die Lungenschwellung mit dem Zwerchfell gegen das Abdomen verschoben wird, ohne dass hiebei deren Volum an-wuchs. Die Möglichkeit eines solchen Herabrückens der Leber infolge von Lungenschwellung ist, beiläufig bemerkt, durch das Thierexperiment und die klinische Beobachtung hinlänglich erwiesen.

Die Leberschwellung, die auf einer Insufficienz des rechten Ventrikels beruht, ist wie begreiflich immer eine wirkliche.

Als eine fernere Consequenz einer Mitralinsufficienz beobachtet man, wie erwähnt, im Modellversuche sowohl als im Thierversuche eine Steige-rung des Drucks in der Pulmonalarterie.

Als Merkmal für dieselbe gilt bei der klinischen Untersuchung die Accentuirung des zweiten Pulmonaltones, und es kann wohl keinem Zweifel unterliegen, dass diesem Merkmale eine besondere Wichtigkeit für die Be-urtheilung des Grades der Mitralinsufficienz zukommt.

Weit wichtiger wäre es allerdings für die Beurtheilung der Mitral-insufficienz, wenn wir ein Merkmal besässen, das uns über die Höhe des Drucks, der im linken Vorhofe herrscht, unterrichten würde.

Denn die Steigerung des Drucks im linken Vorhofe ist die eigentliche Quelle aller hervorragenden Schädlichkeiten, welche sich im Verlaufe einer Mitralinsufficienz entwickeln.

Ein indirectes Merkmal für diese Steigerung des Drucks im linken Vorhofe besitzen wir allerdings insofern in der Accentuirung des zweiten Pulmonaltones, als ja die Steigerung des Drucks in der Pulmonalarterie, auf welche diese Accentuirung hinweist, von der Steigerung des Drucks im linken Vorhofe herrührt und um so stärker ausfallen muss, je grösser die sie bedingende Ursache ist.

Diese Entstehungsursache des gesteigerten Pulmonalarteriendrucks wächst aber mit der Grösse des Klappenfehlers, d. i. mit der Grösse der

Blutmengen, die mit der Systole des linken Ventrikels in den linken Vorhof gelangen, und es besteht demnach eine gewisse Berechtigung für die Annahme, dass eine Klappenläsion um so grösser ist, je stärker der zweite Pulmonalton accentuirt erscheint.

Gegen die Bedeutung dieses Merkmales kann nur der Einwand erhoben werden, dass die Stärke des zweiten Pulmonaltones wohl nicht allein von dem Drucke abhängt, der beim Schliessen der Klappen in der Pulmonalarterie herrscht, sondern dass auch andere Bedingungen, wie die Beschaffenheit der Klappen und der Pulmonalarterie, die Schnelligkeit, mit der der Klappenschluss erfolgt, die Lagerungsverhältnisse des Herzens, der grossen Gefässe und die hiemit zusammenhängenden Aenderungen der Schalleitung, sowie schliesslich das Schalleitungsvermögen des Thorax selbst hier eine und zwar leider nicht näher zu präcisirende Rolle spielen.

Diesem Einwande scheint mir deshalb eine bestimmte Berechtigung innezuwohnen, weil mir aus directer Erfahrung bekannt ist, dass die Accentuirung des zweiten Aortentones, die allgemein als Merkmal einer erhöhten Arterienspannung gilt, nicht immer mit einer erhöhten Arterienspannung zusammenfällt. Denn oft genug findet man die Arterienspannung sehr beträchtlich über die Norm erhöht, während die Aortentöne sich nur dumpf anhören und eine Accentuirung nicht wahrnehmbar ist, und umgekehrt beobachtet man eine deutliche Accentuirung des zweiten Aortentones bei keinesfalls erhöhtem, ja sogar erniedrigtem Arteriendrucke. Die Accentuirung des zweiten Aortentones kann deshalb nicht als sicheres Merkmal einer erhöhten Arterienspannung angesehen werden und hieraus folgt per analogiam, dass auch dem Merkmale der Accentuirung des zweiten Pulmonaltones nicht jene absolute sichere Bedeutung zukomme, die man ihm gewöhnlich zuschreibt.

Es scheint mir daher von Wichtigkeit, sich gegebenen Falles nicht mit diesem indirecten Merkmale der Druckerhöhung im linken Vorhofe allein zu begnügen, sondern auch andere aufzusuchen. Es kann nicht zweifelhaft sein, wo man dieselben zu suchen und zu finden habe, wenn man bedenkt, dass, wie schon mehrfach erwähnt wurde, mit der Erhöhung des Drucks im linken Vorhofe die Blutfülle der Lungencapillaren und der Druck in denselben wachsen muss, und dass infolge dessen die Lunge in jenen Zustand gerathen muss, den ich als Lungenschwellung und Lungenstarrheit bezeichnet habe. Diesen beiden Lungenzuständen muss man demnach zunächst die Merkmale für die Steigerung des Drucks im linken Vorhofe entnehmen.

Den Nachweis der Lungenschwellung hat die Percussionsmethode zu erbringen. Da die Lungenstarrheit im Sinne eines Respirationshindernisses wirkt und Dyspnoe hervorruft, so hat diese letztere als Merkmal für dieselbe zu gelten.

Die Dyspnoe und die Vergrösserung der Lunge können solange als sichere Merkmale der Drucksteigerung im linken Vorhofe angesehen werden, als nicht Thatsachen vorliegen, die vermuthen lassen, dass die Lungenvergrösserung auf andere Ursachen, etwa auf eine emphysematöse Erweiterung der Lunge zurückzuführen sei, oder dass die Dyspnoe durch andere Respirationshindernisse, wie durch Flüssigkeitsansammlung in der Pleura oder im Abdomen etc. bedingt werde.

Als ein besonderes Merkmal für die Mitralinsufficienz beim Menschen gilt ferner die Volumvergrösserung des Herzens.

Diese Volumvergrösserung ist, wie der pathologisch-anatomische Befund lehrt, vornehmlich der Ausdruck einer Vergrösserung des rechten Ventrikels.

Dieses Merkmal ist im Thierversuche bisher nicht beachtet worden, dennoch aber gibt dieser sowohl wie der Modellversuch für die Ausbildung desselben sichere Anhaltspunkte.

Beide lehren, wie schon erwähnt, dass der Druck in der *Art. pulmonalis* steigt, d. h. dass der rechte Ventrikel unter grösserem Widerstande und somit unter grösserer Kraftanstrengung seinen Inhalt weiter befördert.

Unter diesen Verhältnissen befindet sich aber das Herz, respective der rechte Ventrikel im Thierversuche nur verhältnismässig kurze Zeit und es versteht sich von selbst, dass während dieser Zeitdauer keine wesentlich anatomische Veränderungen in demselben vor sich gehen können.

Anders steht die Sache bei der Mitralinsufficienz des Menschen. Das ist, wenn ich mich so ausdrücken darf, ein Experiment von jahrelanger Dauer, und diese lange Dauer erklärt, dass sich im Verlaufe und im Anschlusse an den fortdauernden Widerstand, gegen den es zu arbeiten bemüssigt ist, anatomische Veränderungen ausbilden. Diese Aenderungen hängen davon ab, ob die Herzmuskulatur im Laufe der Zeit ihre Fähigkeit bewahrt, sich vollständig zu contrahiren, oder ob es dieselbe mit der Zeit einbüsst, oder was das Gleiche bedeutet, ob, dem wachsenden intracardialen Drucke entsprechend, auch die Elasticität der Herzmuskulatur wächst oder nicht, d. i. ob der rechte Ventrikel seine Accommodationsfähigkeit bewahrt oder dieselbe einbüsst.

In dem ersteren Falle wird das diastolische Lumen des rechten Ventrikels sich mindestens gleichbleiben und die systolische Verkleinerung wird ebenfalls die gleiche bleiben wie vor der Klappeninsufficienz.

In einem solchen Falle wird die Volumzunahme durch eine Zunahme von Muskelmasse, d. i. durch eine Hypertrophie bedingt sein, die sich im Laufe der Zeit als Arbeitshypertrophie, oder wie ich sie früher nannte, als Accommodationshypertrophie ausbildet.

Diese Accommodationshypertrophie bewahrt der Herzwand ihre vollständige Elasticität, d. i. sie bewirkt, dass der fortdauernd stärkere Innendruck sie nicht nur nicht ausdehnt, sondern deren Muskulatur befähigt, bei der Systole den möglichsten Grad der Verkürzung zu erreichen.

8*

Die Hypertrophie des rechten Ventrikels ist also der Ausdruck der durch die grössere Spannung seines Inhaltes bedingten Muskelleistung. Sie wird um so grösser ausfallen, je grösser der Widerstand im linken Vorhofe ist, und um so geringer, je geringer dieser Widerstand ist, d. h. bei einer geringen Klappenläsion wird sich nur eine geringe Hypertrophie des rechten Ventrikels ausbilden, und bei einer starken Klappenläsion wird es — vorausgesetzt, dass dem Herzmuskel die Fähigkeit zukommt, seine Elasticität zu bewahren, und dass er im Anschlusse an die, ich möchte sagen, physikalisch-physiologische Accommodationsfähigkeit noch die zweite anatomische Fähigkeit einer Zunahme von Muskelmasse besitzt — zu einer starken Hypertrophie kommen. Dass aber das Umgekehrte geschieht, d. i. dass der Ventrikel unter geringerem Widerstande stark hypertrophirt oder umgekehrt, widerspricht vollständig dem Causalgesetze.

Ausser der Volumvergrösserung des Herzens, die durch Zunahme der Muskelmasse des rechten Ventrikels bedingt ist, findet man noch eine zweite Volumvergrösserung, die gleichfalls vom rechten Herzen herrührt. In dem zweiten Falle ist es die ständige Erweiterung des rechten Ventrikels, welche die Volumvergrösserung bedingt.

Diese ständige Erweiterung des rechten Ventrikels bedeutet, dass die mittlere Blutfüllung desselben immer eine grössere ist.

Um diesen Zustand, in den der rechte Ventrikel infolge der Insufficienz der Mitralklappen geräth, würdigen und verstehen zu lernen, müssen wir zunächst die Frage erörtern, woher in diesem Falle der rechte Ventrikel die grösseren Blutmengen erhält, die er dauernd in seiner Höhle birgt.

Rührt dies davon her, dass dem rechten Ventrikel mehr Blut von den Venen her zuströmt, oder daher, dass er sich nicht vollständig entleert, d. i. dass er nur einen Theil seines Inhalts, der ihm aus dem rechten Vorhofe zuströmt, in die Lungenarterien befördert, sodass ein grosser Rest in demselben zurückbleibt.

Die Ueberlegung ergibt, dass der erste Fall absolut ausgeschlossen erscheint, denn unmöglich kann die Füllung des rechten Ventrikels von Seite der Arterien, respective von Seite der Venen her grösser werden, da ja von hier aus der Zufluss infolge der Mitralinsufficienz geringer wird. Die vorhin aufgestellte Frage kann demnach nur in der Weise beantwortet werden, dass die starke Blutfüllung des rechten Ventrikels auf einer unvollständigen Contractionsweise derselben beruht.

Wir haben eben hier einen ganz anderen Effect einer gleichen Ursache, d. i. der vermehrten Spannung des rechten Ventrikels. Wenn nähmlich dieser Spannungsvermehrung entsprechend, die ja, wie vielfach erwähnt, durch die Erhöhung des Drucks im linken Vorhofe entsteht, die Elasticität der Herzwand nicht wächst, d. i. wenn der rechte Ventrikel nicht accommodationsfähig ist, und demnach die Herzwand durch den hohen Druck, der auf ihr lastet, mehr als gewöhnlich gedehnt wird, und wenn nun auch wegen der mangelnden Accommodation die Ventrikelcontractionen unvollständig werden, mit anderen Worten, wenn der rechte Ventrikel unter hohem Drucke seines Inhalts insufficient wird, dann muss allmählich seine Füllung zunehmen.

Es scheint mir nicht überflüssig, hier zu betonen, dass die Annahme einer Insufficienz des gespannten rechten Ventrikels sich *per analogiam* aus dem experimentell sichergestellten gleichen Verhalten des linken Ventrikels ergibt. Von diesem letzteren wissen wir, dass er, wenn er seinen Inhalt unter grossem Widerstande, somit mit höherer Spannung entleeren muss, unter Umständen eine Einbusse an seiner Elasticität erfährt und infolge dessen insufficient wird; und auf Grund dieser durch das Experiment erwiesenen Thatsache erscheint es vollkommen begreiflich, dass auch der rechte Ventrikel, wenn seine Entleerung starkem Widerstande begegnet, seine Elasticität, hiemit seine Accommodationsfähigkeit einbüsst und somit insufficient wird. Fehlt aber der Muskulatur des rechten Herzens die Fähigkeit, ihre Elasticität zu bewahren, d. i. besitzt es die Neigung, sich unter hohem Drucke auszudehnen, dann ist es begreiflich, dass diese Dehnung mit der Zeit immer grössere Fortschritte macht.

Diese Dilatation hat aber, wie die Ueberlegung ergibt, ihre natürlichen Grenzen und diese liegen in der Insufficienz des rechten Ventrikels selbst. In dem Maasse nähmlich, als infolge dieser Insufficienz die Blutmengen, die der rechte Ventrikel durch die Lungengefässe in den linken Vorhof befördert, geringer werden, muss auch die Füllung des linken Vorhofes geringer werden und es wird infolge dessen auch der Widerstand abnehmen, gegen welchen der rechte Ventrikel sein Blut in die Lungenarterie befördert, und mit dieser Verminderung des Widerstandes schwindet der Entstehungsgrund für die weitere Ausdehnung des rechten Ventrikels.

Diese Dilatation wird aber auch, wie begreiflich, in ihrem Fortschreiten durch die mit derselben gleichzeitig sich ausbildenden Hypertrophie gehemmt. Diese Hypertrophie ist jedenfalls auch eine Arbeits-, eine Accommodations-Hypertrophie. Nur muss man, wie ich meine, sich vorstellen, dass in diesem Falle die ursprüngliche physiologische Accommodationsfähigkeit nicht ausreichte, dem rechten Ventrikel seine vollständige Sufficienz zu wahren, und dass die Hypertrophie, die sich vielleicht zu einer Zeit entwickelt, wo das Herz bereits dilatirt war, die vollständige Contractionsfähigkeit nicht mehr herstellen konnte. Man kann sich aber auch vorstellen, dass der zu Beginn vollständig accommodationsfähige und zugleich hypertrophirte Ventrikel im Laufe der Zeit seine Accommodationsfähigkeit verliert und infolge dessen dilatirt wird.

Sowie der rechte Ventrikel kann auch der linke Vorhof und zwar aus gleichen Gründen hypertrophisch werden.

Der vollen Uebersichtlichkeit halber will ich nun die verschiedenen

möglichen Grade und Phasen der Mitralinsufficienz geordnet zusammen-
stellen.

Wir wollen die Mitralinsufficienz zunächst in zwei Gruppen trennen.
Die eine Gruppe soll jene Formen enthalten, wo bloss die Klappen-
läsion besteht, aber zugleich der linke und der rechte Ventrikel seine
Fähigkeit, sich vollständig zu contrahiren, besitzt.

In die zweïte Gruppe wollen wir jene Formen einreihen, wo die
Klappenläsion durch eine Insufficienz des einen oder anderen Ventrikels,
oder beider zusammen complicirt erscheint.

Die früher angegebenen Erfahrungen, sowie die aus denselben abgeleiteten Betrachtungen setzen uns in den Stand, die Erscheinungsbilder
dieser verschiedenen Formen der Mitralinsufficienz in Umrissen zu construiren.

Die Formen der ersten Gruppe können wir wieder in zwei Reihen
trennen. Wir können nähmlich unterscheiden zwischen Formen, bei denen
die Klappenläsion gering, und solchen, bei denen sie gross ist.

Wenn bei geringer Klappenläsion der linke sowohl als der rechte
Ventrikel normal functionirt, so kann auch die Kreislaufstörung, die hiedurch hervorgerufen wird, nur eine geringe sein. Wegen der geringen Einbusse, die die Füllung der Arterien erleidet, wird der Druck in denselben
nur unerheblich absinken, und was für die Verhältnisse des sogenannten
grossen Kreislaufs, also indirect für die Körperernährung am wesentlichsten
ist, es werden die Capillaren noch hinreichend genug gefüllt sein.

Der geringen Einbusse ferner entsprechend, die das Gebiet der
Arterien und Capillaren erleidet, wird auch die Ueberfüllung der Lungen-
gefässe nicht bis zu jenem Grade gedeihen können, der eine starke
Lungenschwellung und Lungenstarrheit, und somit eine starke
Neigung zur Dyspnoe zur Folge haben könnte.

Der rechte Ventrikel wird in einem solchen Falle gegen keinen
allzu grossen Widerstand anzukämpfen haben und es wird voraussichtlich
schon eine geringe Hypertrophie seiner Muskulatur genügen, um ihm
diesen Dauerkampf zu ermöglichen. Eine Schwellung der Halsvenen wird
man in solchen Fällen nicht wahrnehmen, weil die Lungenschwellung nicht
gross ist, der intrathoracale Druck deshalb nicht besonders von der Norm
abweicht, zudem der rechte Ventrikel wohl deshalb vollständig sufficient
ist, weil seine Spannung nur in geringem Grade vermehrt ist, und für
diese schon eine unerhebliche Accommodationshypertrophie ausreicht, und
weil überdies ja die Venen von der Arterienseite her weniger Blut be-
kommen.

Die Intactheit der Herzmuskulatur, die geringe Klappenläsion und
die derselben entsprechende geringe Lungenveränderung erklären ausreichend, dass auch die subjectiven Merkmale der Klappenläsion, namentlich die Dyspnoe, in solchen Formen fehlen.

Die Hypertrophie des rechten Ventrikels trägt zu diesem Ausfalle der subjectiven Symptome nicht das Geringste bei. Sie kann die Füllung der Arterien nicht bessern, denn der rechte Ventrikel kann selbst in dem allergünstigsten Falle, dass er sich bis zum Verschwinden seines Lumens contrahirt, nie mehr Blut dem linken Vorhofe zuführen, als er vom linken Ventrikel empfängt. Diese Blutmenge kann eventuell, d. i. bei allfälliger Insufficienz des linken Ventrikels geringer, sie kann aber nie grösser werden. Mit kurzen Worten gesagt, die Ausgaben des rechten Herzens können nie grösser sein, als seine Einnahmen. Es liegt nicht der geringste Grund vor, in solchen Fällen von einer gut compensirten Mitralinsufficienz, oder deutlicher gesagt, von einer Compensation des Klappenfehlers durch die Hypertrophie des rechten Ventrikels zu sprechen. Denn der Ausfall jener Symptome, die man auf eine derartige Compensation bezieht, erklärt sich weit einfacher nach dem eben Gesagten aus der geringen Klappenläsion und den geringfügigen Störungen, die sie hervorruft.

Wenn die Klappenläsion eine grosse ist und demzufolge während der Systole des linken Ventrikels ein grosser Theil seines Inhalts in den linken Vorhof zurückgetrieben wird, dann wird zunächst wegen des grossen Ausfalles, den die Arterienfüllung erfährt, der Arteriendruck ein sehr niedriger werden, es werden infolge dessen auch die Körpercapillaren schlecht gespeist werden und es werden bei solchen Formen alle jene Schädlichkeiten sich geltend machen, die durch eine mangelhafte Blutversorgung der Organe bedingt sind.

Es ist auch ohneweiters verständlich, dass der Herzmuskel selbst, wenn seine ernährenden Arterien, die *Arteriae coronariae*, dauernd mangelhaft gefüllt sind, herabkommen, d. i. seine Leistungsfähigkeit einbüssen muss. Solange dies nicht geschieht, d. i. solange eben das vorhandene Ernährungsmaterial ausreicht, wird die Herzmuskulatur, vorausgesetzt, dass sie nicht von anderen Processen entzündlicher oder nutritiver Natur ergriffen wird, intact bleiben.

Es begreift sich ohneweiters, dass der rechte Ventrikel, der bei starker Klappenläsion, d. i. bei hochgradig gesteigertem Drucke im linken Vorhofe seinen Inhalt gegen einen sehr vermehrten Widerstand heraustreiben muss, hier sehr stark hypertrophirt, denn seine Accommodationsfähigkeit wird sehr stark in Anspruch genommen, und soll dieselbe bewahrt bleiben, muss der rechte Ventrikel stark hypertrophiren, geschieht dies nicht, dann muss es bei fortdauernder Spannung seiner Wand zur Dehnung derselben und zur Insufficienz seiner Contraction kommen.

Die Hypertrophie des rechten Ventrikels entsteht, wie nicht genug oft betont werden kann, nicht deshalb, weil der rechte Ventrikel grössere Blutmassen in das linke Herz befördert, denn die Blutmassen, über welche der rechte Ventrikel verfügt, stammen vom linken Ventrikel und werden in dem Maasse geringer, als die Klappenläsion wächst; sie ist nur der

Ausdruck des bestehenden Widerstandes, d. i. der Drucksteigerung im linken Vorhofe und der stärkeren Füllung der Lungengefässe. Die Hypertrophie erhält nur die Elasticität der Herzwand und die sufficiente Arbeit derselben, d. h. sie erhält den Herzfehler im *statu quo*. Es entfällt also jeder Grund, ihr eine compensatorische Bedeutung zuzuschreiben in dem Sinne, dass sie die Schäden des Kreislaufs, die durch die Klappenläsion entstehen, mildert. Eine starke Hypertrophie des rechten Ventrikels zeigt nur, dass die Klappenläsion eine sehr grosse ist. Sie ist, wenn ich mich so ausdrücken darf, nur der Ausdruck für die ungleiche Vertheilung der Arbeit des linken Ventrikels. Während dieselbe bei Sufficienz der Klappen sich nur in dem Widerstande des Aortengebietes, also nur in einer Stromrichtung aufzehrt, verbraucht sie sich hier auch in der entgegengesetzten Stromrichtung, d. i. in der Richtung gegen den Vorhof. Auf diese Weise wird auch der rechte Ventrikel in Mitleidenschaft gezogen und ihm eine Arbeit aufgenöthigt, die er sonst nicht vollführt.

Die durch die Klappenläsion bedingten Schädlichkeiten können in keiner Weise durch die Hypertrophie des rechten Ventrikels berührt werden. Die Hypertrophie kann unmöglich die Arterienfüllung vermehren und somit die Füllung der Capillaren günstiger gestalten, weil sie ja dem linken Vorhofe, respective dem linken Ventrikel nicht mehr Blut schaffen kann; die Hypertrophie kann auch unmöglich den Druck im linken Vorhofe vermindern.

Diese hohe Steigerung des Drucks im linken Vorhofe, welche durch die starke Klappenläsion bedingt ist und die starke Hypertrophie des rechten Ventrikels hervorruft, muss eine starke Ueberfüllung der Blutgefässe der Lunge, also eine hochgradige Lungenschwellung und Lungenstarrheit zur Folge haben. Das Merkmal der Dyspnoe muss also bei solchen Formen ein sehr markantes sein. Wenn die Dyspnoe eine continuirliche ist, und das arterielle Blut nicht genügend ventilirt wird, dann muss Cyanose der Haut, Schleimhaut etc. auftreten.

Die Meinung übrigens, dass der Hypertrophie des rechten Ventrikels eine compensatorische Bedeutung beizumessen sei, d. i. dass die verstärkte Arbeit des rechten Ventrikels, wie man sich dieser Lehre nach vorstellt, die Schäden beseitige oder mildere, die durch die Klappenläsion entstehen, lässt sich durch ein Experiment am Modell leicht *ad absurdum* führen.

Das Experiment, das ich meine, ist durch die nachstehende Fig. 13 illustrirt. Hier wurde zunächst bei ψ eine Mitralinsufficienz erzeugt. Kurze Zeit hierauf wurde bei + die Arbeit des rechten Ventrikels verstärkt.

Bei dieser Verstärkung steigt sofort der Druck in der Pulmonalarterie *PA* und es wird zugleich, wie nicht anders zu erwarten, der Druck im linken Vorhofe *l. Vh.* höher und die Lunge *L* wird grösser. Die Vergrösserung der Lunge, die als Folge der gesteigerten Arbeit des rechten Ventrikels und der gleichzeitigen Druckerhöhung im linken Vorhofe ein-

tritt, kann man
aber umso-
weniger als ein
günstiges Er-
eignis betrach-
ten, als ja ge-
rade diese die
Hauptschäd-
lichkeit be-
deutet, die
durch die Re-
gurgitation
des Blutes in
den linken
Vorhof ent-
steht. Wohl
steigt, wie der
Versuch lehrt,
auch der
Druck, aller-
dings sehr un-
erheblich, in
der Aorta,
aber er sinkt
beträchtlich
im rechten
Vorhofe, d. h.
von der
Flüssigkeit,
die der stärker
arbeitende
rechte Ven-

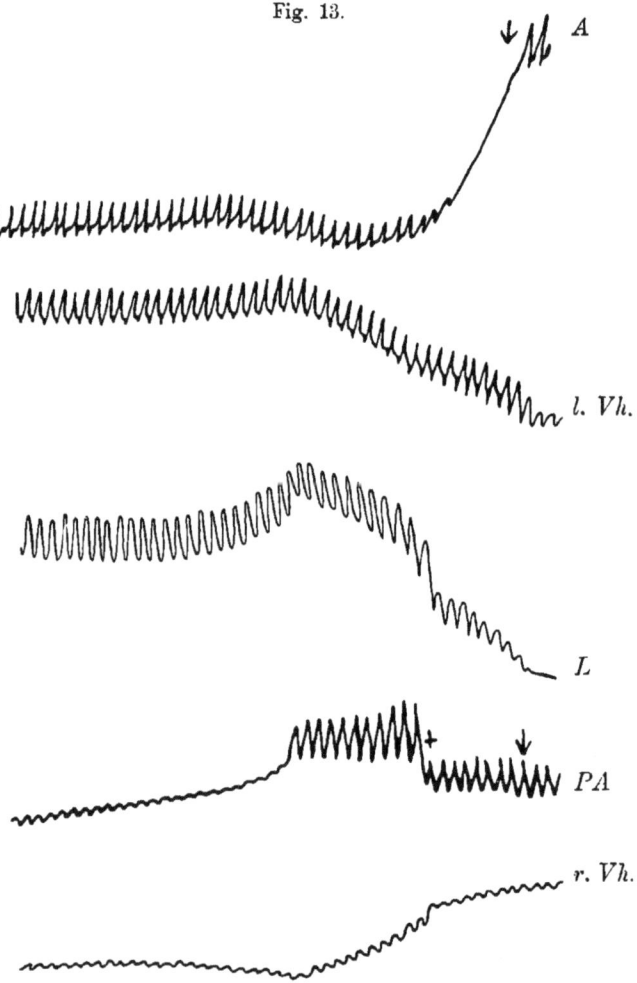

Fig. 13.

trikel aus dem rechten Vorhofe mehr schöpft, gelangt nur der kleinste
Theil in den linken Ventrikel, der grösste bleibt in den Lungen zurück.

In solcher Weise also würde sich die Compensation gestalten, wenn
jene im Rechte wären, die meinen, dass der hypertrophirte rechte Ventrikel ein Uebriges thut, d. i. mehr auswirft, weil er hypertrophirt ist.

Wenn die Lungenschwellung gross genug ist, um den intrathoracalen
Druck zu erhöhen, so wird sie auch von einer Schwellung der Halsvenen
begleitet sein können.

Bei der schwachen sowohl als starken Läsion der Mitralklappen
wird die Blutvertheilung, mit der Norm verglichen, sich in der Weise
ändern, dass jener Antheil des Blutes, der mit der Systole des linken

Ventrikels in den linken Vorhof zurückgelangt, eine dauernde Ueberfüllung des linken Vorhofes und der Lunge verursacht. Diese Ueberfüllung kann sich nicht in den rechten Ventrikel fortsetzen, solange die Semilunarklappen der *Art. pulmonalis* vollständig schliessen, und selbstverständlich auch nicht in den rechten Vorhof, solange die Tricuspidalklappe ebenfalls sufficient ist.

Die Formen der zweiten Gruppe, d. i. die Mitralinsufficienzen, die mit Insufficienz der Herzmuskulatur combinirt sind, und die dieselben begleitenden Vorgänge wird man, meine ich, besser verstehen und würdigen, wenn ich dieselben in genetischer Weise darstelle, d. i. dieselben sich aus den eben behandelten Formen der nicht complicirten, reinen Mitralinsufficienz entwickeln lasse.

Denken wir uns, es würde bei einem mit einer schwachen oder starken Klappenläsion behafteten Herzen aus irgend einer Ursache, sei es infolge einer Myocarditis oder einer Verfettung, das Myocardium des linken Ventrikels geschädigt und es hätte infolge dessen seine Contractionsfähigkeit gelitten, so würde diese Complication, wie ich schon früher auseinandergesetzt habe, im Ganzen und Grossen dasselbe bedeuten, wie eine Verstärkung des Klappenfehlers. Denn der endgiltige Effect dieser Complication bestände in einer noch weiteren Erhöhung des Drucks im linken Vorhofe, denn derselbe würde nicht bloss während der Systole des linken Ventrikels unter höherem Drucke gesetzt werden, sondern es müsste auch während der Diastole des linken Ventrikels in demselben der Druck hoch sein, weil der linke Ventrikel sich systolisch nicht vollständig entleert und in demselben ein Rest von Blut zurückbleibt, der die Entleerung des linken Vorhofes hindert und somit den Druck in demselben gleichfalls steigert.

Die zur Klappenläsion hinzutretende Insufficienz des linken Ventrikels bedingt also eine weitere Mehrarbeit des rechten Ventrikels, d. i. eine weitere Hypertrophie desselben.

Die Blutvertheilung wird, wie ersichtlich, sich durch das Hinzutreten einer Insufficienz des linken Ventrikels in demselben Sinne verändern, wie durch eine Vergrösserung der Klappenläsion, ebenso wird wegen der stärkeren Ausbildung der Lungenschwellung und Lungenstarrheit die Dyspnoe zunehmen.

Ich halte es noch für nothwendig hervorzuheben, dass die Hypertrophie des rechten Ventrikels ebensowenig die Schäden der Insufficienz des linken Ventrikels beseitigen, also compensatorisch eingreifen kann, als sie im Stande ist, die der Klappenläsion zu mildern.

Stellen wir uns umgekehrt vor, dass bei einer durch eine Insufficienz des linken Ventrikels complicirten Mitralinsufficienz, erstere aus irgend welchem Grunde, sei es dass eine gleichzeitige Muskelerkrankung desselben geheilt, sei es dass durch Herzgifte, wie Digitalis, Strophantus, oder eine andere zweckmässige Behandlungsmethode die Contractionsfähigkeit desselben gehoben wurde, einer besseren Herzarbeit platzmacht, so wird selbstverständlich dann nur die Klappenläsion zurückbleiben, d. i. der schädliche Effect des bestehenden Herzfehlers wird vergleichsweise geringer sein als früher.

Eine solche Insufficienz des linken Ventrikels würde, wenn sie nur durch Erkrankung des Herzmuskels entstünde, als eine primäre anzusehen sein, sie könnte sich aber auch als eine secundäre entwickeln, und zwar für den Fall, als sich in der arteriellen Gefässbahn Widerstände entwickeln, die das Abströmen des Blutes aus demselben erschweren und seinen Inhalt in höhere Spannung versetzen. Von diesen secundären Insufficienzen des linken Ventrikels bei der Mitralinsufficienz und deren Folgen werde ich später sprechen.

Zur besseren Veranschaulichung des eben Gesagten möge beistehende Fig. 14 dienen. Dieselbe bezieht sich auf einen Modellversuch, indem bei eine Insufficienz der Mitralklappe erzeugt wurde. Man sieht, wie in Fig. 12 und 13, den Aortendruck *A* sinken und den Druck im linken Vorhofe *l. Vh.* und in der Pulmonalarterie steigen, desgleichen das Volum der Lunge grösser werden. Die Schwankungen des Drucks im linken Vorhofe, sowie die des Lungenvolums werden zugleich, wie früher, grösser. Die dem Drucke im rechten Vorhofe entsprechende Curve *r. Vh.* zeigt nur ein kaum merkliches Sinken. Bei + wurde die Arbeit des linken Ventrikels verstärkt. Man sieht infolge dessen den Druck in der Aorta *A* steigen,

Fig. 14.

dagegen den Druck in der Pulmonalarterie *PA* absinken und auch das Volum der Lunge *L* kleiner werden. Der Druck im rechten Vorhofe *r. Vh.* hebt sich nur ein Geringes. Die Strecke von + angefangen, verglichen mit der ihr vorhergehenden, gibt also das Bild von Druckänderungen, die einer verhältnismässig geringeren Klappenläsion entsprechen.

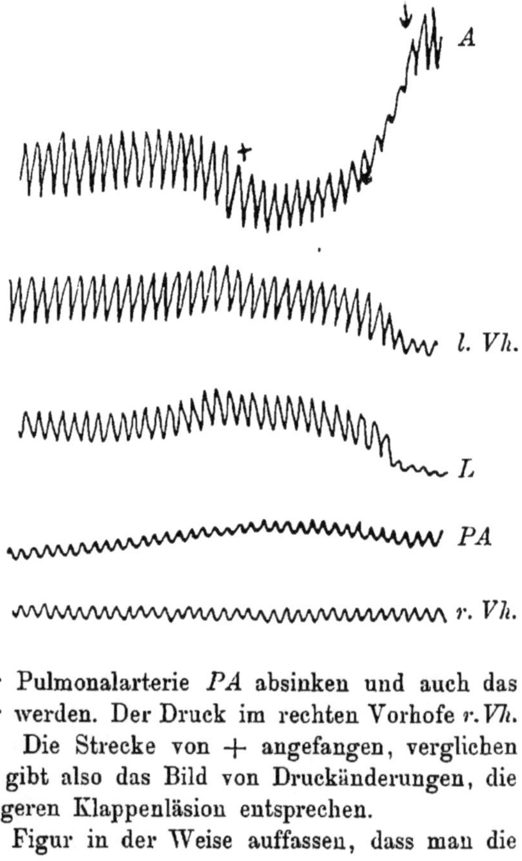

Man kann auch diese Figur in der Weise auffassen, dass man die

Strecke vor + als eine Mitralinsufficienz mit Insufficienz des linken Ventrikels auffasst, die bei + in eine solche mit hergestellter Sufficienz desselben übergeht.

Die Mitralinsufficienz kann ferner, wie schon früher berührt wurde, mit einer Insufficienz der Arbeit des rechten Ventrikels einhergehen. Dieses geschähe, wie ebenfalls schon erwähnt wurde, dann, wenn mit der höheren Spannung seines Inhalts, die ja unausweichlich eintreten muss, die Elasticität des rechten Ventrikels nicht in gleichem Maasse wächst, d. i. wenn die Accommodationsapparate nicht genügend functioniren, wenn die Accommodationshypertrophie sich nicht rechtzeitig genug ausbildet, und es demnach zur Dilatation allein oder zu einer solchen kommt, die mit Hypertrophie verbunden ist.

Die Insufficienz des rechten Ventrikels nach einer Mitralinsufficienz ist immer als eine secundäre aufzufassen, denn sie verdankt ihre Entstehung immer der stärkeren Spannung seines Inhalts.

Durch eine solche Insufficienz wird die ursprüngliche Kreislaufstörung in ganz anderer Weise alterirt wie durch die Insufficienz des linken Ventrikels. Während nähmlich diese letztere, wie wir eben gesehen haben, in gleichem Sinne wie eine stärkere Klappenläsion wirkt, ist der Effect der Insufficienz des rechten Ventrikels, namentlich soweit es sich um die Füllung des linken Vorhofes und die derselben sich anschliessende Ueberfüllung der Lungengefässe handelt, ein geradezu entgegengesetzter.

Infolge der Insufficienz des rechten Ventrikels müsste sich nähmlich, wie nicht anders möglich, die Menge des den Lungen zuströmenden Blutes verringern. Der Druck in den Lungengefässen sowohl als im linken Vorhofe muss demgemäss, da derselbe von dem Zuflusse aus dem rechten Ventrikel abhängt, geringer werden. Während aber die Stauung hinter dem linken Ventrikel relativ, d. i. je nach der Grösse der Insufficienz des rechten Ventrikels abnimmt, muss eine neue, und zwar hinter dem rechten Ventrikel, d. i. im rechten Vorhofe und in den Körpervenen entstehen.

Die Blutvertheilung und die Drücke in dem Arterien- und Venensysteme würden sich bei einer derartigen Combination einer Mitralinsufficienz mit einer Insufficienz des rechten Ventrikels gegen die Norm ungefähr in folgender Weise ändern.

Durch die gleichzeitige stärkere Anfüllung der Lungen- und Körpervenen und der beiden Vorhöfe, sowie durch die bleibend grössere, durch die Insufficienz bedingte Anfüllung des rechten Ventrikels würde die Füllung der Arterien eine beträchtliche Einbusse erleiden, der arterielle Druck würde daher ein niedriger und auch die Capillaren würden weniger mit Blut gefüllt sein.

Da auf Kosten der Arterienfüllung hier nicht bloss die Lungen und der linke Vorhof stärker, sondern auch die Körpervenen stärker gefüllt werden, so muss in den beiden ersteren die Stauung verhältnismässig geringer ausfallen als in dem Falle, wo der hypertrophirte, aber nicht dilatirte rechte Ventrikel sich vollständig contrahirte.

Die Lungenschwellung und die Lungenstarrheit würden sich in verhältnismässig geringerem Grade entwickeln und die hierauf beruhende Dyspnoe wird geringer sein.

Während also die Folgeerscheinungen der Blutstauung im linken Vorhofe an Intensität abnehmen, müssten die Folgeerscheinungen, die durch die Stauung des Blutes in den Körpervenen bedingt sind, wie mangelhafte Nierensecretion, Stauung im Pfortadergebiete, Hautödem, Ascites etc., die bei der reinen Mitralinsufficienz in den Hintergrund treten, zum Vorscheine kommen.

Besserte sich während der Dauer des Herzfehlers diese Insufficienz des rechten Ventrikels, dann könnten wieder die Erscheinungen zurück- treten, die durch die Venenstauung bedingt sind, und es könnten dagegen in erhöhtem Grade diejenigen zum Vorscheine kommen, denen die Stauung im linken Vorhofe zu Grunde liegt.

Die Zahl der hier möglichen Variationen ist, wenn man bedenkt, dass die eben erwähnten Combinationen in wechselnden Graden auftreten können, und wenn man ausserdem bedenkt, dass nicht bloss der eine oder der andere, sondern beide Ventrikel zugleich, aber nicht in gleichem Grade insufficient werden können, eine sehr grosse.

Diese möglichen Variationen gegebenen Falls richtig zu beurtheilen, ist die Aufgabe der klinischen Analyse.

III.

Mitralstenose.

Wir wollen bei der Besprechung dieses Klappenfehlers wieder vom Modellversuche ausgehen. Wenn man die dem *Atrium venosum* ent- sprechende Stelle vermittelst der daselbst angebrachten Schraubenklemme verengt, so dass die vorher frei bestehende Communication zwischen dem linken Vorhofe und dem linken Ventrikel wesentlich behindert wird, dann sieht man, wie nachstehende Fig. 15 zeigt, in der ψ die Zeit bezeichnet, zu der die Stenosirung vorgenommen wurde, den Aortendruck *A* absinken. Man sieht aus derselben, wie der Druck im linken Vorhofe *l. Vh.* steigt. und das Volum der Lunge grösser wird.

Der Druck im rechten Vorhofe sinkt.

Der zweite Abschnitt dieser Curve, der bei $+$ beginnt und der sich auf einen Versuch bezieht, wo während des Bestehens der Mitralstenose die Arbeit des rechten Ventrikels verstärkt wurde, wird später besprochen werden.

Fig. 15.

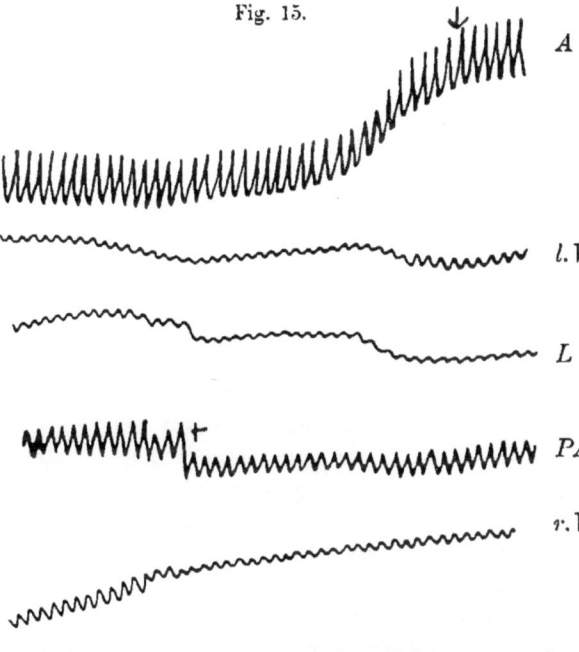

A

l. Vh.

L

PA

r. Vh.

Aus dem bisher Beschriebenen ergibt sich, dass wir hier den gleichen Vorgängen begegnen, wie bei der Hervorrufung einer Mitralinsuffizienz. Der Unterschied besteht nur darin, dass dort der Druck im linken Vorhofe unter starken Schwankungen sich erhob und dass auch die Curve des Lungenvolums grosse Schwankungen zeigte, während hier diese Schwankungen begreiflicherweise deshalb ausfallen, weil das Steigen des Drucks im linken Vorhofe nicht durch stossweises Regurgitiren von Flüssigkeit in den linken Vorhof, sondern dadurch bedingt ist, dass die Flüssigkeit aus dem linken Vorhofe nicht rasch genug und infolge dessen auch nicht in genügender Menge in den linken Ventrikel abströmt.

In diesem Falle also sinkt der Druck in der Arterie deshalb, weil der linke Ventrikel von Seite des linken Vorhofes her mangelhaft gefüllt wird. Was nun infolge dessen dem Ventrikel an Füllung abgeht, das bleibt im linken Vorhofe zurück und erhöht daselbst den Druck.

Eine Consequenz dieser Drucksteigerung ist, wie begreiflich, die Drucksteigerung in der Pulmonalarterie und die Vergrösserung des Lungenvolums als Folge der stärkeren Füllung der Lungengefässe.

Eine directe Consequenz des Sinkens des Arteriendrucks ist ferner das Sinken des Drucks im rechten Vorhofe, d. i. im Venengebiete.

In vollständiger Uebereinstimmung mit dem Modellversuche steht nach meinen Erfahrungen das Thierexperiment.

Wenn man nähmlich vom linken Aurikel her in den linken Vorhof eine an einer Canüle befestigte Blase einführt und dieselbe auftreibt, somit das Lumen des linken Vorhofes zum Theile beeinträchtigt, was ja mechanisch dasselbe bedeutet, wie eine Stenose am *ostium venosum*, dann sieht man den Arteriendruck und mit ihm den Venendruck absinken.

Ueber die Steigerung des Drucks in der Pulmonalarterie bei diesem

Versuche besitze ich keine directen, wohl aber indirecte experimentelle Erfahrungen.

Die Obturation des linken Vorhofes führt nähmlich 'zu hochgradiger Lungenschwellung und Lungenstarrheit, d. i. zur starken Füllung der Lungengefässe, und diese ist ja nur der Ausdruck der gleichzeitigen Erhöhung des Drucks in der Pulmonalarterie und im linken Vorhofe.

Wir wollen nun wieder auf Grund der durch das Modell und den Thierversuch gewonnenen Einsicht den Wert und die Bedeutung der Merkmale prüfen, die die Mitralstenose des Menschen begleiten.

Als wichtigstes Merkmal der Stenose betrachtet man das auscultatorisch wahrnehmbare Geräusch, das entweder an Stelle des zweiten Tones zu hören ist, oder denselben begleitet, oder ein Geräusch, das man während der grossen Herzpause, d. i. zwischen Diastole und Systole, wahrnimmt und das man gewöhnlich als präsystolisches Geräusch bezeichnet.

Diese Geräusche dürfen deshalb als ungefähres Maass der stenotischen Verengerung des venösen ostiums angesehen werden, weil deren Charakter und Stärke nicht so wie bei den Geräuschen, die durch die Mitralinsufficienz hervorgerufen werden, von der Art, respective Geschwindigkeit der Muskelaction des Herzens abhängen. Denn das diastolische Geräusch bei der Mitralstenose entsteht zu einer Zeit, wo der Ventrikel und eine Zeit lang wenigstens auch der Vorhof sich im Ruhezustande befinden. Nur das präsystolische Geräusch ist ausser von der Stenose auch zugleich von dem Contractionsmodus des linken Vorhofes abhängig. Eine Verstärkung der Contraction des linken Vorhofes bedeutet ja aber zugleich einen höheren Druck in demselben, d. i. einen stärkeren Grad von Stenose, ein stärkeres präsystolisches Geräusch kann also mit Recht auf eine starke Stenosirung bezogen werden.

Bei der Ausdeutung des Arteriendrucks müssen wir von denselben Erwägungen ausgehen, die ich früher bei der Mitralinsufficienz dargelegt habe. Der niedrige Arteriendruck darf demnach nur dann als sicheres Merkmal einer durch die Stenose bedingten geringen Arterienfüllung gelten, wenn er beträchtlich unter die Norm erniedrigt ist, wenn man weiss, dass er vorher, d. i. solange als keine Stenose bestand, höher war, und wenn man genügende Anhaltspunkte dafür besitzt, dass die Thätigkeit des linken Ventrikels an sich keine Schädigung erlitten hat.

Findet man die Halsvenen zusammengefallen, so kann dies als Zeichen dafür gelten, dass die Lungenschwellung nicht gross genug ist, um den intrathoracalen Druck wesentlich zu erhöhen und das Abströmen des Venenblutes in den rechten Vorhof wesentlich zu behindern.

Bei der Beurtheilung des erhöhten Venendrucks, d. i. bei deutlicher Schwellung der Halsvenen, wird man, wie früher, zu berücksichtigen haben, ob das erschwerte Abfliessen des Venenblutes auf der Erhöhung des intrathoracalen Drucks durch die Lungenschwellung oder auf einer gleichzeitigen Insufficienz des rechten Ventrikels beruhe. Massgebend für diesen Unterschied ist aus vorher beleuchteten Gründen das Percussions-ergebnis, soweit es uns über die Grösse der Lunge Aufschluss gewährt, und die Dyspnoe, soweit diese uns über die Excursions-, d. i. Athmungs-fähigkeit der Lunge Auskunft gibt. Die Dyspnoe, d. i. die Anwesenheit oder die Abwesenheit derselben, hat also, sowie dort, als differenzialdiagno-stisches Merkmal für die Art der Entstehung der Venenschwellung zu gelten.

Bei der Beurtheilung der Merkmale, die wir durch die Leberpercus-sion gewinnen, müssen wir, sowie früher, die beiden Möglichkeiten ins Auge fassen, dass die Leber nur scheinbar vergrössert, d. i. bloss dis-locirt, und wirklich vergrössert sein kann. Die Dislocirung kann auf der Lungenschwellung beruhen, und die Volumzunahme derselben auf der die Insufficienz des rechten Ventrikels bedingenden Stauung des Pfortader-blutes, sowie eventuell auf einer sehr starken Lungenschwellung und der hiedurch bedingten Venenstauung.

Die Accentuirung des zweiten Pulmonaltones kann unter den früher erwähnten Einschränkungen als Merkmal eines erhöhten Drucks in der Pulmonalarterie und zugleich im linken Vorhofe gelten.

Verlässlicher aber, wie ich glaube, sind auch hier jene Merkmale, auf deren grössere Beachtung das Experiment hinweist, d. i. die Lungen-schwellung und die Lungenstarrheit und die hierauf beruhende Dyspnoe.

Bei der Deutung der Volumvergrösserung des Herzens hat man auch hier sich gegenwärtig zu halten, dass dieselbe durch Hypertrophie des rechten Ventrikels, sowie durch Vergrösserung seiner Höhlung mit gleich-zeitiger Hypertrophie oder auch ohne dieselbe zu Stande kommen kann.

Die Hypertrophie des rechten Ventrikels, zu der auch eine solche der linken Vorhofswandung hinzutreten kann, ist einerseits als Aus-druck der erhaltenen Accommodationsfähigkeit desselben, anderseits als Maass für die Grösse der Stenose aufzufassen. Denn die Hypertrophie muss um so grösser ausfallen, je grösser die Blutmengen sind, die sich im linken Vorhofe und in den Lungengefässen anstauen, weil sie nicht rasch genug in den linken Ventrikel gelangen können. Eine geringe Hypertrophie, noch mehr den Ausfall einer solchen, kann man nur als das Merkmal einer geringen Stenose ansehen.

Die Erweiterung des rechten Ventrikels ist auch hier eine Folge der grösseren Spannung desselben und sie bildet sich aus, wenn mit der Spannung nicht zugleich die Elasticität der Ventrikelwand wächst, d. i. wenn die Accommodation nicht mit der Spannung gleichen Schritt hält.

Ich möchte noch betonen, dass die grössere Füllung des rechten Ventrikels auch hier auf die unvollkommene Entleerung desselben bezogen werden muss, keinesfalls aber darf man sich vorstellen, dass dieselbe sich vom linken Vorhofe und den Lungen gewissermassen nach rückwärts fortpflanzt, dies ist wenigstens solange nicht möglich, als die Semilunarklappen der Pulmonalarterie schlussfähig sind.

Um uns eine Vorstellung darüber zu bilden, wieso es kommt, dass in dem einen Falle eine Mitralstenose unter Erscheinungen einer starken Dyspnoe verlauft, in dem anderen Falle nicht, brauchen wir keinesfalls auf die Compensation oder Compensationsstörung zu recurriren. Denn die Hypertrophie des rechten Ventrikels kann ebensowenig eine Mitralstenose compensiren, als sie im Stande ist, eine Mitralinsufficienz zu compensiren. Die Annahme einer von der Hypertrophie des rechten Ventrikels ausgehenden Compensation lässt sich übrigens auch für diesen Fall durch einen Versuch am Kreislaufmodelle in das gehörige Licht stellen.

Der betreffende Modellversuch ist gleichfalls durch die früher vorgeführte Fig. 15 illustrirt.

Derselbe bezieht sich, wie ich wiederholen will, zunächst auf einen Versuch, in welchem eine Mitralstenose, und zwar bei ⅓ erzeugt wurde. Während des Bestehens derselben wurde bei + die Arbeit des rechten Ventrikels verstärkt, also ein Vorgang erzeugt, den die Compensationslehre dem hypertrophirten rechten Ventrikel ansinnt. Die Folge dieser Arbeitsverstärkung ist, dass der Druck im linken Vorhofe noch höher, dass die Lunge noch grösser wird. Der Aortendruck selbst hat aber, wie man sieht, keine Steigerung erfahren, nur der Druck im rechten Vorhofe ist gesunken. Mit anderen Worten, die gesteigerte Arbeit des rechten Ventrikels hat die im kleinen Kreislaufe bestehenden Schädlichkeiten vermehrt, ohne die im grossen Kreislaufe vorhandenen zu beseitigen. Gerade aber auf den grossen Kreislauf legen die Anhänger der Compensationslehre grossen Wert, denn hier soll, wie man annimmt, durch die Compensation Druck und Füllung vermehrt werden. Wie wenig Grund zu dieser Annahme vorhanden ist, zeigt, wie ich glaube, klar genug dieser Versuch. Denn führte wirklich, was zudem nicht denkbar ist, der hypertrophirte rechte Ventrikel dem linken Vorhofe mehr Blut zu, dann würde dies keine Compensation, d. i. Ausgleich der Schädlichkeiten, sondern eine verschlechternde Complication bedeuten.

Der Zweck, den die Compensationslehre erreichen will, d. i. verstehen zu lernen, weshalb trotz des Herzfehlers, in unserem Falle also trotz der Mitralstenose, verhältnismässig geringe pathologische Symptome auftreten, lässt sich viel einfacher erreichen, wenn man die Bedingungen genau überlegt, welche eben deren Auftreten begünstigen.

Eine Dyspnoe muss nach dem früher Gesagten auftreten, wenn die Mitralstenose einen hohen Grad erreicht hat, auch wenn die sie begleitende Hypertrophie des rechten Ventrikels, die, wie ich nochmals wiederholen muss, nur als Accommodationseinrichtung aufzufassen ist, noch so stark ist. Sie wird selbstverständlich noch stärker werden müssen, wenn zugleich der linke Ventrikel sich nicht im Vollbesitze seiner Function befindet.

Bei einer starken Mitralstenose können ferner schon Erscheinungen von Venenstauungen auftreten, selbst solange der hypertrophische rechte Ventrikel vollständig functionirt, und zwar infolge des durch die Lungenschwellung bedingten erschwerten Venenabflusses; sie müssen aber gewiss stärker werden, wenn der rechte Ventrikel anfängt, nicht vollständig zu functioniren. In dem Maasse als die Venenfüllung zunimmt, der rechte Ventrikel untüchtig wird und die Lungen weniger Blut erhalten, wird in solchen Fällen die Dyspnoe geringer werden können, vorausgesetzt natürlich, dass die Lunge noch normal ist, d. i. dass nicht pathologische Aenderungen in derselben eingetreten sind, die ihre Athmungsfähigkeit behindern, und vorausgesetzt, dass nicht Transsudationen im Thorax oder in der Bauchhöhle neue Hindernisse für die Respiration abgeben.

Die Dyspnoe und die Venenstauung werden bei leichten Mitralstenosen ausbleiben aus Gründen, die ich nicht weiter zu entwickeln brauche. Es kann aber auch hier zur Dyspnoe kommen, wenn die Function des linken Ventrikels vorübergehend oder dauernd in seiner Function leidet.

Eine solche vorübergehende Functionsstörung des linken Ventrikels kann durch starke Gefässverengerungen bedingt sein, die, wie wir wissen, für den Fall, als die Accommodationsapparate nicht prompt functioniren,

Fig. 16.

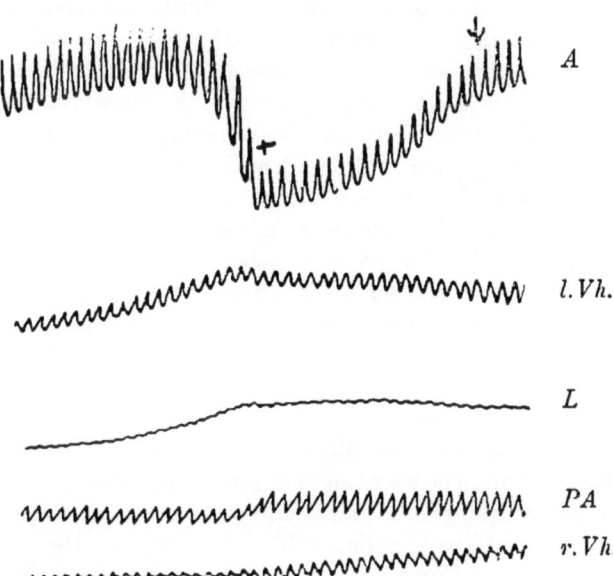

A

$l.Vh.$

L

PA

$r.Vh.$

zur Insufficienz desselben führen können. Dauernd kann dieselbe durch Erkrankung desselben herbeigeführt werden. Wenn es in solchen Fällen gelingt, dem Herzen wieder durch eine entsprechende Behandlung seine frühere Leistungsfähigkeit zu verschaffen, dann muss auch die Dyspnoe aufhören. Diese Betrachtungen haben, wie ich hier nachträglich bemerken will, auch für die Mitralinsufficienz zu gelten.

Einen solchen Hergang veranschaulicht die vorstehende Fig. 16. Dieselbe entstammt einem Modellversuche, in dem bei ⅄ eine, und zwar schwache Mitralstenose erzeugt wurde. Der geringfügigen Stenosirung entsprechend, sehen wir hier wohl den Arteriendruck A noch deutlich genug absinken, aber im linken Vorhofe $l.$ $Vh.$ steigt der Druck nur wenig, und auch das Lungenvolum L wird nicht sichtlich grösser. Desgleichen zeigt der Druck in der Pulmonalarterie PA auch nur eine geringfügige Steigerung und auch der Druck im rechten Vorhofe $r.$ $Vh.$ sinkt entsprechend wenig ab. Dieser Theil des Versuches illustrirt die Vorgänge, die bei einer schwachen Mitralstenose stattfinden, es zeigt hier namentlich die geringe Vergrösserung des Lungenvolums, dass leicht zu verstehen ist, weshalb keine Dyspnoe auftritt, und ebenso zeigt der sinkende Venendruck, dass eine Venenstauung hier nicht erwartet werden darf.

Bei + wurde in diesem Versuche die Arbeit des linken Ventrikels verstärkt. Als Folge hievon sieht man den Aortendruck A steigen, gleichzeitig den Druck im linken Vorhofe $l.$ $Vh.$ sowie in der Pulmonalarterie PA sinken und das Lungenvolum L kleiner werden. Geben wir diesem Versuche die Deutung, dass in dem ersten Abschnitte desselben, d. i. vor der Verstärkung der Arbeit des linken Ventrikels, letzterer vergleichsweise insufficient gewesen sei, so würde derselbe darthun, dass durch die eintretende Sufficienz desselben relativ günstigere Kreislaufverhältnisse hergestellt wurden, die namentlich zur Verkleinerung der Lunge, d. i. zum Wegfalle der die Dyspnoe befördernden Ursachen führten.

Die eingehende Ueberlegung ergibt, dass wir, wie früher die Mitralinsufficienz, auch die Mitralstenosen in zweierlei Formen, die allerdings nur in quantitativer Beziehung von einander verschieden sind, d. i. in starke und schwache trennen müssen. Jede dieser beiden Formen kann wieder, wie wir gesehen haben, unter mannigfachen Variationen auftreten, die durch das jeweilige Verhalten der beiden Ventrikel bedingt werden. Diese Variationen selbst können wieder im Laufe der Zeit, respective im Laufe der Lebensdauer wechseln, wenn, selbstverständlich vorausgesetzt, dass die Art der Stenosirung sich gleichbleibt, die Function der Ventrikel eine Aenderung in günstigem oder ungünstigem Sinne erfährt.

Eine tiefere klinische Betrachtungsweise muss also auf die Möglichkeit dieser verschiedenen Variationen Rücksicht nehmen. Die Lehre von der Compensation und Compensationsstörung ist dieser Betrachtungsweise geradezu hinderlich. Denn, ganz abgesehen davon, dass sie auf rein speculativ teleologischem Boden steht, weil sie die Hypertrophie nicht bloss als nothwendig eintretende Wirkung einer Schädlichkeit, sondern zugleich als eine Ursache auffasst, die diese Schädlichkeit beseitigt, führt sie bloss zu der ganz allgemeinen Trennung zwischen compensirten und nicht compensirten Klappendefecten. Diese Trennung kann aber nur, wenn man sie mit jener vergleicht, die wir hier wie früher, d. i. bei der Mitralinsufficienz, durchgeführt haben, als eine ganz oberflächliche bezeichnet werden.

Ich will noch schliesslich die Vorgänge in Erwägung ziehen, die auftreten können, wenn eine Mitralinsufficienz sich mit einer Mitralstenose combinirt. Diese Erwägung scheint mir deshalb am Platze, weil bekanntlich gerade diese Combination am Krankenbette sehr häufig zur Beobachtung kommt; sie soll wieder an einen Modellversuch anknüpfen, der durch beistehende Fig. 17 illustrirt ist.

Fig. 17.

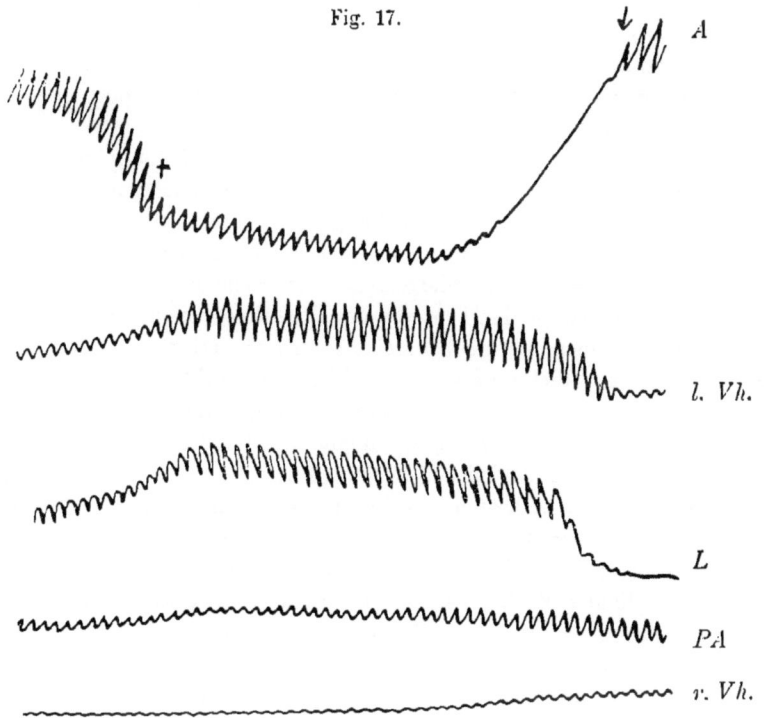

l. Vh.

L

PA

r. Vh.

Bei ↓ wurde hier eine Mitralinsufficienz erzeugt. Es sank wie immer hiebei der Aortendruck A, es stieg der Druck im linken Vorhofe l. Vh. unter Ausbildung hoher, der Regurgitation entsprechender Schwankungen, auch das Volum der Lunge L wurde grösser; desgleichen stieg der Druck der Pulmonalarterie PA. Der Druck im rechten Vorhofe r. Vh. zeigte ein deutliches Sinken.

Als nun bei + die im Modelle dem *Atrium venosum* des linken Herzens entsprechende Stelle stenosirt wurde, stieg der Aortendruck A, der Druck im linken Vorhofe l. Vh. und in der Pulmonalarterie PA sank zugleich, das Lungenvolum *L* wurde erheblich kleiner, der Druck im rechten zeigte keine andere Veränderung als höchstens die, dass hier das weitere Sinken unterbrochen wurde.

Die zur Mitralinsufficienz hinzutretende Stenose hat also, wie man sieht, die Kreislaufverhältnisse günstiger gestaltet, denn, worauf es ja zumeist ankommt, die Arterienfüllung ist eine bessere, dagegen die der Lunge eine geringere geworden, was, auf die Kreislaufverhältnisse im Thierkörper übertragen, bedeuten würde, dass die Capillarfüllung, respective die Ernährung der Organe besser geworden, und dass die Entstehungsursache der Dyspnoe, d. i. die Lungenschwellung und Lungenstarrheit beseitigt ist.

Das Eintreten dieser günstigen Verhältnisse hat man sich, wie leicht begreiflich, so vorzustellen, dass der linke Ventrikel bei dieser Combination der Klappeninsufficienz mit einer Stenose besser gefüllt wird, mehr Flüssigkeit aus seinem Reservoir dem linken Vorhofe schöpft und auch mehr Flüssigkeit in die Aorta treibt.

Diese starkere Füllung des Aortensystems hat die Stauung im linken Vorhofe und in den Lungengefässen zum Theile behoben, ich sage zum Theile, denn wie die Fig. 17 lehrt, ist die Lunge noch immer grösser, als sie vor der Erzeugung der Mitralinsufficienz gewesen, ebenso ist der Druck im linken Vorhofe sowie in der Pulmonalarterie noch etwas höher geblieben als vorher.

Hier also hat in der That die der Mitralinsufficienz sich hinzugesellende Stenose einen Ausgleich, eine Compensation herbeigeführt und der Mechanismus dieser Compensation ist auch vollkommen verständlich.

Zur Zeit der starken Mitralinsufficienz warf nähmlich der linke Ventrikel den grössten Theil seines Inhalts in den linken Vorhof zurück, weil hier der Widerstand durch ausgibige Oeffnung der Nebenschliessung, d. i. durch die starke Klappeninsufficienz, ein sehr geringer war, die Stenose hat nun dieser Widerstand wieder vergrössert, d. i. sie bildete gewissermassen eine vicariirende Klappe, die die Regurgitation der Flüssigkeit in den linken Vorhof verringerte. Diese Compensation der Mitralinsufficienz durch die Stenose tritt, wie der Modellversuch lehrt, nur bei einem bestimmten Grade der Stenosirung ein.

Ehe dieser erreicht ist, tritt nicht jene Aenderung der Drücke ein, die man als einen Ausgleich betrachten darf, und umgekehrt, wenn die Stenosirung einen bestimmten Grad überschreitet, dann wirkt sie im schädlichen Sinne, d. h. sie bringt den Aortendruck noch mehr zum Sinken, den Druck im linken Vorhofe dagegen noch mehr zum Steigen und die Lunge wird bedeutend grösser.

An diesen Modellversuch darf man die Vorstellung knüpfen, dass eine bestimmte Combination von Mitralinsufficienz mit Mitralstenose zu verhältnismässig geringerer Störung führen kann, als sie durch eine einfache Mitralinsufficienz hervorgerufen wird.

Bei einer solchen Combination fällt der Stenose in der That die Rolle einer compensatorischen Einrichtung zu. Eine solche Compensation ist als eine rein mechanische aufzufassen. Sie hat gewissermassen den Sinn einer wenn auch nicht vollständigen, so wenigstens unvollständigen Reparatur eines Gebrechens. Die derartige Compensation ist nicht im Entferntesten mit jenen zu vergleichen, die ich früher auseinandergesetzt habe. Denn diese beruhen auf gewissen Eigenthümlichkeiten der organischen Substanz des Herzens und der nervösen Apparate desselben, sowie auf der Verbindung derselben mit dem Centralnervensysteme, die rein mechanische Natur der ersteren ergibt sich aber schon klar aus dem Umstande, dass wir die Art und Weise, wie sie zu Stande kommt, am Kreislaufmodelle nachahmen können.

Der Hinzutritt einer Stenose zu einer Mitralinsufficienz kann eine Compensation schaffen, aber das Umgekehrte kann unmöglich stattfinden. Denn wenn nach einer reinen Stenose noch eine Mitralinsufficienz sich ausbildet, so muss begreiflicherweise die Störung eine grössere werden. Ebenso selbstverständlich ist es, dass sehr starke Mitralstenosen in jedem Falle, ob sie nun für sich allein bestehen, oder ob sie sich mit einer Mitralinsufficienz vereinigen, schädlich wirken müssen.

IV.
Insufficienz der Aortenklappen.

Wir wollen behufs Erläuterung der hier stattfindenden Vorgänge wieder zunächst an den Modellversuch anknüpfen. Man erzeugt an dem

Fig. 18.

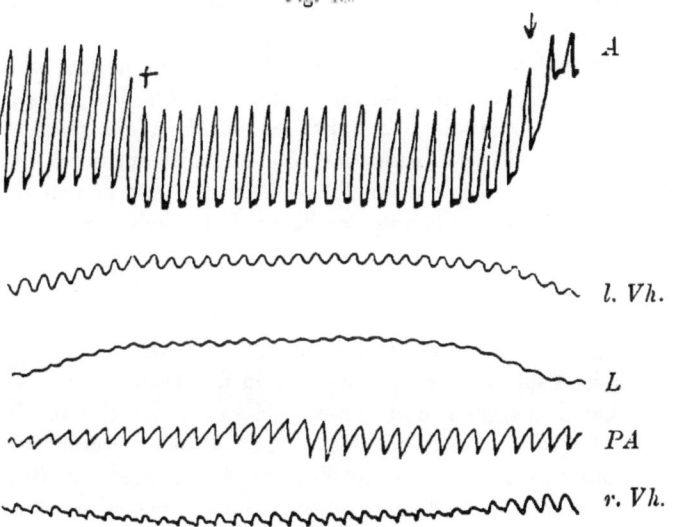

Kreislaufmodelle eine Insufficienz der Aortenklappen, wenn man den an dieselben vorbeiziehenden Nebenweg öffnet.

Ein solcher Versuch ist durch vorstehende Fig. 18 illustrirt. Das Zeichen ↓ markirt die Zeit, zu welcher die Aorteninsufficienz erzeugt wurde. Man sieht, wie der Aortendruck A von seiner ursprünglichen Höhe absinkt. Noch markanter als dieses Absinken ist die beträchtliche Vergrösserung der Pulsschwankungen. Diese Vergrösserung ist das deutlichste Merkmal der Aortenklappeninsufficienz. Sie entsteht dadurch, dass die Flüssigkeit, welche bei der Systole des linken Ventrikels in die Aorta und weiterhin in die Arterien etc. eingetrieben wird, bei der Diastole desselben durch den geöffneten Nebenweg wieder zum grossen Theile in den Ventrikel zurückströmt. Die Flüssigkeit pendelt hier in den Gefässen hin und her. Während sonst, d. i. solange die Aortenklappe schliesst, die systolische Anfüllung der Arterien nur eine geringe Pulserhebung hervorruft, die dadurch, dass die Flüssigkeit gegen die Venen abfliesst, sich in eine ebenfalls geringe Senkung verwandelt, wird hier zunächst die diastolische Senkung grösser, weil die Flüssigkeit nicht bloss gegen die Venen, sondern auch gegen den linken Ventrikel sich entleert, die Gefässe also mehr zusammenfallen als sonst, und die systolische Erhebung wird grösser, weil die Füllung des Ventrikels eine grössere wurde und zwar deshalb, weil derselbe nun von zwei Seiten her, vom linken Vorhofe und von den Gefässen, gespeist wird. Trotz dieser reichlicheren Füllung des linken Ventrikels wird aber die mittlere Füllung und infolge dessen auch der mittlere Druck in den Gefässen nicht grösser, sondern kleiner, was beweist, dass der Abfluss aus denselben gegen die Venen und den linken Ventrikel fortdauernd den Zufluss zu ihnen aus dem linken Ventrikel überwiegt.

Die stetige vermehrte Füllung des linken Ventrikels muss den mittleren Druck in demselben steigern und auf dieser Steigerung beruht auch die Steigerung des Drucks im linken Vorhofe; denn dem Einströmen der Flüssigkeit von hier aus in den linken Ventrikel ist ein grösserer Widerstand erwachsen. Diesem grösseren Widerstande entsprechend, gelangt vom linken Vorhofe aus weniger Flüssigkeit als sonst in den linken Ventrikel, und die grössere Füllung des linken Ventrikels wird also, wie man sich vorstellen muss, weit mehr durch den Rückstrom aus den Gefässen, als durch den Zufluss aus dem linken Vorhofe erzeugt. Der Gesammteffect einer Aortenklappeninsufficienz besteht also wieder wie in den früheren Fällen, d. i. bei der Mitralinsufficienz und bei der Mitralstenose darin, dass der linke Ventrikel weniger aus seinem Reservoir schöpft, demzufolge auch weniger Flüssigkeit und unter geringerem Drucke in die Gefässe befördert, d. i. dass der Nutzeffect seiner Arbeit vermindert wird. Die weiteren Consequenzen, soweit sie die Druckänderungen, die Geschwindigkeit des Blutstromes und die Blutvertheilung betreffen, ergeben sich hieraus von selbst. Sie sind die gleichen wie früher, nur graduell von denselben verschieden, d. i. wesentlich geringer. Denn, wie wenigstens der Modellversuch im Vergleiche mit den früheren Versuchen lehrt, er-

zeugt die hochgradigste Aortenklappeninsufficienz eine verhältnismässig
geringe Drucksenkung in der Arterie, eine verhältnismässig geringe Drucksteigerung im linken Vorhofe *l. Vh.* und eine verhältnismässig geringe
Volumverkleinerung der Lunge *L.*

Auch die Drucksteigerung in der Pulmonalarterie *PA* ist entsprechend
der geringen Drucksteigerung im linken Vorhofe eine sehr geringe, kaum
merkliche. Der Druck in den Venen, respective dem rechten Vorhofe *r. Vh.*
aber erfährt eine deutliche Senkung, die wieder der geringeren Füllung
der Arterien entspricht.

Es hat also hier keine so beträchtliche Umwälzung der Flüssigkeit
aus dem Gebiete der Arterien in das der Lungengefässe und dem linken
Vorhofe stattgefunden, wie früher, d. i. bei der starken Mitralinsufficienz
und der starken Mitralstenose.

In dem betreffenden Thierversuche, der nicht anders angestellt
werden kann, als dass man die Aortenklappen durchstosst oder zerreisst,
begegnet man der Schwierigkeit, dass dieser Eingriff schwer ausführbar
ist, ohne dass man die sensiblen Nerven des Endocardiums reizt. Diese
Reizung, indem sie, wie man annehmen darf, wie diejenige anderer sensibler Nerven zur Steigerung des Blutdrucks führt, ist im Stande, das
Resultat des Thierversuches so zu gestalten, dass man fast glauben
könnte, zwischen den mechanischen Vorgängen des Kreislaufmodelles
und denen des thierischen Kreislaufes bestehe ein grosser Unterschied.

Sehr häufig sieht man nähmlich nach Zerreissung der Aortenklappen
den arteriellen Blutdruck, nicht wie zu erwarten ist, sinken, sondern sich
gleich bleiben und sogar steigen. Das hat zur Aufstellung einer besonderen
Theorie Veranlassung gegeben, der Theorie der sogenannten Reservekraft des Herzens. Diese Reservekraft sollte bei Klappenfehlern den Verlust
ausgleichen, den derselbe mit Bezug auf die Gefässfüllung hervorruft. Diese
sogenannte Reservekraft, die den Aortendruck bei Insufficienz der Aortenklappen im Thierversuche nicht absinken lässt, die selbst noch ein Uebriges
zu thun vermag, d. i. ihn in die Höhe treibt, ist aber nichts anderes, als
die Wirkung der früher erwähnten Reizung der sensiblen Nerven des
Herzens. Wenn man den Versuch nur vorsichtig genug anstellt, so dass
diese Reizung möglichst vermieden wird, dann stimmt er auch vollständig
wie die früheren mit dem Modellversuche, d. i. es sinkt, allerdings nicht
in hohem Grade, der Druck sowohl in den Arterien als in den Venen.*)

---

*) Ich möchte übrigens noch erwähnen, dass in den Thierversuchen, in denen
man eine Mitralinsufficienz allerdings nicht durch Zerreissung der Klappen, sondern
in anderer schonender Weise erzeugt, sowie in dem Versuche, in dem man die Mitralstenose durch eine Obturation des linken Vorhofes ersetzt, diese vermeintliche Reservekraft nicht zu entdecken ist. Ich bin also der Meinung, dass man dieselbe ruhig ad
acta legen darf. Auch ohne dieselbe lassen sich, wie aus dieser Darstellung hervorgeht,
alle Vorgänge bei Herzfehlern zwanglos erklären.

Ueber das gleichzeitige Verhalten des Drucks im linken Vorhofe und in der Pulmonalarterie besitze ich keine directen Erfahrungen, ebensowenig ist mir etwas über das Verhalten des Lungenvolums bekannt. Nach dem Modellversuche und nach der geringen Senkung des Arterien- und Venendrucks zu schliessen, dürften aber diese Aenderungen nicht bedeutend ausfallen.

In Uebereistimmung hiemit steht auch die bekannte klinische Erfahrung, dass die Aortenklappeninsufficienz zu jenen Herzfehlern gehört, die am wenigsten Beschwerden hervorrufen, und die Jahre lang sozusagen latent verlaufen und oft genug vom Arzte bei völligem Wohlbefinden des Patienten entdeckt werden.

Als klinische Merkmale der Aorteninsufficienz gelten das diastolische Geräusch, das an Stelle des zweiten Aortentones oder denselben begleitend wahrgenommen wird, der charakteristisch hohe, schnellende Arterien- und Capillarpuls, in denen beiden das Hin- und Herpendeln der Blutmasse in den Gefässen, das ich schon früher besprochen habe, seinen Ausdruck findet.

Die Volumvergrösserung des Herzens ist hier zumeist durch die Volumzunahme des linken Ventrikels bedingt, der in der Regel nicht nur erweitert wird, sondern auch hypertrophirt. Die Erweiterung kann durch den ununterbrochen höheren Druck, der in der Ventrikelhöhle herrscht, zu Stande kommen. Dieselbe wird, wie man annehmen muss, durch die Accommodationskraft, die dem Herzmuskel innewohnt, und durch die sich anschliessende Massenzunahme desselben begrenzt. Diesen Vorgang kann man recht wohl im Sinne einer Compensation auffassen, man kann sagen, die Hypertrophie hindert die Dilatation; es wäre aber viel zu weit gegangen, wenn man weiters sagen würde, die Hypertrophie compensirt die Aorteninsufficienz.

Die Folgen derselben, insoweit sie die vorhin beschriebenen Aenderungen des Drucks und der Blutvertheilung betreffen, können durch die Hypertrophie nicht im Geringsten beeinflusst werden. Die Hypertrophie kann auch hier, wie früher, nichts thun, als den *Status quo* bewahren. Das Ausbleiben oder die mangelhafte Entwicklung derselben muss von schädlichen Folgen begleitet sein, denn Beides bedeutet eine Insufficienz des linken Ventrikels; in einem solchen Falle besteht also eine weit grössere Erkrankung, nähmlich eine Complication einer Aorteninsufficienz mit einer Insufficienz des linken Ventrikels.

Bei dieser Complication wird der Druck im linken Vorhofe, der vielleicht vorher nur in geringem Grade gesteigert war, noch viel höher steigen, es wird zur ausgesprochenen Lungenschwellung und Lungenstarrheit kommen, und es wird nun auch der rechte Ventrikel in Mitleidenschaft gezogen. Von dem Verhalten des letztern, d. i. von dem Umstande, ob er hypertrophirt oder nicht, wird es weiters abhängen, ob die Complication eine noch grössere wird, d. i. ob nun auch Zeichen von Venenstauung auftreten.

Die Hypertrophie des linken Ventrikels bei der Aorteninsufficienz kann noch auf einer anderen Ursache beruhen als der eben beleuchteten. Es darf nähmlich nicht übersehen werden, dass die Aorteninsufficienz sich nicht immer durch endocarditische Processe entwickelt, wie dies in der Regel bei der Mitralinsufficienz und der Mitralstenose geschieht. Sie kommt vielmehr sehr häufig durch sogenannte sklerotische Processe, d. i. durch sklerotische Auflagerungen zu Stande. Derselbe sklerotische Process, der zuletzt die Aortenklappen ergreift, kann schon lange vorher die Wand der grösseren und kleineren Arterien starr, d. i. weniger ausdehnbar gemacht, d. h. er kann den allgemeinen Widerstand in der arteriellen Strombahn erhöht haben. Eine solche Erhöhung des Widerstandes muss zunächst, wie schon früher auseinandergesetzt wurde, die Accommodation des linken Ventrikels in Anspruch nehmen und im weiteren Verlaufe zur Hypertrophie desselben führen. Mit anderen Worten, die Aorteninsufficienz kann sich zu einer Zeit entwickeln, wo schon das linke Herz beträchtlich hypertrophirt war, und in einem solchen Falle wird sie nur dazu beitragen können, es auch zu erweitern.

Aus diesen Erwägungen ergibt sich, dass in Fällen, wo die Aorteninsufficienz sich im Gefolge einer Arteriensklerose entwickelt, der arterielle Blutdruck hoch sein kann, während er in solchen, wo derselben eine Endocarditis vorherging, niedrig sein muss. Ein höherer Blutdruck im ersteren Falle besagt aber nicht, dass infolge der Aorteninsufficienz der Blutdruck nicht niedriger wurde, sie besagt nur, dass der Ausgangspunkt ein viel höherer gewesen ist. Nehmen wir beispielsweise an, wir begegnen bei einer Aorteninsufficienz einem Blutdrucke von 160 mm Hg, so würde dies bedeuten, dass derselbe vorher durch die Arteriensklerose allein auf eine Höhe von circa 180—200 gesteigert war; begegnen wir aber in einem anderen Falle einem Blutdrucke von nur 100 mm Hg, so dürfen wir annehmen, dass er vorher etwa 130—140 mm Hg betragen habe.

Weitere Ueberlegungen über die Eintheilung der Aorteninsufficienz in verschiedene Formen wären nur eine Wiederholung jener, die ich früher angestellt habe, und ich kann dieselben füglich dem Leser selbst überlassen.

Ich will nur schliesslich noch mit einigen Worten auf Fig. 18 zurückkommen. Hier bedeutet + eine Verstärkung der Arbeit des linken Ventrikels, mit der, wie man sieht, der Aortendruck *A* steigt, dagegen der Druck im linken Vorhofe *l. Vh.* sinkt und das Lungenvolum kleiner wird. Dieser Versuch soll, wie die analogen, die ich früher angeführt und besprochen habe, die Vorstellung erleichtern, dass bei günstiger Arbeit des linken Ventrikels sich auch die Kreislaufverhältnisse, insofern sie die Blutfüllung der Lunge beeinflussen, günstiger gestalten müssen.

V.
Aortenstenose.

Wenn man am Kreislaufmodelle die Aorta nahe der Aortenklappe stenosirt, so beobachtet man die folgenden Aenderungen, welche die beistehende Fig. 19 illustrirt. Der Pfeil ↓ bezeichnet die Zeit, zu der die Stenosirung vorgenommen wurde, durch die Marke + wird, wie ich gleich hier

Fig. 19.

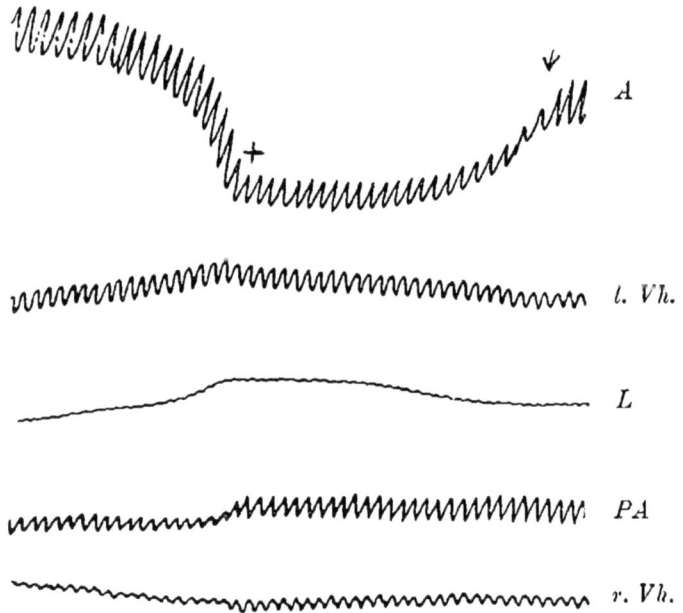

erwähnen will, die Stelle bezeichnet, die einer Verstärkung der Arbeit des linken Ventrikels, die nach der Stenosirung vorgenommen wurde, entspricht.

Man sieht hier den Druck in der Aorta *A* sinken. Der Druck im linken Vorhofe *l. Vh.* zeigt nur eine unerhebliche Steigerung und der Druck in der Pulmonalarterie *PA* ändert sich kaum. Dagegen ist die Vergrösserung des Lungenvolums *L* deutlich ausgesprochen, ebenso das Sinken des Drucks im rechten Vorhofe. Ich will gleich hier eine zweite Fig. 20 folgen lassen, wo ebenfalls der Pfeil ↓ das Hervorrufen einer Aortenstenose bedeutet und wo bei + die Arbeit des rechten Ventrikels verstärkt wurde.

In dem letzteren Falle war die Stenosirung stärker wie früher. Die Senkung des Aortendrucks *A* ist auch eine grössere. Im Uebrigen aber sind die Veränderungen die gleichen wie früher. Auf die Stellen von + angefangen werde ich später zurückkommen.

Die Stenosirung der Aorta hat im Grunde genommen nur die Bedeutung eines erhöhten Widerstandes, der sich der Entleerung des linken

Fig. 20.

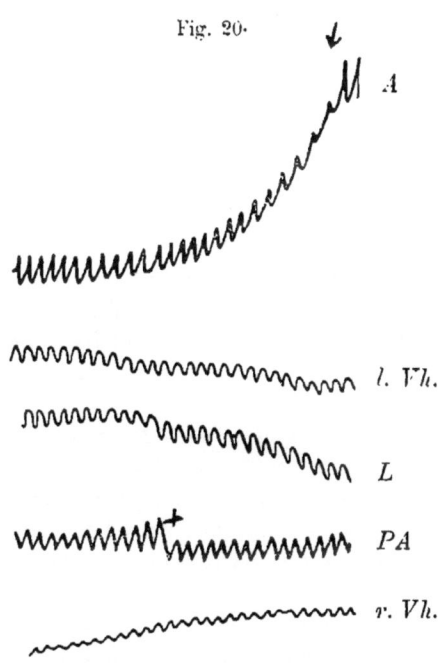

Ventrikels entgegenstellt, sie muss
also mit einigen Ausnahmen in
ähnlicher Weise wirken wie die
schon besprochene Compression
der Bauchaorta. Hinter der steno-
sirten Stelle muss zunächst der
Druck steigen. Bei der Aortencompression umfasst dieselbe das
Bereich der nicht comprimirten
Gefässe und den linken Ventrikel;
hier, wo die Stenosirung ganz
l. Vh. nahe dem linken Ventrikel liegt,
kann die Drucksteigerung nur in
einer kurzen Strecke derselben,
L d. i. zwischen der Klappe und
der Stenose, und im linken Ventrikel ihre Wirkung geltend
PA machen. Es muss, wenn die
Accommodation des linken Ven-
r. Vh. trikels nicht hinreicht, dessen
Contraction vollständig zu er-
halten, so dass durch die verengte Stelle der gesammte Inhalt desselben
entweichen kann, zu einer Insufficienz des linken Ventrikels kommen
und im Anschlusse hieran zu einer Stauung der Flüssigkeit im linken
Vorhofe, kurz zu den Aenderungen, die ja schon vielfach besprochen
wurden, und die auch der durch die Fig. 19 und 20 illustrirte Modellversuch aufdeckt.

Der Thierversuch spricht im gleichen Sinne. Wenn man nähmlich
um die Aortenwurzel eine Fadenschlinge legt und mittelst dieser dann dieselbe zuschnürt, so sinkt wie im Modellversuche der Druck in der Aorta,
offenbar deshalb, weil der linke Ventrikel durch die verengte Stelle hindurch der Aortenbahn nur wenig Blut zuführen kann, es sinkt aber auch
zugleich der Druck in den Venen.*) Dieses Sinken ist umso mehr ein
Beweis für die mangelhafte Füllung des Aortengebietes, als ja, wie wir
von früher wissen, die Arterien die Fähigkeit besitzen, ihren Inhalt in
die Venen zu treiben. Infolge dieser Fähigkeit sahen wir bei der Aortencompression ja den Venendruck steigen. Hier steigt er nicht, sondern

---

*) Man muss bei diesem Versuche des Besonderen die Vorsicht beobachten, mit
dem Ligaturstabe, der die Fadenschlinge hält, nicht auf die Pulmonalarterie, die ja
in unmittelbarer Nähe der Aortenwurzel liegt, zu stossen. Denn die geringste Compression der letzteren reicht schon hin, den Druck im rechten Vorhofe und in den
Venen zum Steigen zu bringen. Dieses Steigen beruht aber dann nicht auf der Aorten-
stenosirung, sondern auf der gleichzeitigen Compression der Pulmonalarterie.

sinkt, weil der Zufluss zu dem gesammten Aortengebiete aufgehalten wird, weil demnach die Füllung desselben durchaus vermindert ist, und die Blutmenge, die nun in die Venen eingetrieben wird, nicht hinreicht, diese sowie den rechten Vorhof unter höheren Druck zu bringen.

Werden nun die Arterien und Venen leerer, so muss sich das Blut im linken Vorhofe und in den Lungen anstauen. In der That ist eine solche Stauung im linken Vorhofe (Waller) beobachtet worden.

Als Merkmale einer Aortenstenose am Menschen beobachtet man ein Stenosengeräusch an Stelle des ersten Aortentones. Der Puls ist, wie angegeben wird, hier klein und wenig gespannt. Das kann selbstverständlich nur da der Fall sein, wo die Insufficienz des linken Ventrikels einen hohen Grad erreicht hat und demgemäss die Arterienfüllung eine geringe ist. In solchen Fällen muss man eine Volumvergrösserung des Herzens vorfinden, an der sich nicht bloss der linke, sondern auch der rechte Ventrikel betheiligt.

Bei starker Insufficienz des linken Ventrikels, d. i. bei niedrig gespanntem Pulse, und bei gleichzeitiger hochgradiger Dyspnoe wird beim linken Ventrikel die Dilatation und beim rechten die Hypertrophie vorwiegen. Eine Venenschwellung wird hier infolge der Lungenschwellung sich ausbilden können. Dieselbe wird aber grösser ausfallen und es werden die Erscheinungen der Venenstauung mehr in den Vordergrund treten, wenn auch der rechte Ventrikel insufficient wird. In diesem Falle kann wieder die Dyspnoe geringer werden, vorausgesetzt, dass, wie schon früher bemerkt wurde, nicht anderweitige directe Ursachen dieselbe gleich gross erhalten oder eventuell noch grösser machen.

Eine leichte Stenose mit vollständig erhaltener Accommodationsfähigkeit des Herzens braucht nicht zur Stauung des Blutes im linken Vorhofe zu führen. Noch mehr fehlt in einem solchen Falle der Anlass für die Entstehung einer Venenstauung.

Der Hypertrophie des rechten Ventrikels kann hier ebensowenig wie früher die Bedeutung einer Compensation zukommen.

Die Unrichtigkeit einer derartigen Betrachtungsweise erhellt aus dem durch Fig. 20 illustrirten Versuche. Hier wurde, wie schon erwähnt, bei + die Arbeit des rechten Ventrikels verstärkt; diese Verstärkung veranlasst eine Drucksteigerung im linken Vorhofe, eine Vergrösserung der Lunge, und sie müsste, wenn sie im Leben zu Stande käme, jene Symptome hervorrufen, die man nicht auf eine Compensation bezieht, sondern gerade umgekehrt auf eine Compensationsstörung zurückführt.

Fig. 19, welche die Aenderungen demonstrirt, die bei Verstärkung der Arbeit des linken Ventrikels entstehen, hilft uns beurtheilen, wie günstig eine Reconstitution der Arbeit des linken Ventrikels zu wirken vermag; denn sie vermindert den Druck im linken Vorhofe und in der Pulmonalarterie und macht die Lunge kleiner.

Auf eine besondere Discussion der verschiedenen möglichen Formen und Variationen darf ich wohl auch hier verzichten und kann dieselbe dem Leser überlassen.

Ich will nur hier noch die Combination einer Aortenklappeninsufficienz mit einer Aortenstenose besprechen. Als Grundlage soll wieder ein Modellversuch dienen, der durch nachstehende Fig. 21 veranschaulicht ist.

Fig. 21.

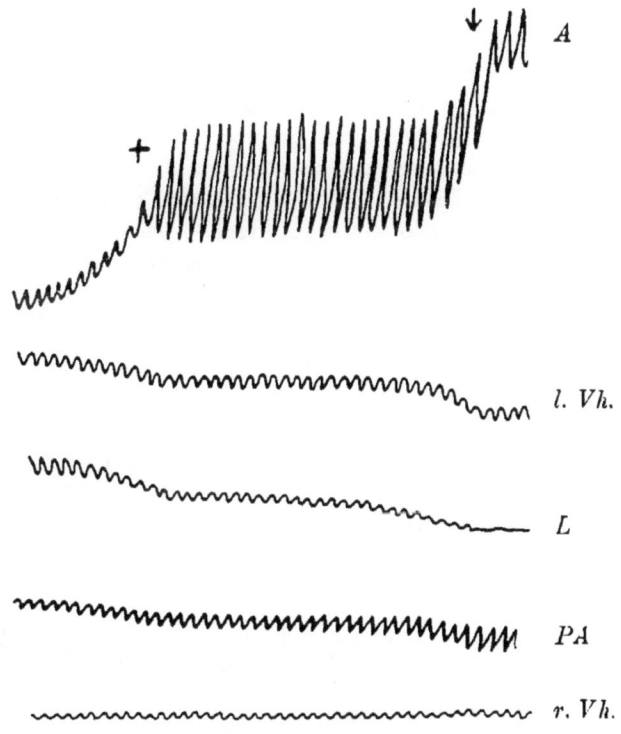

In dem betreffenden Versuche wurde zuerst eine Aortenklappeninsufficienz erzeugt, und während des Bestehens derselben eine Stenose der Aorta hinzugefügt. ↓ bedeutet den Eintritt der Aortenklappeninsufficienz, + die der Stenose. Der Erfolg dieser Combination unterscheidet sich wesentlich von jenem, den wir früher bei der Combination einer Mitralinsufficienz mit einer Mitralstenose kennen gelernt haben. Dort trat eine Art von rein mechanischer Compensation ein, hier beobachten wir das Gegentheil, d. i. eine Summe von Aenderungen, die wir in Hinblick auf deren biologische Bedeutung als schädlich bezeichnen müssen. Denn es sinkt nach der Stenose der Arteriendruck A noch tiefer, ebenso steigt der Druck im linken Vorhofe l. Vh. und in der Pulmonalarterie höher und auch die Lunge wird grösser.

Dieser Unterschied begreift sich leicht, wenn man bedenkt, dass dort die Mitralstenose die Füllung des linken Ventrikels begüustigte, während hier die Füllung des Arteriensystems durch die Stenose der Aorta noch ungünstiger ausfällt, als sie es durch die Insufficienz der Aortaklappen allein gewesen ist.

VI.
Combinirte Klappenfehler des linken Ventrikels

Ich habe in dem Früheren bereits von der Combination der Klappenläsion der gleichen Ostien, d. i. von der Combination einer Mitralinsufficienz mit einer Mitralstenose, sowie von der Combination einer Aortenklappeninsufficienz mit einer Aortenstenose gesprochen und will nun noch Einiges über jene Art von Combination bemerken, wo Läsionen der Klappen verschiedener Ostien des linken Ventrikels zusammen auftreten. So kann sich die Mitralklappeninsufficienz mit der Aortenklappeninsufficienz und Stenose oder mit beiden zugleich, und es kann sich die Mitralstenose desgleichen mit der Aortenklappeninsufficienz und Stenose und wieder mit beiden zugleich combiniren.

Es kann aber noch die weitere Complication sich ergeben, dass die combinirten Klappenfehler eines Ostiums mit denen des anderen Ostiums zusammentreffen.

Als Beispiel für eine derartige Combination führe ich in der Fig. 22 jene an, wo eine Mitralklappeninsufficienz mit einer Aortenklappeninsufficienz und in der Fig. 23 jene, wo eine Mitral-

Fig. 22.

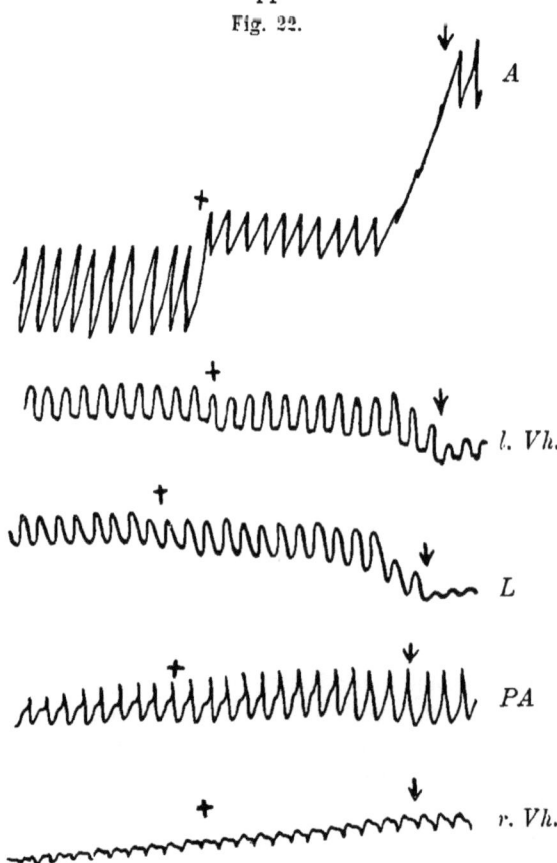

insufficienz mit einer Aortenstenose combinirt erscheint. In beiden Figuren bezeichnet ┊ die Stelle, wo die Mitralinsufficienz und + jene, wo in dem einen Falle die Aortenklappeninsufficienz, in dem andern die Aortenstenose einsetzte. In beiden Fällen sieht man, was ja nach dem bisher Vorgebrachten

Fig. 23.

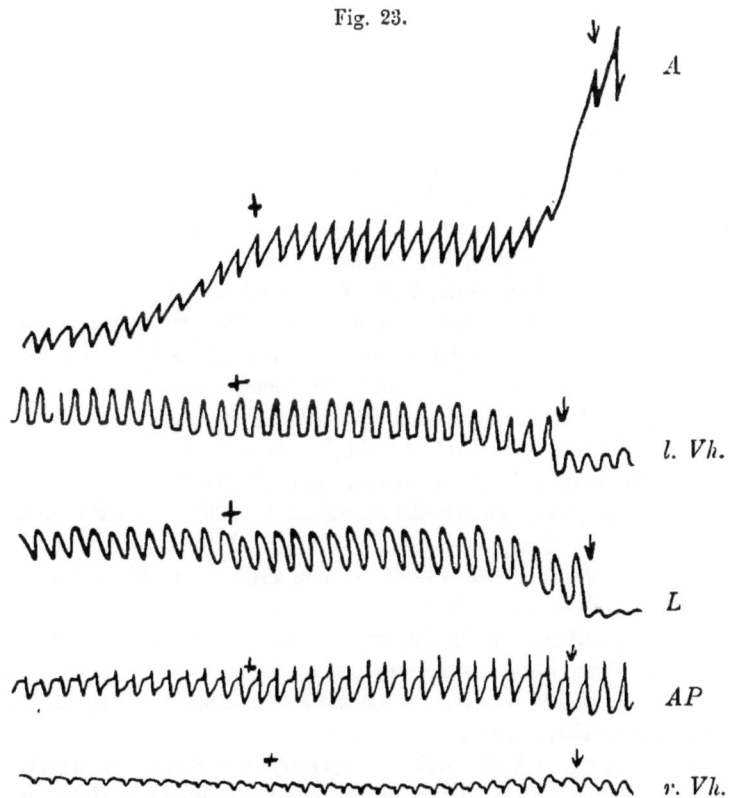

nur zu erwarten ist, dass die durch die Mitralinsufficienz hervorgerufenen Aenderungen durch die Aortenklappeninsufficienz und Aortenstenose verstärkt werden. Gleiches muss aller Voraussetzung nach bei den übrigen oben erwähnten Combinationen auftreten. Hieraus darf man den übrigens auch durch die klinische Erfahrung längst festgestellten Satz ableiten, dass Klappenläsionen verschiedener Ostien desselben Ventrikels eine grössere Schädlichkeit bedeuten.

VII.

Primäre Insufficienz des linken Ventrikels ohne Klappenfehler.

Man kann im Thierexperiment einen Herzzustand herbeiführen, bei dem die Arbeit des linken Ventrikels unter die Norm herabgedrückt wird. Wenn man nähmlich die *Art. coronaria sinistra*, die vorzugsweise den linken Ventrikel mit Blut versorgt, durch eine Ligatur verschliesst, dann beobachtet man, dass der arterielle Blutdruck absinkt und dass zugleich mit diesem Sinken der Druck im linken Vorhofe beträchtlich ansteigt. Während dieses Ansteigens bilden sich in der Lunge zugleich die Zustände der Schwellung und Starrheit aus. Der Druck in der *Art. pulmonalis* zeigt keine merkliche Aenderung, dagegen erfährt der Druck in der *Vena jugularis* eine geringe Senkung. Dieser Complex von Erscheinungen ist im Experiment nur durch kurze Zeit zu beobachten, denn bald, ungefähr 3—4 Minuten, nach erfolgter Ligatur der Coronaria steht zunächst der linke Ventrikel, dann auch der rechte still, das Herz stirbt. Mit diesem Absterben des Herzens hängt es wohl zusammen, dass sich nicht auch eine Steigerung des Pulmonalarteriendrucks entwickelt. Unstreitig hat der rechte Ventrikel nicht seine volle Actionsfähigkeit bewahrt und konnte demzufolge die *Art. pulmonalis* nicht genügend anfüllen. So wenigstens erklärte es sich, dass trotz des gesteigerten Drucks im linken Vorhofe in der Pulmonalarterie keine bemerkbare Steigerung des Drucks zum Vorschein kömmt. Die geringe Senkung des Venendrucks lässt sich auf die geschwächte Arbeit des linken Ventrikels zurückführen.

Jedenfalls überwiegt die Insufficienz des linken Ventrikels weitaus die des rechten, denn ohne ein solches Ueberwiegen wäre die hohe Steigerung des Drucks im linken Vorhofe, sowie die Ausbildung der Lungenschwellung und Lungenstarrheit undenkbar.

Diese Insufficienz des linken Ventrikels muss als eine **primäre** bezeichnet werden, weil sie unstreitig auf Veränderungen der Herzmuskulatur beruht, die durch die Störung seiner Ernährung erzeugt werden. Diese Störung wird auf toxische Stoffe bezogen, die sich während der durch die Ligatur der Coronaria bewirkten Blutstauung in den Gefässen des Herzens entwickeln sollen.

Die in dem eben angeführten Thierversuche statthabenden, wie ich nochmals hervorheben will, auf einer Insufficienz des linken Ventrikels beruhenden Vorgänge dürften, wie anzunehmen ist, auch beim Menschen in solchen Fällen auftreten, wo eine Embolie die *Art. coronaria* verschliesst, oder wo durch einen Gefässkrampf im Gebiete dieser Arterie die Muskulatur des linken Ventrikels blutleer wird.

Die plötzlich auftretenden Anfälle von hochgradiger **Dyspnoe** mit oder ohne consecutivem **Lungenödem**, die man nicht selten im Gefolge von sklerotischen Erkrankungen der Gefässe, namentlich der Herzgefässe beobachtet, lassen sich wenigstens leicht auf Grundlage des besprochenen Thierversuches erklären.

Es darf wohl auch angenommen werden, dass primäre Insufficienzen des linken Ventrikels sich auf dem Wege einer Erkrankung, die vorzugsweise den linken Ventrikel in seiner Structur schädigt, etwa einer einseitigen Myocarditis oder einer einseitigen fettigen Degeneration, ausbilden können.

Häufiger dürfte die secundäre Insufficienz des linken Ventrikels sein, von der ich später sprechen werde.

Ich will hier nur noch bemerken, dass sich an derartige primäre Insufficienzen des linken Ventrikels unter Umständen eine reine Hypertrophie des rechten Ventrikels anschliessen kann. Wenn man aber bedenkt, dass Erkrankungen des Herzfleisches sich nicht bloss auf einen Ventrikel beschränken, so wird man wohl weit eher erwarten dürfen, dass diese Hypertrophie keine vollständige sein, und dass sie auch mit einer Dilatation verbunden sein wird. Im Uebrigen haben für derartige Fälle die gleichen Betrachtungen zu gelten, wie für einen Klappenfehler des linken Ostiums.

VIII.
Primäre Ungleichmässigkeit der Herzarbeit bei geringerer Leistung des rechten Ventrikels. Klappenfehler des rechten Herzens.

Von den Vorgängen, welche sich bei einer verminderten Arbeit des rechten Ventrikels ausbilden, gewinnen wir eine allgemeine Vorstellung durch den Modellversuch, bei dem die Arbeit des rechten Ventrikels sistirt wurde. S. Fig. 6. Hier sinkt der Druck in der Pulmonalarterie bis zur Nulllinie ab und es steigt der Druck im rechten Vorhofe, der Druck im linken Vorhofe aber sinkt und das Volum der Lunge wird kleiner. Die Erhöhung des Drucks im rechten Vorhofe bedeutet für den Abfluss der Flüssigkeit aus dem grösseren Aortengebiete keinen Widerstand, hier steigt also der Druck nicht, er sinkt vielmehr, weil der linke Vorhof und demzufolge der linke Ventrikel weniger gespeist wird. Dieselben Druckänderungen, wenn auch in geringerem Grade, müssen allen Erwartens auftreten, wenn die Arbeit des rechten Ventrikels nur eine geringere wird.

Da, wie früher gezeigt wurde, die Arbeit eines Ventrikels auch durch Klappenfehler geringer wird, so wollen wir hier sofort diese Vorgänge an der Hand der bezüglichen Modellversuche, d. i. jener, in welchen Klappenfehler des rechten Herzens erzeugt werden, besprechen. Ich muss aber gleich hier bemerken, dass ich dieser Besprechung nicht wie früher eine andere, die sich auf das gleichartige Thierexperiment bezieht, folgen lassen kann, weil mir nach dieser Richtung keine Erfahrungen zu Gebote stehen.

Fig. 24 entspricht einem Modellversuche, in dem bei ψ eine Insufficienz der rechten Vorhofsklappe, d. i. jener, die der Tricuspidalklappe des

Herzens entspricht, vorgenommen wurde. Bei $+$ wurde, wie schon hier erwähnt werden soll, eine Stenosirung, d. i. ein der Tricuspidalstenose an die Seite zu stellender Eingriff vorgenommen.

Fig. 24.

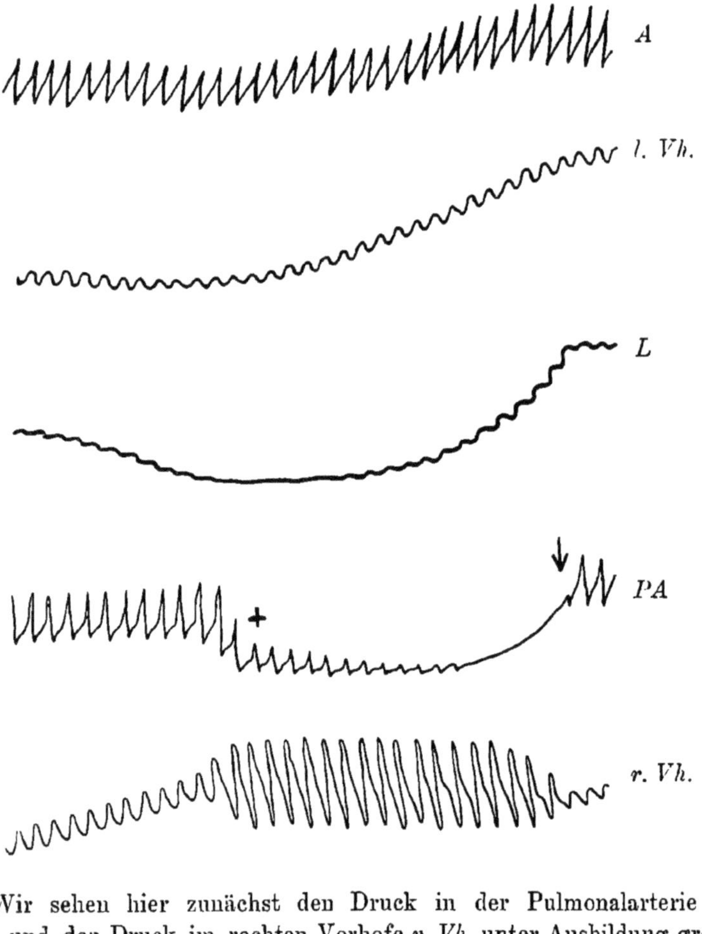

Wir sehen hier zunächst den Druck in der Pulmonalarterie PA sinken und den Druck im rechten Vorhofe $r.\ Vh.$ unter Ausbildung grosser Schwankungen steigen. Der Druck in der Pulmonalarterie sinkt, weil der rechte Ventrikel nur einen Theil seines Inhalts in dieselbe hineintreibt, ein anderer Theil regurgitirt durch den geöffneten Nebenweg an der Vorhofsklappe vorbei in den rechten Vorhof und steigert daselbst mit jeder Systole den Druck, daher auch die grossen Schwankungen.

Es braucht wohl nicht des Besonderen auseinandergesetzt zu werden, dass der Nutzeffect der Arbeit des rechten Ventrikels durch die Insufficienz beeinträchtigt wird.

10*

Im linken Vorhofe *l. Vh.* sinkt der Druck, weil der rechte Ventrikel weniger Flüssigkeit in denselben befördert, und die Lunge *L*, die weniger gefüllt ist, wird kleiner.

Bis hieher sehen wir durch die Tricuspidalinsufficienz die umgekehrten Veränderungen eintreten, wie nach der Mitralinsufficienz. Bei letzterer stieg der Druck im linken Vorhofe, hier sinkt er, bei letzterer sank der Druck im rechten Vorhofe, hier steigt er. Während aber bei der Mitralinsufficienz der gesteigerte Druck im linken Vorhofe sich bis in die Pulmonalarterien fortsetzte, sehen wir, dass hier die Drucksteigerung im rechten Vorhofe nicht eine Steigerung des Drucks in der Aorta zur Folge hat.

Dieser Unterschied erklärt sich, wie schon früher betont wurde und wie ich hier nochmals hervorheben will, durch die verschiedene Länge und Capacität der Stromgebiete der Pulmonalarterien und des Aortengebietes. Das kürzere und weniger Flüssigkeit fassende Stromgebiet der Pulmonalarterie wird nähmlich auf Kosten der Arterienfüllung im Ganzen stärker gefüllt, während das grössere Stromgebiet der Aorta auf Kosten der Füllung der Lungengefässe nur an seinem Venenende unter höherem Drucke gefüllt werden kann, während der Anfang desselben, d. i. die Arterien, der geringen Füllung des linken Vorhofes und des linken Ventrikels entsprechend, auch nur in geringem Maasse gefüllt werden.

Hieraus ergäbe sich der allgemeine Satz, dass das Gebiet der Pulmonalarterie wohl von Seite der Pulmonalvenen aus durch Rückstauung stärker gefüllt werden kann, nicht aber in gleicher Weise, d. i. durch Rückstauung, das Gebiet der Aorta von Seite der Körpervenen. Der arterielle Theil des Aortengebietes kann nur durch vermehrten Zufluss vom linken Ventrikel her stärker gefüllt werden.

Man kann diesen Satz, der sich schon aus dem Modellversuche ableiten lässt, wo die Capacität der beiden Systeme des sogenannten grossen und kleinen Kreislaufs nicht so sehr von einander differirt, auf den thierischen Kreislauf um so eher übertragen, als ja hier die Capacität des Körpergefässgebietes die des Lungengefässgebietes bei weitem übertrifft, als ferner der Unterschied zwischen der Elasticität der Arterien und Venen im grossen Kreislaufe ein viel grösserer ist als der Unterschied in der Elasticität der Lungenarterien und Lungenvenen, und als endlich die Körpervenen mit Klappen versehen sind, welche die Rückstauung des Blutes gegen die Capillaren hindern, während die Lungenvenen bekanntlich der Klappen entbehren.

Wir werden auf die Bedeutung dieses Satzes später wieder zurückkommen.

Die Vorstellung über die Aenderung der Flüssigkeitsvertheilung nach Erzeugung einer Tricuspidalinsufficienz ergibt sich ohneweiters aus den

Druckänderungen, die der Modellversuch nachweist. Sie lautet im Allgemeinen dahin, dass auf Kosten der Füllung der Lungengefässe und auf Kosten der Arterienfüllung die Venen und der rechte Vorhof stärker gefüllt werden.

Wir wollen nun an der Hand dessen, was der Modellversuch gelehrt, die klinischen Merkmale der Tricuspidalklappeninsufficienz besprechen.

Hiebei muss erwähnt werden, dass dieser Besprechung vorzugsweise nur theoretische Bedeutung beizumessen ist, weil reine Tricuspidalinsufficienzen, soweit ich weiss, gar nicht, allenfalls also nur höchst selten zur Beobachtung kommen.

Die Regurgitation des Blutes in den rechten Vorhof erzeugt, sowie die gleichsinnige bei der Mitralinsufficienz, ein systolisches Geräusch, das über dem rechten Ventrikel wahrgenommen wird. Ich unterlasse hier die Betrachtung über Stärke des Geräusches und dessen Beziehung zur Stärke der Tricuspidalinsufficienz und verweise auf dasjenige, was ich über das Geräusch, das die Mitralinsufficienz begleitet, bemerkt habe.

Ein zweites, und zwar weitaus das wichtigste Merkmal ist der Venenpuls und der Leberpuls. Beide sind der Ausdruck der systolischen Regurgitation des Blutes in den rechten Vorhof, die sich, soweit als die Venenklappen es zulassen, in die Jugularvene und in die Lebervene fortsetzt. Näheres über den Venenpuls und den Leberpuls berichten die Lehrbücher über Herzkrankheiten.

Was nun das Herzvolum betrifft, so ist bei einer reinen Tricuspidalinsufficienz wenigstens aus theoretischen Gründen keine Vergrösserung desselben zu erwarten, denn es liegt, wie die früheren Auseinandersetzungen lehren, kein Grund vor, der zu einer Hypertrophie oder Dilatation des linken Ventrikels führen könnte. Der linke Ventrikel wird ja durch die Tricuspidalinsufficienz nicht in höhere Spannung versetzt, wie der rechte infolge der Mitralinsufficienz. Für eine Vergrösserung des rechten Ventrikels ist ebenfalls kein Grund vorhanden. Wenn Obductionsbefunde über solche berichten, so rührt dies daher, dass die Tricuspidalinsufficienz in der Regel mit einer Mitralinsufficienz combinirt ist. Bei dieser Combination ist die Hypertrophie des rechten Ventrikels nicht durch die Tricuspidalinsufficienz, sondern durch die Mitralinsufficienz veranlasst worden.

Aus theoretischen Gründen ist ferner zu erwarten, dass es bei einer reinen Tricuspidalinsufficienz zur Dyspnoe kommt, aber nicht infolge von Lungenschwellung und Lungenstarrheit, denn die Lungen müssen hier eher kleiner und dehnbarer sein, als deshalb, weil, worauf schon früher hingewiesen wurde, in der Zeiteinheit nur geringe Blutmengen, diese allerdings ausreichend, ventilirt werden und das arterielle Blut demzufolge eine venöse Beschaffenheit annehmen muss, die zur Reizung der respiratorischen Centren führt. Selbstverständlich muss diese Blutbeschaffenheit

zur allgemeinen Cyanose führen. Die letztere, sowie die durch Venenstauung hervorgerufenen Erscheinungen werden also bei dem klinischen
Bilde einer starken reinen Tricuspidalinsufficienz in den Vordergrund treten.
Die nachfolgende Fig. 25 bezieht sich auf einen Modellversuch, der
die Vorgänge bei einer Tricuspidalstenose demonstrirt. Sie sind, wie
man sieht, die gleichen wie im früheren Versuche. Der Druck in der

Fig. 25.

Pulmonalarterie *PA* sinkt
und es steigt der Druck
im rechten Vorhofe *r. Vh.*
letzterer aber ohne jene
Schwankungen wie
früher, weil ja hier keine
Regurgitation in den
rechten Vorhof stattfin-
det, sondern der Druck
daselbst durch das er-
schwerte Abfliessen in
den rechten Ventrikel
entsteht. Der Druck im
linken Vorhofe *l. Vh.* sinkt
und ebenso wird das
Lungenvolum *L* kleiner.
Auch der Druck in der
Aorta sinkt aus den ob-
erwähnten Gründen.

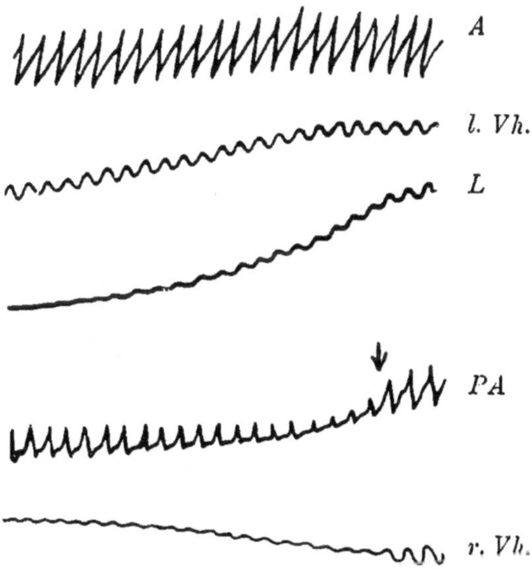

Der Hinzutritt einer Tricuspidalstenose zu einer Tricuspidalinsufficienz
kann so wie der Hinzutritt einer Mitralstenose zu einer Mitralinsufficienz eine
mechanische Compensation bewirken. Diese Compensation erläutert der Abschnitt der Fig. 24, der bei + beginnt. Hier wurde zur bestehenden Tricuspidalinsufficienz eine Tricuspidalstenose hinzugefügt. Man sieht infolge dessen
den Druck in der Pulmonalarterie *PA* steigen, und den Druck im rechten Vorhofe *r. Vh.* sinken. Die Lunge *L* wird etwas grösser und das Sinken des Drucks
im linken Vorhofe *l. Vh.*, sowie in der Aorta *A* erfährt eine Unterbrechung.

Die klinischen Merkmale einer Tricuspidalstenose wären ein dia-
stolisches oder präsystolisches Geräusch, das man über dem rechten Ventrikel wahrnehmen müsste, und deutliche Schwellung der Halsvenen, sowie
deutliche Leberschwellung. Bezüglich der Venenschwellung muss erwähnt
werden, dass, sowie die Lungenschwellung infolge der Steigerung des
intrathoracalen Drucks im Stande ist, dieselbe zu erzeugen, die Lungenverkleinerung dazu beitragen kann, dieselbe zu verringern. Denn die
Lungenverkleinerung vermindert den intrathoracalen Druck und erleichtert so den Abfluss des Venenblutes. Diese Betrachtung gilt selbstverständlich für alle Klappenfehler des rechten Herzens.

Die Ursachen für die Entstehung eines Venen- oder Leberpulses fehlen hier.

Jene Form von Dyspnoe, die mit Cyanose einhergeht und wie früher durch mangelhafte Füllung der Lungengefässe bedingt ist, müsste auch hier zur Entwicklung gelangen.

Fig. 26 erläutert die Vorgänge eines Modellversuches, bei denen eine Insufficienz der Pulmonalarterienklappe erzeugt wurde. Auch hier sinkt der Druck in der Pulmonalarterie, und zwar so wie bei der Aorteninsufficienz unter Ausbildung sehr grosser Pulsschwankungen. Diese grossen Pulmonalarterienpulse entstehen in derselben Weise, wie die grossen Pulse der Aorta bei der Aorteninsufficienz. In diesem Falle sinkt der mittlere Druck in der Pul-

Fig. 26.

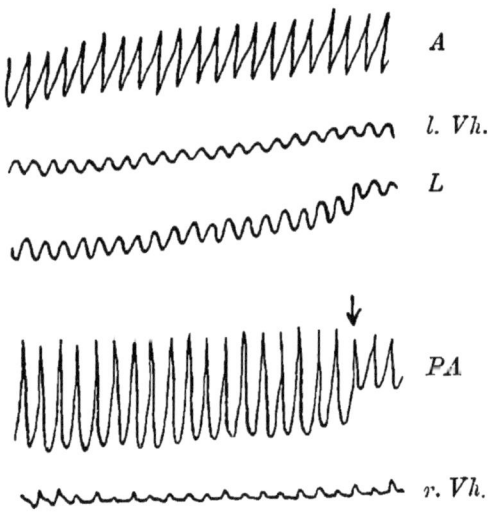

monalarterie trotz der vollständigen Klappeninsufficienz, d. i. trotzdem der Nebenweg neben der Klappe ganz geöffnet wurde, nur sehr wenig. Dementsprechend steigt auch der Druck im rechten Vorhofe *r. Vh.* nur sehr mässig an, der Druck im linken Vorhofe *l. Vh.* und in der Aorta *A* ist gleichfalls nur um ein Geringes gefallen, und auch das Lungenvolum ist nur um Weniges kleiner geworden.

Uebertragen wir dieses Resultat des Modellversuches auf die klinischen Vorgänge, so würde dies bedeuten, dass eine Insufficienz der Pulmonalarterienklappen keine bedeutende Druckänderung und demnach keine bedeutende Aenderung der Blutvertheilung hervorruft. Es würden demzufolge jene Merkmale, durch welche sich die Venenstauung und die mangelhafte Blutfüllung der Lungengefässe kennzeichnen, d. i. die Schwellung der Halsvenen, der Leber, die mit Cyanose verbundene Dyspnoe nicht in ausgeprägtem Maasse zur Erscheinung gelangen. Das klinische Merkmal eines Geräusches, das die Stelle des zweiten Pulmonalarterientones einnimmt, wäre unter diesen Umständen von entscheidend diagnostischer Bedeutung.

Von weit grösseren Veränderungen ist wenigstens im Modellversuche die Stenose der Pulmonalarterie begleitet. Dieselben werden durch umstehende Fig. 27 illustrirt.

Der Druck in der Pulmonalarterie *PA* sinkt sehr stark ab, und es steigt auch deutlich genug der Druck im rechten Vorhofe *r. Vh.* Ebenso sinkt der Druck im linken Vorhofe *l. Vh.* beträchtlich und auch das Volum der Lunge *L* wird erheblich kleiner. Entsprechend sinkt auch der Druck in der Aorta *A.*

Wenn auch im Leben derartig grosse Veränderungen eine Stenose der *Art. pulmonalis* begleiten würden, so müssten im klinischen Bilde die vorhin erwähnten Merkmale der Venenstauung, sowie die Merkmale der verminderten Füllung der Lungengefässe in auffälligerer Weise zu Tage treten. Die Stenose selbst würde sich durch ein, den ersten Pulmonalton ersetzendes oder denselben begleitendes Geräusch manifestiren.

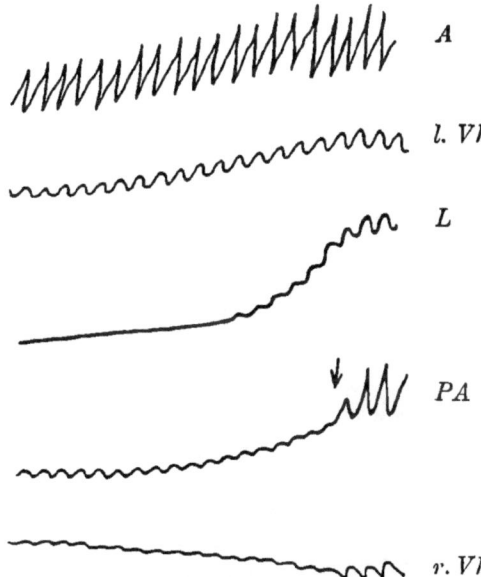

Fig. 27.

A

l. Vh.

L

PA

r. Vh.

IX.
Primär herabgesetzte Arbeit beider Ventrikel, bedingt durch combinirte Klappenfehler.

Ich habe unter VI dieses Abschnittes die combinirten Klappenfehler der Ostien des linken und rechten Herzens auf Grundlage von Modellversuchen besprochen, und will hier nun in einigen Beispielen jene Combinationen vorführen, wo Klappenfehler des linken sich mit solchen des rechten verbinden. Diese Beispiele beziehen sich gleichfalls auf Modellversuche.

Als erstes Beispiel führe ich die Combination einer Mitralinsufficienz mit einer Tricuspidalinsufficienz an, die durch Fig. 28 illustrirt wird.

Bei ⅄ wird eine Mitralinsufficienz erzeugt und dieser bei + eine Tricuspidalinsufficienz hinzugefügt. Durch ersteren Eingriff wird der Aortendruck *A* zum Sinken, der Druck im linken Vorhofe *l. Vh.* zum sichtlichen und der Druck in der Pulmonalarterie *PA* zu eben merklichem Steigen gebracht. Das Lungenvolum *L* wurde grösser und der Druck in dem rechten Vorhofe *r. Vh.* sank. Von den Veränderungen, die die Tricuspidalinsufficienz bei + erzeugte, tritt zumeist die Verkleinerung des Lungenvolums

L und das Herabsinken des Drucks in der Pulmonalarterie hervor. Das
bedeutet, dass die Füllung des kleinen Kreislaufs eine geringere wurde.
Auf das klinische Bild übertragen, würde diese Entlastung des kleinen

Fig. 28.

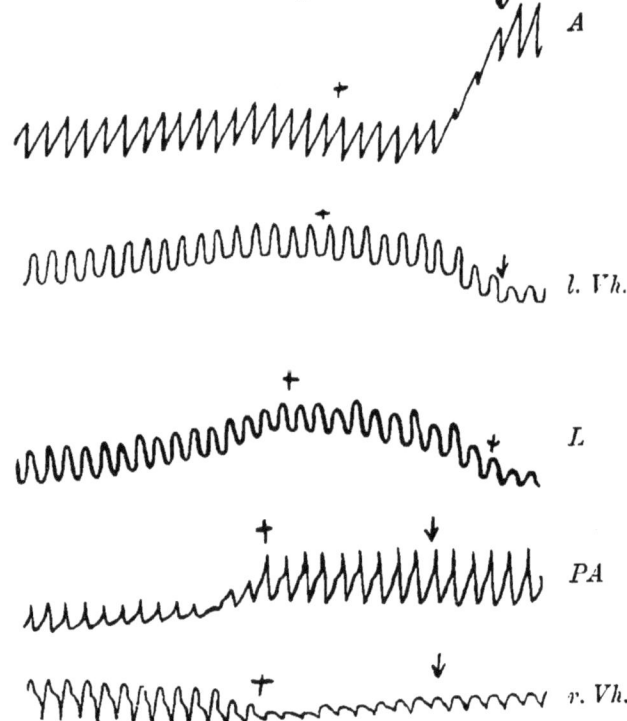

Kreislaufs ein Zurückgehen der Lungenschwellung und Lungenstarrheit
im Gefolge haben.

An Stelle der zurückgehenden Stauung im kleinen Kreislaufe erscheint
aber eine andere Stauung, nähmlich die im Venensysteme, die in Fig. 28
durch das Steigen des Drucks im rechten Vorhofe r Vh. gekennzeichnet
ist. Mit dieser Stauung tritt, wie sich aus dem Modellversuche entnehmen
lässt, ein weiteres Sinken des Aortendrucks ein.

Bei der Analyse des klinischen Bildes wird man in einem solchen
Falle die Grösse dieser beiden Stauungen, respective das Ueberwiegen der
einen oder der anderen nach den Erscheinungen beurtheilen müssen, die
aus Anlass derselben auftreten. Das Ueberwiegen der Venenstauung und
deren sichtbare Folgen werden darauf hinweisen, dass die Tricuspidalinsufficienz gewissermassen das klinische Bild beherrscht. Umgekehrt wird das
Ueberwiegen der Dyspnoe erkennen lassen, dass die Mitralinsufficienz als
prädominirende Ursache der vorhandenen Schädlichkeiten zu geltem habe.

Im Grossen und Ganzen wird die Combination einer Mitralinsufficienz mit einer Tricuspidalinsufficienz zu den gleichen Vorgängen führen, wie die Combination einer Mitralinsufficienz mit einer Dilatation und Insufficienz des rechten Ventrikels. Ueber diese letztere habe ich aber früher schon ausführlich gesprochen.

Die klinischen Merkmale einer combinirten Mitral- und Tricuspidalinsufficienz bestehen, abgesehen von jenen, die sich als Folgen der veränderten Blutvertheilung von selbst ergeben und auf die ich nicht mehr zurückzukommen brauche, in zweierlei systolischen Geräuschen, von denen das eine über dem linken, das andere über dem rechten Ventrikel gehört wird. Eine starke Accentuirung des zweiten Pulmonaltones ist hier nicht zu erwarten, weil ja doch der Druck in der Pulmonalarterie nicht nur nicht erhöht, sondern erniedrigt ist.

Die eben discutirte Combination kommt sehr häufig zur Beobachtung. Die Mitralinsufficienz ist hiebei in der Regel eine sogenannte organische, d. h. sie ist durch destructive Veränderungen der Klappen infolge von endocarditischen Processen entstanden.

Die Tricuspidalinsufficienz, welche die Mitralinsufficienz begleitet, kann ebenfalls organischer Natur sein, sie pflegt aber nicht selten, wie man sich ausdrückt, eine relative oder functionelle zu sein. Der mangelhafte Schluss der Tricuspidalklappe beruht nähmlich dann nicht auf destructiven Veränderungen der Klappen, sondern er ist entweder, wie man annimmt, durch eine Erweiterung des rechten Atrioventrikularringes oder durch eine unvollständige oder ungleichmässige Contraction der Papillarmuskeln bedingt.

Es kann nähmlich vorkommen, dass im Gefolge einer Mitralinsufficienz sich zuerst eine Dilatation und Insufficienz des rechten Ventrikels ausbildet, und dass erst diese zu einer relativen Tricuspidalinsufficienz führt.*)

Als zweites Beispiel führe ich in Fig. 29 die Combination einer Mitralinsufficienz mit einer Tricuspidalstenose vor. Die Mitralinsufficienz entstand bei ∤, die Tricuspidalinsufficienz wurde bei + hinzugefügt. An den Vorgängen, die dieses Beispiel demonstrirt, ist bemerkenswert, dass die Stenose den Druck in der Pulmonalarterie *PA* nicht merklich alterirt, und im Versuche nur dadurch kenntlich erscheint, dass sie die Pulmonalarterienpulse kleiner macht. Diesem Verhalten des Drucks in der Pulmonalarterie *PA* entspricht es vollständig, dass der Druck im linken Vorhofe *l. Vh.* sich ebenfalls auf gleicher Höhe erhält.

Man sieht in diesem Falle auch zugleich die Lunge nur um Weniges kleiner werden und den Druck im rechten Vorhofe nicht steigen.

*) Gelegentlich sei hier bemerkt, dass sich im Anschlusse an eine organische Aorteninsufficienz eine functionelle Mitralinsufficienz entwickeln kann. In diesem Falle veranlasst auch die Erweiterung des linken Ventrikels, respective des linken Atrioventrikularringes die Schliessungsunfähigkeit der Mitralis.

Dieses Beispiel belehrt uns zunächst über die Möglichkeit, dass die durch eine Mitralinsufficienz hervorgerufenen Vorgänge durch eine Tricuspidalstenose nicht wesentlich alterirt werden, es belehrt uns aber im

Fig. 29.

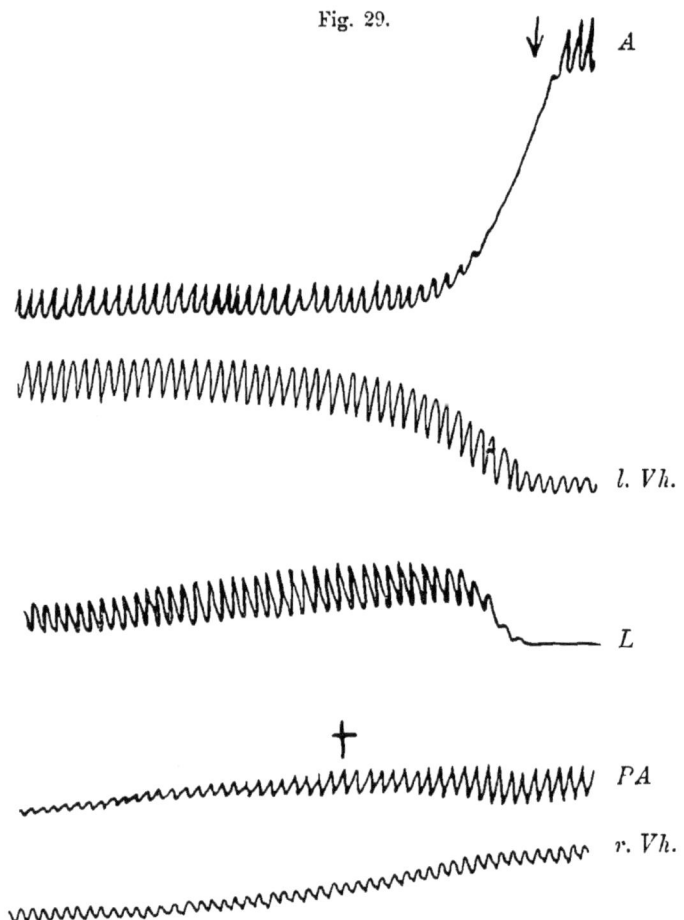

Allgemeinen darüber, dass bei einer Combination von Klappenfehlern des rechten und des linken Herzens die vom Klappenfehler des linken ausgehenden Erscheinungen derart prävaliren können, dass die vom Klappenfehler des rechten ausgehenden geradezu ganz verdeckt werden.

Das folgende Beispiel, durch Fig. 30 illustrirt, zeigt uns die Combination einer Mitralinsufficienz mit einer Insufficienz der Pulmonalarterienklappe.

Die durch die Mitralinsufficienz erzeugten Veränderungen sind, wie man sieht, ganz dieselben, wie sie die früheren Beispiele gezeigt haben.

Es sinkt der Druck in der Aorta A, er steigt im linken Vorhofe $l.$ $Vh.$ und in der Pulmonalarterie PA, das Lungenvolum L wird grösser und der Druck im rechten Vorhofe $r.$ $Vh.$ niedriger.

Fig. 30.

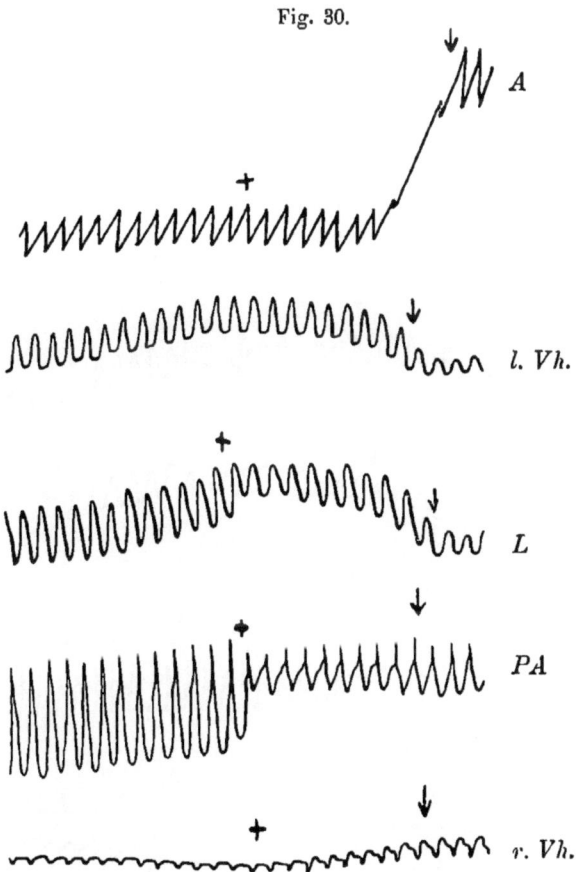

Das Hinzutreten der Insufficienz der Pulmonalarterienklappe bei $+$ verursacht ein Sinken des Drucks in der Pulmonalarterie PA und es treten hier die schon bekannten grossen Pulsschwankungen auf. Mit diesem Sinken ist die Lunge L kleiner geworden, und auch der Druck im linken Vorhofe $l.$ $Vh.$ ist abgesunken.

Die Insufficienz der Pulmonalarterienklappe hat also hier die Stauungserscheinungen im kleinen Kreislaufe zum Theile beseitigt, sie hat aber den Druck im rechten Vorhofe nicht gesteigert, was so zu deuten ist, dass in dem Maasse, als der rechte Ventrikel aus seinem Reservoir, dem rechten Vorhofe, weniger schöpft, auch weniger demselben zufliesst. Diese Deutung erscheint auch durch das gleichzeitige Sinken des Aortendrucks gerechtfertigt.

Dieses Beispiel würde also lehren, wie eine Venenschwellung, die sich durch eine Pulmonalarterieninsufficienz allein entwickeln muss, bei gleichzeitiger Mitralinsufficienz ausfallen kann.

Als letztes Beispiel führe ich noch in Fig. 31 die Combination einer Mitralinsufficienz mit einer Pulmonalarterienstenose an.

Fig. 31.

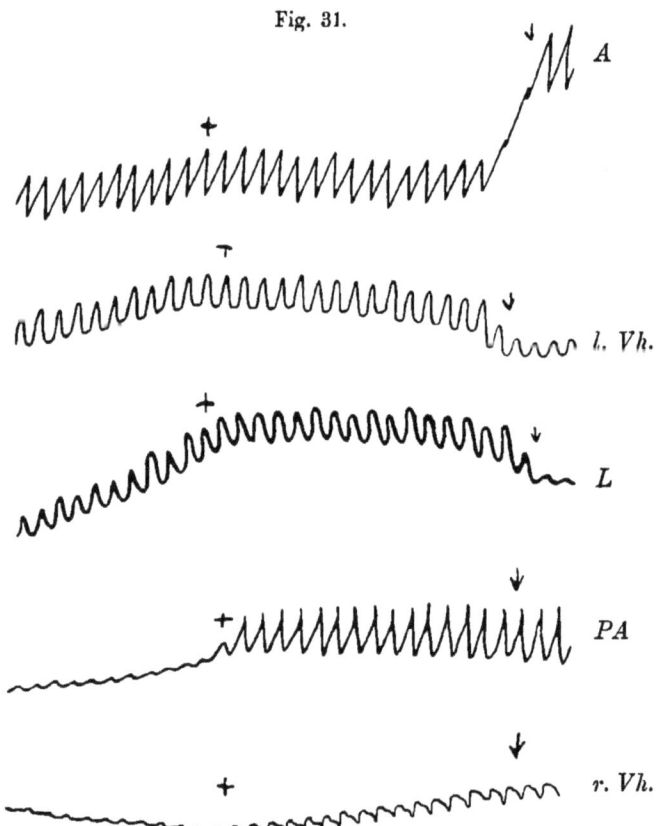

Hier überwiegen in dem zweiten Theile des Versuches, der bei + beginnt, — über den ersten Theil braucht nichts gesagt zu werden, weil derselbe ja mit dem anderen Beispiele vollständig übereinstimmt, was beiläufig bemerkt, die Constanz der Bedingungen darthut, die in dem Kreislaufmodellversuche herrschen — die Vorgänge, die durch die Pulmonalarterienstenose entstehen. Es sinkt nicht bloss der Druck in der Pulmonalarterie *PA* beträchtlich ab, es sinkt auch der Druck im linken Vorhofe *l. Vh.* und die Lunge *L* wird rapid und bedeutend kleiner. Es steigt aber auch der Druck im rechten Vorhofe *r. Vh.* Das zeigt einestheils, dass der Zufluss zum rechten Vorhofe sich nicht derart vermindert hat, dass der verminderte Abfluss aus demselben gegen den rechten Ventrikel nicht zum Vorschein gelangen könnte, sondern dass hier gerade der verminderte Abfluss überwiegt; es zeigt aber auch, dass die Füllung des rechten und des linken Vorhofes in einem gewissen Antagonismus zueinander stehen. Mit der grösseren Füllung des rechten Vorhofes wird nämlich die Füllung des linken Vorhofes eine geringere. Dieser Antagonismus wird übrigens durch die früheren Beispiele in anderer Weise beleuchtet. Denn diese lehren, dass umgekehrt die Füllung des linken Vorhofes sich nur in geringem Grade vermindert, wenn der Druck im rechten Vorhofe nicht ansteigt, also die Füllung hier keine grössere wird.

Ich könnte die Zahl dieser Beispiele noch bedeutend vermehren. Ich will es aber beim Angeführtem bewenden lassen. Der Grund, weshalb ich dieselben vorführte, bestand ja nur darin, zu zeigen, wie sehr bei Herzfehlern Drücke, Blutvertheilung etc. variiren können. Wer die Möglichkeit dieser Variationen sich vor Augen hält, der wird davor bewahrt bleiben, bei der klinischen Betrachtung mit allgemeinen Vorstellungen sich zufrieden zu stellen.

X.
Allgemeine Bemerkungen zur Lehre von der sogenannten Compensation und Compensationsstörung der Herzfehler.

Ich habe in den früheren Abschnitten, die sich mit den Herzfehlern beschäftigten, gezeigt, dass man die beiden Hauptfragen, worauf es beruhe, dass Herzfehler, sei es ständig oder zeitweilig, ohne oder mit Begleitung von Symptomen der Stauung, im grossen oder kleinen Kreislaufe bestehen und verlaufen, unter genauer Erwägung der Natur und Ursache der Kreislaufveränderungen, welche sie erzeugen, zu beantworten im Stande ist, ohne in dem einen Falle eine Compensation, in dem anderen eine Compensationsstörung annehmen zu müssen.

Da aber die Lehre von der Compensation und Compensationsstörung trotz ihres verhältnismässig kurzen Bestandes — in den Lehrbüchern der Vierzigerjahre ist noch nichts hievon aufzufinden — so tiefe Wurzeln gefasst hat, dass die Ausdrücke Compensation und Compensationsstörung schon vollständig in den medicinischen Sprachgebrauch übergegangen sind, halte ich es für nöthig, nochmals in übersichtlicher Weise darzulegen, welche Thatsachen und welcher Gedankengang dieser Lehre zu Grunde liegen, und wodurch sich die hier vorgetragene Auffassungsweise von derselben unterscheidet.

Diese Auffassungsweise ist, wie ich gleich hier hervorheben muss, keine neue, sie beansprucht im Principe wenigstens nicht einen solchen Wert, sie bedeutet nur die Rückkehr zu der älteren Auffassung, welche in den Hypertrophien, die bei den Herz-

fehlern entstehen und die Herzfehler begleiten, nur die Wirkung des gestauten Blutstromes erkennt. Allerdings war ich bestrebt, diese ältere Auffassungsweise zu erweitern, indem ich derselben
ausser den vorhandenen anatomischen Grundlagen neue experimentelle zu
geben suchte.

Die Lehre von der Compensation fusst nun allerdings auch auf
der anatomischen Thatsache der Hypertrophie, aber sie deutet dieselbe in
zweifacher Weise. Die eine Deutung lehnt sich an die frühere an, d. i.
nach derselben ist die Hypertrophie ein Folgezustand; die zweite geht
nicht von dieser Thatsache selbst, sondern von der andern Thatsache aus,
dass Herzfehler symptomlos, oder wenigstens relativ symptomlos verlaufen,
trachtet aber, dieselbe mit der früheren in Einklang zu bringen.

Aber in welcher Weise? Statt diese letztere ihrerseits gesondert zu
prüfen, weist sie der Hypertrophie eine Rolle zu, die sie, wie die früheren
Ueberlegungen zeigten, durchaus nicht zu spielen vermag.

Diese Rolle soll darin bestehen, dass der hypertrophirte Ventrikel
wegen der grösseren Stärke und Schnelligkeit seiner Contraction grössere
Blutmengen in Bewegung setzt. Sie vergisst aber ganz darauf, dass diese
grösseren Blutmengen auch da sein müssen, und sie vergisst auch darauf,
dass die Herzen nur contractile Abschnitte des Kreislaufsystems bilden,
und dass deren Füllung nicht von der Wandstärke dieser Abschnitte,
sondern nur von der Geschwindigkeit des Blutstromes an der betreffenden
Stelle, d. i. von dem Verhältnisse zwischen Zu- und Abfluss zu denselben
abhängt. So soll beispielsweise die mangelhafte Füllung des linken Ventrikels bei der Mitralstenose durch die verstärkte Arbeit des rechten
Ventrikels compensirt, d. i. in eine bessere verwandelt werden.

Diese Deutung glaubt sich übrigens noch auf eine zweite Thatsache stützen zu können, auf die Thatsache nähmlich, dass bei Sinken
des Aortendrucks der Venendruck steigt, d. i. dass während der Aortendruck im Sinken ist, dem rechten Vorhofe und somit dem rechten Ventrikel mehr Blut zuströmt. Wäre diese Thatsache richtig, dann besässe ja
wirklich der rechte Ventrikel jenes Plus von Blut, das er durch seine
verstärkte Action dem linken Ventrikel zuführen könnte. Schon die einfache Ueberlegung, noch mehr aber der Modell- und Thierversuch lehren,
dass mit dem sinkenden Aortendruck wohl der Druck in den
Lungenvenen steigt, dass aber der Druck in den Körpervenen
sinkt. Dieses Sinken des Venendrucks, lehrt weiters die Ueberlegung und
der Versuch, wird eher durch die Hypertrophie des rechten Ventrikels
befördert und der Venendruck steigt erst dann, wenn der rechte Ventrikel trotz der Hypertrophie insufficient wird. In diesem letzteren Falle rührt
aber das Steigen des Venendrucks nicht von einer Beschleunigung des
Venenstromes, sondern umgekehrt von einer Stromhemmung her.

Die Lehre von der Compensation deutet also einestheils die

Thatsache der Hypertrophie in einem Sinne, in dem sie nicht gedeutet werden darf, sie beruft sich anderseits auf eine Thatsache, die die Ueberlegung und der Versuch als einen thatsächlichen Irrthum aufdecken.

In neuerer Zeit hat die Lehre von der Compensation noch durch die besondere Aufstellung der Reservekraft des Herzens eine Erweiterung erfahren.

Was für ein Bewandtnis es mit dieser Reservekraft hat, habe ich schon früher dargethan, und es scheint mir deshalb unnöthig, nochmals hierauf zurückzukommen.

Ich brauche auch nicht nochmals zu wiederholen, wie der Ausfall der Symptome bei Herzfehlern ohne die Compensationslehre zu erklären ist.

Das Aufgeben der Lehre von der Compensation der Herzfehler bedeutet selbstverständlich auch das Aufgeben der Lehre von der Compensationsstörung.

Bequem allerdings ist die Lehre von der Compensation und Compensationsstörung, weil sie, wie oben bemerkt wurde, zu der einfachen Eintheilung der Herzfehler in compensirte und nichtcompensirte führt. Bequemlichkeit allein darf uns aber nicht von eingehender Prüfung und Erwägung abhalten.*)

XI.
Primäre Insufficienz der Ventrikel.

Als primäre Insufficienz bezeichne ich, wie hier wiederholt sein soll, jene, wo die herabgesetzte Arbeitsfähigkeit der Ventrikel nicht durch eine erhöhte Spannung deren Inhalts, also secundär, hervorgerufen wird, sondern auf Ursachen, die in Aenderungen der Herzsubstanz selbst zu suchen sind, beruht.

Eine solche Aenderung kann man, wie ich früher gezeigt habe, vorwiegend in der Muskulatur des linken Ventrikels durch Verschluss der *Art. coronaria* erzeugen.

Aehnlichen Aenderungen begegnet man im Thierversuche nach toxischen Eingriffen. Durch gewisse Gifte, wie Digitalis, Strophantus, wird nicht bloss, wie früher dargelegt wurde, die Arbeit des Herzens begünstigt, sondern auch geschädigt, und zwar tritt diese Schädigung erst bei stär

---

*) Die oberflächliche Beurtheilung des Gesagten könnte leicht zu dem Vorwurfe verleiten, dass ich Wortfechterei treibe, indem ich nur statt des geläufigen Ausdrucks Compensation den minder geläufigen Ausdruck Accommodation einführe. Dieser Vorwurf wäre aber, wie Jeder einsehen muss, nur dann gerechtfertigt, wenn ich der Accommodation und der Hypertrophie, die sich im Anschlusse an dieselbe entwickelt, irgendwie eine compensatorische Bedeutung beigemessen hätte. Es handelt sich also nicht um die Ausdrücke Compensation und Accommodation, sondern um den Sinn, den man denselben unterlegt.

keren Dosen dieser Gifte ein. Es gibt aber auch Gifte, die selbst in schwachen Dosen keine andere als eine schädigende Wirkung auf das Herz ausüben. Zu diesen zählt vor Allem das Muscarin. Auch dyspnoisches Blut führt, wenn es lange genug auf das Herz einwirkt, zu einer Schädigung desselben.

Das Gemeinschaftliche in der schädlichen Wirkungsweise dieser Gifte besteht darin, dass sich dieselbe auf beide Ventrikel erstreckt. Die schädigende Wirkung des linken Ventrikels macht sich aber mit Rücksicht auf die zu beobachtenden Folgeerscheinungen weit mehr geltend, als die des rechten. Es entsteht also infolge dessen eine Ungleichmässigkeit der Herzarbeit, die der einer alleinigen Insufficienz des linken Ventrikels nahezu gleichkommt.

Ehe ich von den diesbezüglichen Thierversuchen spreche, will ich zunächst einen Thierversuch vorführen, bei dem auf rein mechanischem Wege eine derartige Insufficienz beider Ventrikel mit Vorwiegen der des linken erzeugt wird.

Wenn man im Thierexperiment eine auf einer Canüle befestigte Kautschukblase durch eine Carotis in den linken Ventrikel einbringt und dieselbe, wenn sie im Ventrikel sitzt, auftreibt, so beeinträchtigt man hiedurch zunächst das Lumen des linken Ventrikels und vermindert so den Nutzeffect seiner Arbeit. Dies ist im Versuche an dem Herabsinken des Aortendrucks erkenntlich. Das vom Ventrikel in die Aorta beförderte Blut ist hier nicht mehr im Stande, dieselbe in gleicher Weise und also unter gleicher Spannung wie vorher anzufüllen. Diese Beeinträchtigung des Lumens ist ihrem Effecte nach, wie begreiflich, einer Muskelinsufficienz gleichwertig.

In der That beobachtet man in diesem Experimente weiters, dass mit dem Sinken des Drucks in den Arterien sich eine hochgradige Lungenschwellung und Lungenstarrheit ausbildet, die nach dem öfter Wiederholten als Beweis dafür zu gelten hat, dass im linken Vorhofe sich Blutmassen anstauten. Dass hier gleichzeitig auch der Druck in der Pulmonalarterie steigt, darf wohl vorausgesetzt werden, es ist aber diese Drucksteigerung nicht direct experimentell erwiesen. Es wäre sogar möglich, dass dieselbe hier ausbleibt, und zwar infolge einer Complication, die im Versuche schwer zu umgehen ist und auf die ich sofort zu sprechen komme.

Die Messung des Venendrucks in diesem Versuche ergibt nähmlich, dass derselbe nicht sinkt, wie nach dem Modellversuch zu erwarten wäre, sondern steigt. Diese Steigerung ist zunächst auf den Umstand zu beziehen, dass dieser Versuch bei geschlossenem Thorax angestellt wird, wo die Lungenschwellung den intrathoracalen Druck zum Steigen bringt und wo also, wie ich früher auseinandergesetzt habe, das Abströmen des Venenblutes erschwert werden kann. Es hat aber dieses Steigen des

Venendrucks noch einen andern Grund. Die im linken Ventrikel sitzende Blase kann nähmlich, indem sie das *Septum ventriculorum* gegen den rechten Ventrikel hin drängt, auch das Lumen des letzteren beeinträchtigen, wir haben also in diesem Versuche nicht eine reine Insufficienz des linken Ventrikels, sondern die Combination einer Insufficienz des linken und rechten Ventrikels, allerdings mit einem Ueberwiegen der ersteren, vor uns. Diese, wenn auch noch so geringe, durch Raumbeengung erzeugte Insufficienz des rechten Ventrikels macht das Steigen des Venendrucks vollkommen begreiflich. Dieses Steigen ist eine Stauungserscheinung, d. i. dasselbe ist nicht etwa dadurch bedingt, dass dem rechten Vorhofe grössere Blutmengen zuströmen. Hievon kann man sich übrigens auch direct durch den Versuch überzeugen. Wenn man nähmlich nicht bloss den Venendruck, sondern auch den Venenstrom, d. i. die Geschwindigkeit desselben misst, dann überzeugt man sich, dass derselbe während des Herabsinkens des Aortendrucks langsamer wird. Wäre der hohe Venendruck nicht eine Stauungserscheinung, sondern durch einen stärkeren Zufluss von Seite der Arterien bedingt gewesen, dann hätte der Venenstrom eine Beschleunigung erfahren müssen.

Nach dieser Auseinandersetzung wird man wohl begreifen, weshalb ich früher die Möglichkeit zugab, dass der Druck in der Pulmonalarterie trotz der Stauung des Blutes im linken Vorhofe nicht zum Steigen komme. Ist nähmlich die Raumbeengung des rechten Ventrikels eine beträchtliche, so kann der rechte Ventrikel nicht jene Blutmengen austreiben, welche nöthig sind, um die Pulmonalarterien genügend anzufüllen.

Die Ausnahmen die dieser Thierversuch zeigt, sprechen also nicht im Entferntesten gegen die mit Hilfe des Modellversuches aufgestellten Regeln, sie lassen sich vielmehr gerade auf Grundlage dieser Regeln vollständig erklären. Dieser Thierversuch ist aber auch noch insofern lehrreich, weil er uns gewissermassen das Paradigma für die Vorgänge abgibt, die bei der Combination der Insufficienz beider Ventrikel mit Ueberwiegen der Insufficienz des linken zur Erscheinung kommen. Er dient zugleich zur Unterstützung jener Betrachtung, die ich für ähnliche Fälle gelegentlich der Klappenfehler des linken Herzens vorgebracht habe; er dient aber auch als Ausgangspunkt für die folgenden Versuche, deren Besprechung ich vorher angekündigt habe.

Ich will zuerst die Wirkungsweise des Muscarin vorführen, weil über dasselbe gründliche experimentelle Studien vorliegen.

Dasselbe verursacht einen Herzzustand, der sich als Herzkrampf bezeichnen lässt. Dieser Herzkrampf beeinträchtigt am meisten die diastolische Ausweitung des linken Ventrikels, welche den Nutzeffect der Arbeit desselben herabsetzt, d. i. bewirkt, dass derselbe die im linken Vorhofe vorhandenen Blutmengen nicht vollständig während der Diastole aufnimmt. Dieser geringeren diastolischen Füllung entsprechend, treibt er verhältnismässig wenig Blut in die Arterien. Hiezu kommt noch, dass das Muscarin auch die Schlagfrequenz des Herzens bedeutend verlangsamt, was ebenfalls eine Ursache der verminderten Herzarbeit, sowie eine Ursache der verminderten Arterienfüllung und Arterienspannung abgibt. Der verminderte Nutzeffect der Arbeit des linken Ventrikels äussert sich aber nicht bloss in einer Erniedrigung des Arteriendrucks, sondern auch in einer, und zwar sehr beträchtlichen Steigerung des Drucks im linken Vorhofe.

An diese letztere Drucksteigerung schliesst sich die Entwicklung jener Lungenzustände an, die ich als Lungenschwellung und Lungenstarrheit hier zuerst beobachtet habe.

Im weiteren Verlaufe des Versuches kommt es auch zum Lungenödem, als dessen Vorstadium die erwähnten Lungenzustände zu gelten haben.

Der Druck in der Pulmonalarterie sinkt zwar wegen der verlangsamten Schlagfolge des Herzens, aber verhältnismässig viel weniger als der Druck in den Arterien. Ist vor der Muscarinintoxication der Arteriendruck wie gewöhnlich 4—5mal höher als der Druck in der Pulmonalarterie, dann erreicht infolge derselben der Druck in den Arterien nur ungefähr das Doppelte des Pulmonalarteriendrucks, d. h. der Druck in der Pulmonalarterie hat eine relative Steigerung erfahren.

Das Sinken des Drucks in den Arterien, das Steigen des Drucks im linken Vorhofe, die starke Füllung der Lungengefässe und die auf derselben beruhende Lungenschwellung und Lungenstarrheit, sowie die relative Drucksteigerung in der Pulmonalarterie wären an und für sich nur im Sinne einer durch Muscarin bewirkten Verminderung der Arbeit des linken Ventrikels — bedingt durch die mangelhafte diastolische Ausweitung desselben — aufzufassen, wenn nicht der Versuch auch darthäte, dass zugleich der Venendruck eine Steigerung erfährt.

Diese Steigerung ist zum Theile wohl auf einen durch Muscarin hervorgerufenen Gefässkrampf zu beziehen, der das Blut aus den Arterien in die Venen presst; man muss ihn aber auch auf die insufficiente Arbeit des rechten Ventrikels zurückführen. Denn es ist nicht anzunehmen, dass das Muscarin die Muskulatur des rechten Ventrikels intact lässt und in demselben nicht den gleichen Zustand, d. i. einen Krampf, der die diastolische Ausweitung erschwert, schafft.

Allerdings lehrt die Inspection, dass der linke Ventrikel eines solchen unter der Einwirkung des Muscarin stehenden Herzens verhältnismässig klein erscheint gegenüber dem grossen, stark aufgetriebenen rechten Ventrikel. Aus dieser Auftreibung des rechten Ventrikels lässt sich aber nicht folgern, dass die Muskulatur desselben von der krampferregenden Wirkung des Muscarins nicht befallen wurde. Man muss vielmehr bedenken, dass der Krampf des linken Ventrikels einen mächtigen Widerstand gegen das

11*

Abströmen des Blutes aus dem rechten Ventrikel erzeugte, durch den die
dünnere Wandung des rechten Ventrikels trotz des Krampfes ihrer Muskulatur ausgedehnt werden konnte; man muss ferner bedenken, dass diese
Ausdehnung noch mehr durch das Einströmen grösserer Blutmengen aus
den sich contrahirenden Arterien in die Venen begünstigt wurde. An
diese Erwägung lässt sich die Vorstellung knüpfen, dass für den Fall,
als wirklich der rechte Ventrikel nicht ähnlich wie der linke Ventrikel
vom Muscarinkrampfe befallen würde, die Auftreibung desselben noch
viel stärker ausgefallen wäre.

Das Muscarin erzeugt also eine primäre Insufficienz beider
Ventrikel mit Vorwiegen der des linken.

Wenn man Digitalis in grösseren Dosen durch die *Vena jugularis*
ins Blut einbringt, so folgt auf das erste Stadium der günstigen Wirkung
auf das Herz, von dem ich früher ausführlich gesprochen habe, ein zweites,
in welchem man Erscheinungen beobachtet, die eine schädliche Einwirkung dieses Giftes auf das Herz erkennen lassen. Der Arteriendruck sinkt
und der Puls wird arhythmisch. Der Druck im linken Vorhofe steigt. Ueber
das gleichzeitige Verhalten des Drucks in der Pulmonalarterie besitze ich keine
directen Erfahrungen, wohl aber bin ich im Besitze von Erfahrungen, aus
denen sich mit Bestimmtheit ergibt, dass sich in diesem Stadium der Zustand der Lungenschwellung und Lungenstarrheit ausbildet. Während nähmlich in dem ersten Stadium, d. i. dem Stadium der günstigen Digitaliswirkung, die Athmung des Versuchsthieres — die betreffenden Versuche sind an Thieren angestellt, die nicht curarisirt waren, sondern
unter dem Einflusse der Morphiumnarcose spontan athmeten — sich insofern günstiger gestaltet, als bei gleicher Athemanstrengung grössere
Luftmengen von der Lunge aufgenommen werden, wird die Athmung in
dem zweiten Stadium der schädlichen Digitaliswirkungen eine schlechtere.
Die Thiere athmen dyspnoisch, das heisst unter verhältnismässig
grösserer Athemanstrengung gelangt weniger Luft in die Lunge.

Die Athmungsfähigkeit der Lunge ist also im ersten Stadium gegen
die Norm eine bessere, im zweiten Stadium eine schlechtere geworden.
Die grössere Athmungsfähigkeit wurde ohne Zweifel durch die grössere
Dehnbarkeit der Lunge hervorgerufen und diese wieder dadurch, dass der
Druck in den Alveolarcapillaren der Lunge entsprechend dem erleichterten
Abfluss des Blutes in den linken Vorhof, in dem ja, wie oben mitgetheilt
wurde, der Druck sinkt, abnahm; ebenso darf die Abnahme der Athmungsfähigkeit auf eine Drucksteigerung in den Alveolarcapillaren und die hiedurch verminderte Dehnbarkeit der Lunge bezogen werden, da der Versuch, wie angegeben wurde, lehrt, dass der Druck im linken Vorhofe in
diesem Stadium steigt.

Diese verminderte Dehnbarkeit der Lunge ist ja nichts Anderes, als
der Ausdruck ihrer Starrheit.

Das Sinken des Drucks in den Arterien, das Steigen des Drucks im linken Vorhofe, sowie die Erhöhung des Drucks in den Alveolarcapillaren bedeuten, wie wir wissen, eine insufficiente Arbeit des linken Ventrikels. Ausser diesen Erscheinungen beobachten wir im Versuche während dieses Stadiums auch ein Steigen des Venendrucks. Da dieses Steigen unter Sinken des Arteriendrucks eintritt, also unter Umtänden, die erkennen lassen, dass die Arterien sich nicht gleichzeitig contrahiren und ihren Inhalt in die Venen pressen, so darf man dasselbe wohl mit allem Rechte auf eine gleichzeitig sich ausbildende Insufficienz des rechten Ventrikels beziehen.

In welcher Weise sich die Insufficienz der Ventrikel ausbildet, d. i. ob sie der Muscarin-Insufficienz ähnlich ist und so wie diese auf einem Herzkrampfe beruht, lässt sich vorläufig nicht aussagen, weil namentlich Versuche fehlen, die lehren, welche Gestaltveränderung ein derartiges Herz erfährt.

Es lässt sich nur aussagen, dass auch die Digitalis eine primäre Insufficienz beider Ventrikel mit Ueberwiegen der des linken erzeugt.

Strophantus scheint in gleicher Weise wie Digitalis zu wirken. Wenigstens beobachtet man auch hier nach stärkeren Dosen ein dem ersten Stadium der günstigen Wirkung auf das Herz folgendes zweites Stadium, in welchem gleichfalls unter Ausbildung von Arhythmie der Blutdruck sinkt und der Druck in den Venen ansteigt. Ueber das gleichzeitige Verhalten des Drucks im linken Vorhofe und in der Pulmonalarterie, sowie über das Verhalten des Drucks in den Alveolarcapillaren ist mir derzeit nichts bekannt, doch darf man, wie ich glaube, *per analogiam*, d. i. deshalb, weil das erste Stadium der Strophantuswirkung mit dem der Digitaliswirkung nahezu vollkommen übereinstimmt, schliessen, dass auch die Vorgänge im zweiten Stadium der Strophantuswirkung denen gleichkommen dürften, die man im zweiten Stadium der Digitaliswirkung beobachtet. Wenn diese Annahme sich als richtig erweist, so gehört auch Strophantus zu jenen Giften, die im Stande sind, eine primäre Insufficienz der beiden Ventrikel mit Vorwiegen der des linken hervorzurufen.

Eine Insufficienz der beiden Ventrikel mit Vorwiegen der des linken ist auch nach länger dauernder Aussetzung der künstlichen Athmung beim curarisirten Thiere zu beobachten.

Kurz nach Aussetzen der Athmung steigt, wie schon früher beschrieben wurde, der Arteriendruck und mit diesem zugleich der Druck in den Venen und im linken Vorhofe.

Nachdem der Arteriendruck sein Maximum erreicht und auf demselben eine Zeit lang verharrt, sinkt derselbe ab. Während der Arteriendruck sinkt, steigt aber der Druck im linken Vorhofe und der Druck in der Pulmonalarterie und die Lungen werden zugleich grösser. Das Sinken des

Drucks in den Arterien ist ein Anzeichen der schwächer werdenden Action des linken Ventrikels. Dieses Anzeichen wäre an und für sich nicht sicher genug, denn das Sinken des Aortendrucks könnte auch bloss durch eine Erweiterung der Gefässe bedingt sein, wenn nicht das Steigen des Drucks im linken Vorhofe zeigen würde, dass der linke Ventrikel aus diesem seinem Reservoir weniger zu schöpfen beginnt, und demnach auch weniger in die Arterien befördert. Das Steigen des Drucks in der Pulmonalarterie sowie die unstreitig auf der stärkeren Füllung der Lungengefässe beruhende Lungenschwellung, die, wie ich wiederholen will, experimentell nachgewiesen werden kann, sind nur, wie schon oft genug wiederholt wurde, weitere Consequenzen der Drucksteigerung im linken Vorhofe.

Die Drucksteigerung in der Pulmonalarterie ist, wie hier beiläufig bemerkt werden soll, als Ausdruck der Verengerung der Lungengefässe betrachtet worden, und der hier angeführte Versuch wurde als Beweis dafür angeführt, dass die Lungengefässe vom Rückenmarke her vasoconstrictorisch innervirt werden.

Diese Ansicht ist, und mit vollem Rechte, im Stricker'schen Laboratorium (Openchowski) bekämpft worden. Ich will diesbezüglich hier auch in Erinnerung bringen, dass eine Drucksteigerung in der *Art. pulmonalis*, wie ich auf S. 36 auseinandersetzte, nur dann auf eine Verengerung der Lungengefässe hinweisen könnte, wenn der Druck im linken Vorhofe gleichzeitig sinken würde.

Der Druck in den Venen, der zu Beginn des Aussetzens der künstlichen Athmung zugleich mit dem Arteriendrucke gestiegen war, weil die sich contrahirenden Arterien ihren Inhalt in die Venen getrieben hatten, steigt, wie ich aus directen Versuchen weiss, nicht noch höher, während der Arteriendruck sinkt und der Druck im linken Vorhofe und in der Pulmonalarterie steigt. Das bedeutet, dass zu dieser Zeit das Blut sich im rechten Vorhofe nicht anstaut, sondern vom rechten Ventrikel, dessen Arbeit noch sufficient ist, weiter in die Lungen befördert wird. In dem Stadium also, wo, ich will es nochmals wiederholen, der Arteriendruck sinkt, der Druck im linken Vorhofe und in der Lungenarterie steigt, aber der Druck in den Venen sich gleichbleibt, besteht also ein Herzzustand, der durch das Ueberwiegen der Insufficienz des linken Ventrikels charakterisirt ist. Ich spreche bloss von einem Ueberwiegen, weil Anzeichen vorhanden sind, dass auch der rechte Ventrikel sich hier nicht im Vollbesitze seiner Contractionsfähigkeit befindet. Die Inspection des blossliegenden Herzens lehrt nähmlich, dass der rechte Ventrikel in diesem Stadium ziemlich ausgedehnt erscheint, was nicht möglich wäre, wenn er seine vollständige Sufficienz besässe.

Der insufficiente linke Ventrikel ist übrigens hier ebenfalls erweitert, und sieht durchaus nicht so aus, wie der insufficiente Ventrikel des mit

Muscarin vergifteten Herzens.*) Es unterscheidet sich wesentlich die Art der Insufficienz des linken Ventrikels infolge von Erstickung von derjenigen, die infolge von Muscarin entsteht. Erstere ist, möchte ich sagen, eine systolische, letztere eine diastolische Insufficienz, d. h. bei ersterer behält er die Fähigkeit, sich zu dilatiren, er kann sich nur nicht gehörig systolisch contrahiren, bei letzterer ist umgekehrt die systolische Contractionsfähigkeit erhalten, aber das Vermögen, sich auszuweiten, ist vermindert worden. Wir können die erstere auch als paralytische, die zweite als spastische bezeichnen.

Fragen wir, bei welcher von diesen beiden Formen die Stauungserscheinungen in der Lunge grösser ausfallen dürften, so können wir dieselbe wohl dahin beantworten, dass höchst wahrscheinlich die spastische, respective diastolische Insufficienz zu einer grösseren Ueberfüllung der Lungengefässe führt als die paralytische, respective diastolische, weil ja bei der letzteren die Ausweitung des linken Ventrikels das Abfliessen des Blutes aus den Lungengefässen wenigstens bis zu einer gewissen Grenze gestattet.

Der Insufficienz des linken Ventrikels folgt im Versuche schliesslich auch eine solche des rechten. Diese gibt sich dadurch zu erkennen, dass der Druck in der Pulmonalarterie sinkt und dass der Venendruck steigt.

Wir können im Thierversuche auch eine Insufficienz beider Ventrikel mit Ueberwiegen der des rechten erzeugen, aber nicht durch Gifte, also gewissermassen auf natürlichem, physiologischem, sondern bloss auf mechanischem Wege.

Wenn man nähmlich den Blasenkatheter statt in den linken, in den rechten Ventrikel, und zwar durch die *Vena jugularis* hindurch, einführt, und nun die im rechten Ventrikel sitzende Blase auftreibt, dann wird wieder am allermeisten der Raum des rechten Ventrikels beengt, aber auch einigermassen der des linken, und zwar wie früher durch Herüberdrängen des *septum ventriculorum* gegen den linken Ventrikel.

In diesem Versuche steigt zunächst der Druck in den Venen, weil der zum Theile verstopfte rechte Ventrikel nicht das Blut aus dem rechten Vorhofe aufnehmen kann, und es sinkt der Druck in den Arterien, weil vom rechten Ventrikel in den linken Vorhof nur wenig Blut einströmt und der linke Ventrikel somit in geringerem Grade gefüllt wird.

Die Lungengefässe werden hiebei weniger mit Blut gefüllt und die Lunge collabirt, wie ich weiss. Sie wird kleiner und dehnbarer. Diese Verkleinerung der Lunge, sowie die Ausbildung der Dehnbarkeit wird aber zum Theile dadurch verhindert, dass der Abfluss des Blutes aus der Lunge durch die oben erwähnte Raumbeengung des linken Ventrikels einigermassen gehemmt wird.

---

*) Wie die mit Digitalis oder Strophantus vergifteten Herzen während dieses Stadiums aussehen, weiss ich vorläufig nicht.

Es kommt, wie der Versuch lehrt, zur Ausbildung eines allerdings geringen Grades von Lungenschwellung und Lungenstarrheit. Diese kann man im Versuche verhindern, wenn man die Obturationsblase nicht in den rechten Ventrikel, sondern bloss in den rechten Vorhof einführt und daselbst auftreibt. Dieser letztere Versuch hat aber für die Betrachtungen, die uns hier interessiren, keine weitere Bedeutung; ich habe ihn nur erwähnt, weil er darthut, dass die Auftreibung der im rechten Ventrikel sitzenden Blase in der That eine Insufficienz beider Ventrikel erzeugt.

Auf die Frage, in welchen Erscheinungen sich das Vorwiegen der Insufficienz des rechten oder linken Ventrikels offenbart, brauche ich wohl nicht mehr einzugehen, ich brauche ja nur zu betonen, dass die vorwiegende Insufficienz des linken Ventrikels jene Erscheinungen veranlasst, die bei Vorwiegen der Klappenfehler des linken Herzens auftreten, während die vorwiegende Insufficienz des rechten Ventrikels zu jenen Erscheinungen führt, die bei Vorwiegen von Klappenfehlern des rechten Herzens sich geltend machen.

Eine primäre Insufficienz beider Ventrikel mit Ueberwiegen der des linken wird sich, wie wir ohneweiters annehmen dürfen, auch beim Menschen, auf dem Wege der Intoxication ausbilden können. Eine nicht selten vorkommende Intoxication beim Menschen ist besonders die durch dyspnoisches Blut, dessen Beschaffenheit sich ja nur quantitativ vom Erstickungsblute unterscheidet. Wenn durch Larynx- oder Trachealstenosen, Struma, Mediastinaltumoren etc. die Athmung dauernd beeinträchtigt wird, dann muss es zu einer chronischen Intoxication mit dyspnoischem Blute kommen und es kann sich infolge dessen der erwähnte Herzzustand ausbilden.

Es ist aber denkbar, dass ein solcher Herzzustand auch in anderer Weise zur Entwicklung gelangt. Diesbezüglich möchte ich zunächst die ganz allgemeine Vermuthung aussprechen, dass Innervationsstörungen dieselben bedingen könnten. Diese Vermuthung kann sich auf die klinische Erfahrung stützen, dass die hier schon vielfach discutirten Erscheinungen, welche in erster Reihe auf eine Insufficienz des linken Ventrikels und die consecutive Stauung des Blutes im linken Vorhofe zurückzuführen sind, scheinbar ohne alle Veranlassung auftreten und wieder verschwinden, ohne dass bestimmte Anzeichen und Merkmale vorliegen, die auf eine Erkrankung des Herzens schliessen lassen könnten.

Ebenso ist es denkbar, dass jener Herzzustand, bei dem die Insufficienz des rechten Ventrikels vorwiegen würde, sich auch infolge von Innervationsstörung entwickeln könnte. Ich erinnere mich wenigstens an einen Fall, der einen Mann betraf, bei dem nach geringfügiger Veranlassung, wie nach etwas angestrengter Muskelthätigkeit, die Halsvenen anschwollen und das Gesicht förmlich cyanotisch wurde.

Es muss selbstverständlich der künftigen klinischen und experimen-

tellen Forschung vorbehalten bleiben, zu untersuchen, ob sich für diese
Vermuthung thatsächlich anatomische und physiologische Belege vorbringen lassen. Für die Möglichkeit letzterer spricht insofern das Kron-
ecker'sche Coordinationscentrum, d. i. die Thatsache, dass die Reizung
einer bestimmten Stelle des Säugethierherzens dauernden Herzstillstand
verursacht, als dieselbe die Vermuthung zulässt, dass von anderen Stellen
aus einzelne Herzabschnitte in ähnlichem Sinne beeinflusst werden könnten,
derart nähmlich, dass die Action derselben nicht verhindert, sondern bloss
alterirt wird.

Die eigentliche und häufigste Ursache derartiger Herzzustände wird
man wohl in Erkrankungen der Herzmuskulatur zu suchen haben, die die
eine oder die andere Herzhälfte stärker befallen.

Bei Erkrankungen, die vorwiegend den linken Ventrikel schädigen
und eine vorwiegende Insufficienz desselben im Gefolge haben, wird sich
consecutiv ebenso wie bei Klappenfehlern des linken Herzens eine Hypertrophie des rechten Ventrikels, eventuell eine Hypertrophie mit Dilatation
oder auch eine blosse Dilatation ausbilden können.

Ich muss hier noch schliesslich der Insufficienz gedenken, die durch
Ansammlung von Flüssigkeit im Herzbeutel und infolge von Verwachsung
des Herzens mit dem Herzbeutel entstehen kann.

Im ersteren Falle dürfte, soweit sich dies a priori beurtheilen lässt,
die Insufficienz des rechten Ventrikels die des linken überwiegen und zwar
deshalb, weil bei gleichem Drucke, der in der Herzbeutelhöhle herrscht,
der dünnwandige rechte Ventrikel, dessen Inhalt zudem unter geringerer
Spannung sich befindet, verhältnismässig mehr zusammengedrückt, verkleinert, d. i. in seinem Lumen beeinträchtigt werden dürfte, als der linke.
Hierauf weist auch insoferne das Thierexperiment, als es lehrt, dass, wenn
man den Druck im Herzbeutel vermehrt, der Venendruck steigt. Wohl sinkt
auch der Aortendruck, aber dieses Sinken kann in demselben Sinne gedeutet werden, wie das Sinken des Arteriendrucks bei Obturation des
rechten Ventrikels.

Auf dieses Sinken des Arteriendrucks sind wohl die Kleinheit und
die geringe Spannung des Pulses, sowie die Anfälle von Syncope zu beziehen, denen man, wie die klinische Erfahrung lehrt, sehr häufig bei
pericardialen Ergüssen begegnet.

Bei Verwachsung des Herzenz mit dem Herzbeutel überwiegt wahrscheinlich bald die Insufficienz des linken, bald die des rechten Ventrikels.
Wenigstens lehrt die klinische Erfahrung, dass hier bald die Symptome
der Stauung im kleinen Kreislaufe, bald im grossen Kreislaufe hervortreten.
Es spricht übrigens hiefür auch insoferne der pathologisch-anatomische
Befund, als angegeben wird, dass er hier, soweit es sich um das Verhalten
der Ventrikel handelt, ausserordentlich wechselt.

Ich möchte hier noch wiederholen, dass derartige, durch Erkrankung der Herzmuskulatur bedingte primäre Insufficienzen die Klappenfehler, respective die hiedurch bedingten Vorgänge wesentlich modificiren und variiren können.

Bei diesen Insufficienzen ohne Klappenfehler fehlt das klinische Merkmal des die Herztöne begleitenden, oder dieselben ersetzenden Geräusches. Nur das Merkmal der Volumvergrösserung des Herzens, sowie die Symptome, die bei der Stauung im grossen oder kleinen Kreislaufe auftreten, haben hier als Anhaltspunkte für die Beurtheilung der statthabenden klinischen Erscheinungen und der ursächlichen Momente, auf welche dieselben zurückgeführt werden können, zu dienen.

XII.
Secundäre Insufficienz der Ventrikel.

Als secundäre Insufficienz der Ventrikel will ich, wie ich hier in Erinnerung bringen will, jene bezeichnet wissen, die sich infolge der höheren Spannung des Ventrikelinhaltes ausbildet.

Sie entsteht im linken Ventrikel, wie ich dies früher ausgeführt habe, schon unter physiologischen Verhältnissen, d. i. bei Erhöhung des Widerstandes in der Aortenbahn. Im Thierversuche ist sie bei der Aortencompression, bei Reizung der *Nn. splanchnici* und bei Reizung des Rückenmarkes, und zwar bei elektrischer sowohl als bei toxischer (Strychnin, Erstickungsblut) zu constatiren. Sie beruht in diesen Fällen auf einer Accommodationsstörung des Herzens.

Solange die Insufficienz des linken Ventrikels nur vorübergehend auftritt, d. i. solange die Accommodationsstörung, die sie veranlasst, keine dauernde ist, kann man dieselbe noch insofern als eine physiologische bezeichnen, als man in solchen Fällen noch nicht berechtigt ist, von einem krankhaften Herzzustande zu sprechen.

Man wird also die Dyspnoe eines gesunden Menschen, der im Bergsteigen nicht genügend geübt ist, nicht auf eine pathologische Insufficienz des linken Ventrikels zurückführen, man wird aber schon da, wo eine geringe körperliche Anstrengung genügt, den linken Ventrikel insufficient zu machen und das betreffende Individuum ausser Athem zu bringen, von einer pathologisch bedingten Insufficienz, d. i. von einer pathologisch bedingten Unfähigkeit des Herzens, sich selbst einer geringen Spannung seines Inhalts zu accommodiren, sprechen müssen.

Wir können diese Unfähigkeit des linken Ventrikels als einen Zustand der Labilität der Herzmuskulatur, respective deren Accommodationsapparate auffassen.

Aus dem Zustande der Labilität, d. i. dem Zustande der zeitweiligen Störung der Accommodation, kann sich ein solcher von dauernder Insufficienz des linken Ventrikels entwickeln. Dies ist beispielsweise der Fall bei der sogenannten Ueberanstrengung des Herzens. Es gibt nähmlich Herzen, respective linke Ventrikel, die, wenn sie einmal gelegentlich einer grösseren Muskelanstrengung genöthigt waren, ihren Inhalt unter hoher Spannung auszuwerfen und hiebei überdehnt und insufficient wurden, in diesem Zustande kürzere und längere Zeit verharren. Mit diesem Zustande entwickeln sich jene Erscheinungen, die als Folgen der Ueberanstrengung des Herzens schon mehrfach, zuletzt von Leyden beschrieben wurden. Sie sind jene, die als Folgen der Stauung im kleinen Kreislaufe anzusehen sind.

Bildet sich in solchen Fällen die Insufficienz des linken Ventrikels nicht zurück, so muss es voraussichtlich zur Dilatation desselben und im Anschlusse hieran zur consecutiven Hypertrophie, eventuell Dilatation des rechten Ventrikels kommen, ebenso zu jenen Erscheinungen, welche durch diese consecutiven Veränderungen des rechten Ventrikels bedingt werden.

Die eben besprochenen Widerstände in der Strombahn der Aorta, welche zu einer vorübergehenden oder dauernden secundären Insufficienz des linken Ventrikels führen, sind physiologischer Natur, sie bestehen in der auf vasomotorischem Wege bewirkten Verengerung der arteriellen Gefässbahn.

Es können aber auch pathologische Widerstände in der Aortenbahn die Veranlassung zur Entwicklung einer Insufficienz des linken Ventrikels abgeben.

Die Sklerose der Arterien bedingt eine solche Erhöhung des Widerstandes, indem sie die Wand nicht bloss der grossen, sondern auch der kleinen und kleinsten Arterien starrer, d. i. weniger dehnbarer macht. Infolge dieser verringerten Dehnbarkeit kann der linke Ventrikel seinen Inhalt nur unter hoher Spannung in das Arteriensystem befördern. Selbstverständlich ist in den Arterien der Druck sehr erhöht und die klinische Erfahrung hat auf den harten, schwer unterdrückbaren Puls bei Arteriensklerose schon längst die Aufmerksamkeit geleitet. Nach meinen mit dem Sphygmomanometer angestellten Messungen kann der Arteriendruck des Menschen hier eine Höhe von $200-250$ mm Hg erreichen.

Solange die Arteriensklerose sich nicht bis zu einem Grade entwickelt hat, dass der hiedurch bedingte Widerstand in der Gefässbahn ein allzu grosser, und solange auch das Herz, respective der linke Ventrikel noch vollständig accommodationsfähig und demnach noch sufficient ist, knüpfen sich an dieselbe keinerlei abnorme Kreislaufsveränderungen. Die Arteriensklerose kann demzufolge Jahre lang gewissermassen latent verlaufen, und nur die genauere sphygmomanometrische Messung des Blutdrucks kann einen Anhaltspunkt für das Bestehen derselben liefern. Ausserdem kann auch die Untersuchung der Volumsverhältnisse des Herzens ein Merkmal für das Bestehen derselben liefern.

Denn während die Gefässe starrer werden, muss das Herz, wenn anders es im Vollbesitze seiner Accommodation bleiben soll, hypertrophiren.

Bei dieser Hypertrophie können aber noch immer, wie leicht einzusehen, vollkommen normale Kreislaufverhältnisse bestehen. Wenn nun ein solches Herz, wie dies ja im weiteren Verlaufe der Arteriensklerose — die, nebenbei bemerkt, häufig mit Nierenschrumpfung einhergeht — erkrankt, so gelangt es zunächst in den Zustand der Labilität, d. i. seine Accommodationsfähigkeit wird trotz der bestehenden Hypertrophie geringer. In einem solchen Zustande kommt es sehr leicht zur Dyspnoe und zum cardialen Asthma. Dieser Zustand kann in noch weiterem Verlaufe in den der dauernden Insufficienz des linken Ventrikels übergehen. Hier wird der hypertrophische linke Ventrikel mit der Zeit sich erweitern.*)

Sowie die Insufficienz des linken Ventrikels eintritt, muss selbstverständlich der rechte Ventrikel in Mitleidenschaft gezogen werden. Hält seine Erkrankung nicht gleichen Schritt mit der des linken, so wird er hypertrophisch werden können. War aber während der Hypertrophie des linken Ventrikels die Muskulatur des rechten nicht ganz intact geblieben, dann wird mit der Insufficienz des linken Ventrikels sich bei ihm sofort eine Erweiterung ausbilden. Mit dieser Erweiterung und Insufficienz des rechten Ventrikels werden Erscheinungen der Stauung im Venensysteme auftreten und in dem Maasse, als diese letzteren in den Vordergrund treten, können die Erscheinungen, die durch die Stauung im linken Vorhofe bedingt sind, d. i. die Dyspnoe, zurücktreten. Einen solchen Wechsel der Erscheinungen beobachtet man nicht selten am Krankenbette. Dyspnoe und Venenstauung, respective Hydrops, Ascites, Leberschwellung treffen allerdings häufig genug zusammen, dann ist aber in der Regel die Dyspnoe nicht sowohl durch die Stauung im linken Vorhofe, als durch die mechanische Behinderung der Respiration infolge von Ascites, Ergüsse in den Thorax etc. bedingt.

Ich habe schon früher erwähnt, dass die Hypertrophie des linken Ventrikels, welche die Aorteninsufficienz und Aortenstenose begleitet, mit durch die Arteriensklerose bedingt wird. Ebenso muss man eine etwaige Hypertrophie des linken Ventrikels bei einer Mitralinsufficienz oder Mitralstenose auf eine mitbestehende Arteriensklerose beziehen. Es erscheint mir wenigstens absolut unerklärlich, wie sich sonst bei diesen letzteren Klappenfehlern eine Hypertrophie des linken Ventrikels entwickeln könnte.

Die secundäre Insufficienz des rechten Ventrikels entwickelt sich infolge von Widerständen in der Gefässbahn der Pulmonalarterie. Diese sind, soweit man bisher weiss, zumeist durch den erhöhten Druck im linken Vorhofe bedingt. Ueber diese secundäre Insufficienz habe ich namentlich in den Abschnitten, die sich mit den Herzfehlern beschäftigen, das zum

---

*) Diese Erweiterung kann aus den früher angegebenen Gründen zu einer relativen Mitralinsufficienz führen.

Verständnisse Nöthige auseinandergesetzt und ich brauche wohl nicht nochmals darauf zurückzukommen.

Widerstände in der Gefässbahn der Pulmonalarterie können sich auch im Laufe des Lungenemphysems entwickeln, und zwar deshalb, weil hier ganze Gefässgebiete der Lunge zur Verödung gerathen und so das Gefässgebiet der Pulmonalarterie verkleinert werden kann. Infolge der Verkleinerung dieses Gefässgebietes, die, wie schon erwähnt, einem Widerstande gleichkommt, kann zunächst der rechte Ventrikel hypertrophiren. Es kann dann auch zu einer Erweiterung und Insufficienz desselben kommen, und hieran können sich die Erscheinungen von Venenstauung anschliessen.

XIII.
Störungen der Regulation, Accommodation und Compensation.

Wir dürfen eine normale Function jener regulatorischen Apparate, welche die Frequenz des Herzschlages beeinflussen, annehmen, wenn die Pulsfrequenz sich innerhalb normaler Grenzen bewegt. Ein Ueberschreiten dieser Grenze nach der einen oder anderen Richtung dürfen wir dieser Auffassung zufolge auf eine Functionsstörung dieser Apparate beziehen.

Eine beträchtliche Pulsverlangsamung (Bradycardie) kann, wie oben angegeben wurde, infolge einer abnormen Erregung der Vagusapparate, der centralen sowohl als der peripheren, zu Stande kommen; sie kann aber auch, wie man sich vorstellen darf, auf einer herabgesetzten Erregbarkeit der centralen oder peripheren Beschleunigungsapparate beruhen; man kann sich schliesslich vorstellen, dass gewisse Apparate des Herzens, die die Reize für die Contraction aufnehmen und dieselben der Herzmu-kulatur zuführen, in einen Zustand gerathen, der die rasche Aufnahme oder Uebertragung der Reize verzögert. Diese letztere Vorstellung leite ich *per exclusionem* aus der experimentellen Thatsache ab, dass die Bradycardie, die infolge der Muscarinintoxication entsteht, weder auf eine Vagusreizung, noch auf eine Lähmung der *accelerantes* zurückgeführt werden kann.

Die abnorme Pulsbeschleunigung (Tachycardie) kann, wie ebenfalls schon auseinandergesetzt wurde, entweder auf einer Erregung der Beschleunigungsapparate des Herzenz oder auf einer Lähmung der Hemmungsapparate beruhen. Die Thatsache, dass auch bei stärkerer Erwärmung des Herzens, also bei Fiebertemperatur, Tachycardie auftreten kann, macht es wahrscheinlich, dass eine Beschleunigung des Herzschlages in anderer Weise zu Stande kommen, d. i. möglicherweise auf gewissen Zuständen der oben supponirten Apparate beruhen kann, durch welche die Aufnahme oder Uebertragung der Reize beschleunigt wird.

Die Einwirkung der Bradycardie auf den Blutstrom und die Blutvertheilung habe ich schon früher auseinandergesetzt. Ich will hier nur noch bemerken, dass, wenn durch dieselbe die Blutfüllung der Arterien und Capillaren in hohem Grade vermindert wird, die Symptome der Blutleere des Gehirns zum Vorschein gelangen müssen.

Zu jener Ungleichmässigkeit der Blutvertheilung, wie sie durch die Ungleichmässigkeit der Herzarbeit bedingt wird, kann die Bradycardie selbst nicht führen, wohl aber kann sie dieselbe da, wo sie besteht, vermehren.

Eine beträchtliche Verlangsamung der Schlagfolge des Herzens wird namentlich bei der Aortenklappeninsufficienz als eine schädliche Complication anzusehen sein, weil sie die Diastolendauer vermehrt, und demnach das Rückfliessen des Blutes in den linken Ventrikel begünstigt. Sie darf auch insoferne als eine schädliche Complication der Mitralinsufficienz betrachtet werden, als die Raschheit der Systole hier wesentlich dazu beiträgt, dass das Aortensystem vergleichsweise mehr als der linke Vorhof gefüllt wird (Stricker).

Diese Betrachtung gälte allerdings nur für den Fall, als mit der Diastolendauer auch die Systolendauer sich vergrösserte, und also die systolische Zusammenziehung auch sehr langsam vor sich gehen würde. Einem Schlagmodus dagegen, bei dem die Diastolendauer grösser und zugleich die Systolendauer kürzer würde, könnte eher eine compensatorische Bedeutung zukommen. Auch der Mitralstenose, respective den durch dieselbe erzeugten Schädlichkeiten könnte ein solcher Schlagmodus des Herzens zu Gute kommen.

Solange die Tachycardie, wie erwähnt, den Blutstrom beschleunigt und die Füllung der Aorta sowohl, als der Pulmonalarterie auf Kosten der Füllung der Pulmonal- und Körpervenen begünstigt, kann sie begreiflicherweise nicht schädlich wirken.

Wenn aber, wie S. 66 bemerkt wurde, die Tachycardie eine Verlangsamung des Blutstromes und eine stärkere Füllung der beiden Venensysteme zur Folge hätte, so müsste sie namentlich jene Ungleichmässigkeit der Blutvertheilung vergrössern, die infolge der ungleichmässigen Herzarbeit entsteht.

Hiedurch wird ohneweiters verständlich, weshalb in manchen Fällen die Tachycardie zur Dyspnoe, Anschwellung der Halsvenen führt, während in anderen Fällen diese Symptome fehlen.

Als ein günstiges Ereignis kann übrigens die Tachycardie nicht aufgefasst werden, weil sie unter allen Umständen eine stärkere Abnützung des Herzens bedeutet und das Auftreten von Ermüdungs- und Erschöpfungserscheinungen befürchten lassen muss.

Die Tachycardie, namentlich die günstigere Form, d. i. jene, welche eine höhere Füllung und Spannung der Arterien zu erzeugen im Stande ist, kann auch möglicherweise zur Herzhypertrophie führen, sie kann wenigstens den Anlass zur vermehrten Füllung und Spannung, namentlich des linken Ventrikels, abgeben.

Als eine Störung der den Rhythmus und die Frequenz der Herzcontractionen regulirenden Apparate dürfen wir wohl auch die Unregelmässigkeit der Herzaction, d. i. die arhythmische Herzaction auffassen.

Die Arhythmie kann eine verschiedene sein. Es können die Herzschläge in gleichmässigem Tempo einander folgen, und diese gleichmässige Aufeinanderfolge kann durch eine längere Pause unterbrochen werden, während welcher das Herz in Ruhe verharrt. In solchen Fällen spricht man von einer Intermittenz der Herzschläge, und man bezeichnet dieselbe als wahre Intermittenz, weil hier dem Aussetzen des Pulses auch ein Aussetzen der Herzcontraction entspricht.

Es gibt aber auch eine falsche Intermittenz. Hier setzt bloss der Puls aus, aber, wie die gleichzeitige Auscultation lehrt, nicht zugleich der Herzschlag. Dieser letztere ist deutlich wahrnehmbar, nur ist die demselben entsprechende Contraction des linken Ventrikels wenigstens nicht ausgiebig genug, um jene Blutmenge in die Arterie zu befördern, die eine deutliche, wahrnehmbare Pulserhöhung veranlasst. Solche unausgibige Herzcontractionen nennt man abortive.

Ausser der intermittirenden Herzaction und dem entsprechenden intermittirenden Pulse unterscheidet man noch eine arhythmische Herzaction, respective einen arhythmischen Puls. In diesem Falle folgen die einzelnen Herzactionen nicht in gleichen, sondern in ganz verschiedenen Zeitintervallen aufeinander. Hiebei können die in ungleichen Zeitintervallen einander folgenden Herzcontractionen, respective Pulse einander gleich sein, es kann aber auch zu einem ganz regellosen Wechsel von stärkeren und schwächeren Herzcontractionen, respective grösseren und kleineren Pulsen kommen. Bei einer besonders ausgesprochenen Unregelmässigkeit im Rhythmus und der Stärke der Herzcontractionen spricht man von einem *Delirium cordis.*

Eine besondere Abart der Arhythmie ist die Allorhythmie, die sich durch eine Pulsform charakterisirt, bei welcher gewissermassen in der anscheinenden Regellosigkeit eine bestimmte Regel aufgedeckt werden kann. Hieher gehört der *pulsus alternans, bigeminus, trigeminus.*

Eine Arhythmie unter Gleichmässigkeit der Herzcontractionen und gleicher Höhe der Pulse hat man sich ungefähr in der Weise entstehend zu denken, dass zeitweilig hemmende Einflüsse ihr Uebergewicht geltend machen und den vorhandenen Rhythmus vorübergehend verzögern. Wenn diese hemmenden Einflüsse in regelmässigen Perioden eintreten, entsteht Allorhythmie, ist die Periodicität eine regellose, dann erscheint Arhythmie.

Wenn zur Arhythmie, respective Allorhythmie, auch eine Ungleichheit der Herzcontraction hinzutritt, dann, müssen wir annehmen, gesellt sich zu der einen Regulationsstörung auch eine zweite, d. i. eine Störung der regulatorischen Apparate der Herzarbeit. Es tritt

abwechselnd jener Herzzustand ein, den wir schon oft genug als Zustand
der Insufficienz kennen gelernt und erörtert haben.

Die experimentelle Prüfung der Herzgifte gewährt uns einigermassen
einen Einblick in die Entstehungs- und Wirkungsweise der Arhythmie.
Zu wichtigen Aufschlüssen führt insbesondere das Studium der Muscarinintoxication. Hier tritt nähmlich, wie schon erwähnt, unmittelbar nach
derselben eine starke Verlangsamung des Herzschlages ein, die in der
Regel durch einen länger dauernden Herzstillstand einbegleitet wird. Die
Periode der Pulsverlangsamung währt viele Minuten und an diese schliesst
sich eine zweite Periode an, während welcher das Herz unregelmässig
schlägt, der Puls also arhythmisch erscheint. Auch diese Periode der
Arhythmie dauert einige Minuten und dann wird der Puls wieder vollkommen regelmässig. Die Periode der Arhythmie ist also hier gewissermassen der sichtliche Ausdruck zweier miteinander im Kampfe befindlichen
Einflüsse, von denen der eine den Herzschlag zu verlangsamen, während
der andere denselben zu beschleunigen bestrebt ist. Zu Beginn der
Muscarinwirkung überwiegt ersterer, nach Ablauf derselben letzterer, in
dem Stadium der Arhythmie überwiegt bald der eine bald der andere. Wie
sehr beim Entstehen der Arhythmie nervöse Einflüsse von Seite der Herznerven mitspielen, lehrt die Beobachtung, dass die Acceleransreizung,
wenn man sie im Stadium der Arhythmie vornimmt, letztere nicht nur
vorübergehend, sondern dauernd aufhebt, d. i. sie beschleunigt den Eintritt des dritten Stadiums des hergestellten normalen Herzrhythmus.
Aehnliche Beobachtungen habe ich auch bei Herzen gemacht, die der
Einwirkung einer Strophantusintoxication unterlagen. Hier hob ebenfalls die Acceleransreizung eine bestehende Arhythmie auf, sie pflegte aber
auch eine solche hervorzurufen.

Ausser nach Strophantus beobachtet man nach Digitalis und
nach Antiarin das Eintreten von Arhythmie.

Die Abhängigkeit der Arhythmie von den Erregungszuständen der
mit den Herznerven verknüpften nervösen Apparate ergibt sich auch
daraus, dass die erwähnten Herzgifte sicher die Vagusapparate im Herzen
erregen.

Allem Anscheine nach bildet sich also durch Herzgifte ein
wechselnder Erregungszustand der den Rhythmus des Herzens be-
einflussenden regulatorischen Apparate aus, und diesen Erregungswechsel können wir, im Vergleiche mit dem Zustande gleichmässiger
Erregung, der auf eine normale Function dieser Apparate hindeutet und
der zu einem regelmässigen Rhythmus führt, als eine Regulationsstörung betrachten.

Ein solcher wechselnder Erregungszustand dürfte auch durch Herzgifte in jenen Apparaten hervorgerufen werden, die nach früheren Auseinandersetzungen den Contractionsmodus, respective die Elasticität des

Herzens beeinflussen, denn zur ungleichen Aufeinanderfolge der Herzschläge gesellt sich auch, und zwar nicht so sehr bei der Muscarinintoxication, als bei der Intoxication durch Digitalis und Strophantus, eine Ungleichmässigkeit der Herzaction.

Einer solchen arhythmischen und zugleich ungleichmässigen Herzaction begegnen wir nicht bloss in dem oben erwähnten Stadium der günstigen, sondern auch in dem Stadium der ungünstigen Digitalis- und Strophantuswirkung.

Der wechselnde Erregungszustand, auf welchen wir die Ungleichmässigkeit der Herzaction beziehen, und den wir gleichfalls im Sinne einer Regulationsstörung auffassen dürfen, begreift sich leicht, wenn man sich vorstellt, dass die verschiedenen, durch Herzgifte erzeugten und schon besprochenen Herzzustände sich nicht in continuirlicher, sondern discontinuirlicher Weise entwickeln, und wenn man sich weiters vorstellt, dass sie, zur Entwicklung gelangt, nicht absolut gleichmässig fortbestehen, kurz, dass der durch die Herzgifte erzeugte Zustand des Herzens kein stabiler, sondern im Sinne früherer Betrachtungen ein labiler ist.*)

Die Vorstellungen, die sich aus dem Studium der toxischen Arhythmie im Thierversuche ergeben, lassen sich ohneweiters auch für die toxische Arhythmie des Menschen verwerten, also für die Arhythmie, die durch Nicotin, Kaffee, Chloroform etc. entsteht.

Ebenso dürfen wir sie für jene Fälle verwerten, wo die Arhythmie auf centrale Reizung von Herznerven, und zwar directe sowohl als reflectorische, zurückgeführt werden kann. Hieher gehören die Arhythmien die die Meningitis, Hirntumoren etc. begleiten, oder durch starke Hautreize, wie kalte Bäder, Douchen entstehen.

Für die Entstehung von Arhythmien nicht nachweisbaren centralen oder toxischen Ursprungs dürfen wir die allgemeine Vorstellung geltend machen, dass die Ursachen für den wechselnden Erregungszustand nicht wie früher, d. i. bei der toxischen und central bedingten Arhythmie, in den Erregern, sondern in den erregbaren Apparaten zu suchen seien. Hatten wir uns nähmlich früher vorzustellen, dass die Herzgifte oder die centrale Reizung von Herznerven zunächst den Wechsel, respective die Störung der regulatorischen Apparate bedingen, so müssen wir uns jetzt vorstellen, dass die Erregbarkeit der regulatorischen Apparate für den Herzrhythmus selbst durch Erkrankung oder Ernährungsstörung derart

---

*) Ich habe schon früher von labilen Zuständen des Herzens gesprochen, die zeitweise auftreten können. Die Labilität, von der hier die Rede ist, und die zur Ungleichmässigkeit der Herzarbeit führt, darf man sich von der früheren, die eine vorübergehende Insufficienz der Ventrikel von längerer oder kürzerer Dauer veranlasst, nicht wesentlich verschieden vorstellen. Nur die Grösse des Zeitintervalls, in der sich der Wechsel der Herzarbeit vollzieht, unterscheidet die eine Form der Labilität von der andern.

verändert wurde, dass die Reizreaction, als solche kann man ja die Art
der Herzbewegung auffassen, so ausfällt, als ob die Erreger selbst sich
geändert hätten.

Die durch das Thierexperiment erwiesene Thatsache, dass die
Arhythmie sowohl die günstige, als die ungünstige Wirkung der Herzgifte
begleitet, führt uns weiter zu der Ueberlegung, dass wir aus einer
Arhythmie, die wir am Menschen beobachten, nicht unbedingt auf einen
ungünstigen Herzzustand, d. i. einen solchen, dem eine tiefere Erkrankung
zu Grunde liegt, schliessen müssen; sie lehrt uns aber auch zugleich, dass
die Arhythmie, die übrigens im Thierversuche häufig genug prämortal, d. i.
als Anzeichen des herannahenden Herztodes auftritt, manchmal als ein Merkmal tieferer und schwerer Herzerkrankungen anzusehen sei.

Noch ein anderer Thierversuch, der übrigens hier schon zu wiederholten Malen vorgeführt wurde, liefert uns weitere Anhaltspunkte für das
Verständnis der Arhythmie.

Bei erhöhter Spannung der Herzwand infolge des erhöhten Widerstandes in der Aortenbahn, also bei Aortencompression, peripherer
Splanchnicusreizung, beobachtet man nicht selten Arhythmien, und zwar
nicht bloss dann, wenn die *Nn. vagi* erhalten sind, d. i. wenn der durch
die hohe Blutspannung gesteigerte Hirndruck die Vagusapparate im Herzen
zur Erregung bringt, sondern mitunter auch dann, wenn die *Nn. vagi*
durchschnitten sind. Die Spannung der Herzwand kann also einen Zustand
von discontinuirlichem Erregungswechsel, d. i. einen Zustand von
discontinuirlicher Labilität, im Herzen hervorrufen, und auf diese
Weise Arhythmie erzeugen. Dieser Zustand muss uns übrigens begreiflich
erscheinen, da wir bereits wissen, dass die Spannung der Herzwand dieselbe insufficient machen, d. i. sie in einen Zustand continuirlicher
Labilität versetzen kann.

Die hohe Spannung scheint übrigens das Auftreten der Arhythmie
und Ungleichmässigkeit der Herzaction namentlich dann zu begünstigen,
wenn das Herz zu der Zeit, wo es unter höhere Spannung gesetzt wird,
sich nicht mehr in vollkommen normalem Zustande befindet, sondern
einigermassen geschädigt erscheint. Hiefür spricht die dem Thierversuche
entnommene Thatsache, dass Beide sich nur am deutlichsten offenbaren,
wenn man einem mit Chloralhydrat vergifteten Thiere die Aorta comprimirt (Heidenhain). Dass das Chloralhydrat als ein das Herz schädi-
gendes Gift zu betrachten ist, darauf habe ich schon früher hingewiesen.

Diese experimentelle Thatsache führt wieder zu der klinisch ver-
wertbaren Ueberlegung, dass die hohe Herzspannung eine Entstehungsursache für die Arhythmie abgeben kann, dann namentlich, wenn die gespannte Herzwand schon Aenderungen pathologischer Natur erlitten hat.

Das bisher Gesagte galt der Natur und Entstehungsweise der
Arhythmie und ungleichmässigen Herzaction.

Die Art und Weise, wie Beide den Kreislauf beeinflussen, ist ohneweiters verständlich. Die Arhythmie als solche kann nur im Sinne einer Pulsverlangsamung wirken; ist sie aber mit einer Ungleichmässigkeit der Herzarbeit combinirt, so wird sie je nach Umständen im Sinne einer Herzinsufficienz wirken. Halten wir uns diesbezüglich die beiden Stadien der Digitaliswirkung vor Augen, so leuchtet ohneweiters ein, dass eine Arhythmie, die unter Bedingungen auftritt, wie sie im ersten Stadium der Digitaliswirkung bestehen, weder eine Stauung im grossen, noch eine solche im kleinen Kreislaufe hervorrufen wird, während eine Arhythmie, die der des zweiten Stadiums der Digitaliswirkung entspricht, zunächst von den Symptomen einer Stauung im kleinen Kreislaufe begleitet sein wird. Es ist aber ebensogut der Fall denkbar, dass die Symptome der Stauung im grossen Kreislaufe mehr in den Vordergrund treten, dann nämlich, wenn der rechte Ventrikel vergleichsweise mehr insufficient ist als der linke.

Die primäre Insufficienz der Ventrikel ohne gleichzeitig bestehende Arhythmie kann ebenfalls im Sinne einer Störung der Regulationsapparate der Herzarbeit aufgefasst werden. Die Entstehungs- und Wirkungsweise derselben ist schon früher ausführlich besprochen worden und brauche ich auf dieselbe nicht mehr zurückzukommen.

Die sogenannten vasomotorischen Störungen, d. i. die dauernde Erweiterung oder Verengerung der Gefässe in bestimmten Gefässgebieten, können wir je nach Umständen im Sinne einer Regulationsstörung oder im Sinne einer Compensationsstörung auffassen.

Wir werden eher geneigt sein, von einer Regulationsstörung zu sprechen, wenn wir Grund haben, die dauernde Erweiterung oder Verengerung der Gefässe auf Veränderungen der Gefässwand selbst zu beziehen; wir werden aber eher von einer Compensationsstörung sprechen, wenn Gründe vorliegen, die vermuthen lassen, dass die vorhandene Gefässerweiterung oder Gefässverengerung reflectorischen Einflüssen pressorischer oder depressorischer Natur ihre Entstehung verdankt.

Verschieden von dieser Art der Compensationsstörung, die wir auf eine Innervationsstörung der Gefässnerven zu beziehen haben, ist jene, die von einer Innervationsstörung der Herznerven ausgeht.

Eine derartige Compensationsstörung würde eventuell da vorliegen, wo der hohe Arteriendruck nicht im Stande ist, eine Pulsverlangsamung, und wo umgekehrt der niedrige Arteriendruck nicht im Stande ist, eine Pulsbeschleunigung nach sich zu ziehen.

Ueber die Störung der Accommodation, soweit dieselbe das Herz betrifft, habe ich früher ausführlich genug in den Capiteln, die von den Herzfehlern und in dem Capitel, das von der secundären Insufficienz der Ventrikel handelt, gesprochen.

Die Accommodation der Gefässe, soweit es sich um ihre Fähigkeit

handelt, sich einer grösseren Füllung anzupassen, kann, wie wir uns vorstellen dürfen, durch die sklerotische Erkrankung derselben eine Störung
erleiden. Auf Grund dieser Vorstellung wäre es wenigstens verständlich,
dass unter Umständen eine *Plethora universalis* von einer Erhöhung der
Drücke in sämmtlichen Gefässgebieten begleitet werden könnte. In einem
solchen Falle würden also im Kreislaufe dieselben Aenderungen vor sich
gehen, wie sie der Versuch am Kreislaufmodelle S. 33, I. Abschnitt 7
aufdeckt. Diese Aenderungen könnten leicht zu Symptomen führen, die im
Gefolge einer stärkeren Füllung der Lungengefässe und im Gefolge einer
starken Anfüllung der Venen sich ausbilden.

Wenn jene Accommodationseinrichtungen einer Störung unterliegen,
welche die Gefässe befähigen, sich einer geringeren Füllung derart anzupassen, dass der arterielle Druck sich noch auf einer, von der normalen
nicht zu sehr abweichenden Höhe erhalten kann, dann muss der Druck
in allen Gefässgebieten herabsinken, wie im Modellversuche S. 33, I. Abschnitt 7, d. h. es müssen Kreislaufbedingungen entstehen, die den Fortbestand der Ernährung, der Gehirnfunction etc. gefährden.

XIV.
Bemerkungen über die allgemeinen Aufgaben der Therapie der Herz- und Gefässerkrankungen.

Das Ziel, welches wir bei der Behandlung der Herz- und Gefäss-
erkrankungen anzustreben haben, muss im Allgemeinen dahin gerichtet
sein, zunächst jene Störungen möglichst aufzuheben, welche eine
Ungleichmässigkeit der Herzarbeit hervorrufen, und hiemit
jene Aenderungen zu beseitigen, welche den früheren Ausführungen
gemäss zu Stauungen im grossen und kleinen Kreislaufe führen.
Es müssen bei der Behandlung auch jene Störungen berücksichtigt werden,
durch welche die Blutvertheilung im grossen Kreislaufe in einer Weise
geändert scheint, die der Ernährung und Function wichtiger Organe ab-
träglich ist. Eine weitere Aufgabe der Behandlung besteht darin, die veränderte Blutbeschaffenheit möglichst zur Norm zurückzuführen.

Da die Ungleichmässigkeit der Herzarbeit durch Störung der Regu-
lations- und Accommodationsapparate bedingt ist, so muss die Behandlung
die Beseitigung dieser Art von Störung anstreben.

Der verlangsamte Puls soll, wenn möglich, in einen schnelleren verwandelt, und ebenso soll die Arhythmie, insofern sie einer Pulsverlangsamung gleichkommt, beseitigt werden. Bei der Auswahl der therapeutischen Methoden, die hier zur Anwendung kommen sollen, wird man sich
von der Ueberlegung leiten lassen müssen, wo die Ursachen zu suchen
sind, die dieser Art von Regulationsstörungen zu Grunde liegen, denn
es versteht sich von selbst, dass eine Verlangsamung des Herzschlages,

die muthmasslich auf Schwächezuständen beruht, in anderer Weise zu behandeln ist, als eine solche, die auf Innervationsstörungen zurückzuführen ist. In ersterem Falle wird die Behandlung eine allgemeine sein, in letzterem Falle wird dieselbe sich gewisser Medicamente, die etwa den Vagustonus aufheben, wie Atropin, bedienen, oder sie wird trachten, gewisse Einflüsse, die auf reflectorischem Wege, und zwar durch Erzeugung einer hohen Arterienspannung, die Pulsverlangsamung hervorrufen, wie Auftreibung des Magens, der Gedärme, Stuhlverstopfungen etc. aufzuheben; sie kann endlich den Versuch unternehmen, durch reflectorische Einflüsse verschiedener Art, wie Baden, Hautreize, Muskelbewegung, die Nervencentren, welche die Frequenz des Herzschlages beschleunigen, in erhöhte Action zu versetzen.

Von ähnlichen Erwägungen wird die Behandlung der Pulsbeschleunigung auszugehen haben. Hier wird aber erst die Vorfrage zu erledigen sein, ob es überhaupt geboten, respective räthlich sei, dieselbe in eine Pulsverlangsamung zu verwandeln. Ich erinnere diesbezüglich an die früher vorgebrachte Betrachtung, dass die Pulsbeschleunigung unter Umständen, d. i. namentlich bei Herzfehlern, günstigere Kreislaufbedingungen erzeugen könne. Wenn dies der Fall, wird man selbstverständlich die Pulsbeschleunigung ruhig bestehen lassen. Ich möchte bei dieser Gelegenheit des Besonderen betonen, dass man, wie ich meine, nur dann therapeutisch richtig vorgeht, wenn man nicht die isolirte Erscheinung als solche, sondern den Connex derselben mit anderen in Betracht zieht. Mit anderen Worten, man darf nicht Alles um jeden Preis behandeln wollen.

Jene Form von Pulsbeschleunigung, die, wie angegeben wurde, eher im Sinne einer Pulsverlangsamung, also schädlich wirkt, muss in jedem Falle der Behandlung unterzogen werden.

Als souveränes Mittel bewährt sich in der Regel die Application von Kälte, doch ist hier auch an die Verabreichung von Herzmitteln, ebenso an Narcotica, Brompräparate etc. zu denken.

Die Störung der Regulation der Herzarbeit, sei es, dass sie mit oder ohne Arhythmie, respective Ungleichmässigkeit der Herzcontraction auftritt, und von der früher unter der Bezeichnung primäre Insufficienz die Rede war, und die in den Lehrbüchern als Herzschwäche, Asystolie, *weakened heart, heart starvation* angeführt wird, muss unter allen Umständen der Behandlung unterzogen werden. Auch hier wird dieselbe in erster Reihe das ursächliche Moment berücksichtigen müssen.

Bei primären Insufficienzen, die auf Innervationsstörungen bezogen werden können, wird man vorerst versuchen müssen, diesen letztern in irgendwelcher Weise beizukommen, zunächst dadurch, dass man Alles beseitigt, was eine solche hervorrufen kann. Anderseits kann der Versuch unternommen werden, durch eine vorsichtige Art von Ab-

härtung die vorhandene Erregbarkeit herabzusetzen; zu gleichem Zwecke
können auch Medicamente, wie Narcotica, Brompräparate in Anwendung
gebracht werden.

Ein besonderes Augenmerk hat man hier der bestehenden Pulsspannung zuzuwenden. Wenn diese niedrig ist, muss man trachten, dieselbe durch leichte Hautreize oder durch Strychnin, eventuell durch Herzmittel zu erhöhen.

Wenn man annehmen darf, dass die primäre Insufficienz auf einer
Erkrankung des Herzens beruht, so wird man zunächst festzustellen haben,
ob dieselbe nur als der Ausdruck einer allgemeinen Erkrankung zu gelten
hat, oder ob es sich um eine specielle Erkrankung des Herzens selbst
handelt.

Das gleichzeitige Bestehen von Herzfehlern erleichtert die Beantwortung dieser Frage insofern, als bei Anwesenheit derselben eher
eine specielle Herzerkrankung angenommen werden darf. Der Herzfehler
als solcher entzieht sich selbstverständlich jeder Behandlung.

Als allgemeine Erkrankungen, welche das Herz in Mitleidenschaft
ziehen, sind zu erwähnen Infectionskrankheiten, wie Typhus, Diphteritis,
dann Pneumonie und Lipomatose. Im Gefolge des Gelenksrheumatismus
treten specielle Herzerkrankungen auf. Ueber die Behandlung allgemeiner
Erkrankungen hier zu sprechen, würde mich zu weit führen. Ich will nur
betonen, dass man oft genug genöthigt wird, mit der allgemeinen Behandlung auch die specielle des Herzens zu verbinden.

Die Herzmittel spielen hier die wichtigste Rolle, weil sie den Contractionsmodus des Herzens günstiger gestalten. Da aber, wie der Thierversuch lehrt, die Contraction des Herzens auch durch reflectorische Erregung
der Herznerven begünstigt werden kann, so erscheint die Anwendung von
therapeutischen Methoden gerechtfertigt, welche eine solche reflectorische
Einwirkung ermöglichen. Die körperliche Bewegung, active und passive
Gymnastik, können in diesem Sinne günstig wirken, weil sie auf dem Wege
der sensiblen Muskelnerven derartige reflectorische Reize dem Herzen zuführen können; in gleichem Sinne dürften auch Hautreize, also Bäder,
hydriatische Proceduren wirken, indem sie auf dem Wege der sensiblen
Hautnerven das Herz günstig beeinflussen.

Diese Art der Behandlung erstreckt sich immer auf das ganze Herz,
denn bisher wenigstens kennen wir keine Mittel, die nur den einen oder
den andern Herzabschnitt, d. i. das linke oder rechte Herz besonders beeinflussen.

Nichtsdestoweniger muss die Behandlung das Vorwiegen der
Insufficienz des linken oder rechten Ventrikels insofern berücksichtigen,
als sie darauf bedacht sein muss, bei vorwiegender Stauung im kleinen
Kreislaufe die Athmung zu erleichtern, während sie bei vorwiegender
Stauung im grossen Kreislaufe der Hebung, respective Beförderung der

Secretion, vorzüglich der Nierensecretion, ihre Aufmerksamkeit zuwenden muss. Nach dieser letzteren Richtung hat sich in neuerer Zeit der Gebrauch des Calomels bewährt.

Durch eine Störung der das Gefässlumen regulirenden Apparate kann es, wie erwähnt, zu einer Erweiterung oder Verengerung derselben kommen.

Ein therapeutisches Eingreifen wird nach den früheren Betrachtungen besonders da angezeigt erscheinen, wo eine bedeutende Erweiterung der Gefässe des Pfortadergebietes zur Blutverarmung der andern, oder wo umgekehrt eine starke Verengerung der Gefässe des Pfortadergebietes zu einer übergrossen Füllung der übrigen Gebiete führt.

Die erstere Veränderung würde dem gleichkommen, was man in der Praxis als *Plethora abdominalis* zu bezeichnen pflegt. Ein solcher Zustand müsste sich vor allem durch eine erhebliche Erniedrigung des Arteriendrucks offenbaren.*) Die schädlichen Wirkungen dieser Regulationsstörungen betreffen nicht direct das Herz, sie tragen wenigstens nicht zu einer Insufficienz desselben bei, sie äussern sich, wie wiederholt werden soll, nur in Symptomen, die durch die Blutleere des Gehirns etc. entstehen.

Die Behandlung muss hier eine Steigerung der Erregbarkeit der vasomotorischen Apparate auf dem Wege des Reflexes oder durch Medicamente herbeizuführen suchen und sie muss trachten, durch Eingriffe localer Natur, wie etwa durch Anregung der Darmperistaltik, durch Beseitigung bestehender Schleimhautcatarrhe des Magens und der Gedärme, durch Einwirkung thermischer Reize, Massage, Electricität etc., die Blutfüllung des Pfortadergebietes zu beseitigen.

Die Behandlung der Gefässerweiterung wird ferner darauf Rücksicht zu nehmen haben, dass hier auch jene Art von Compensation, durch die der niedere arterielle Blutdruck in einen höhern verwandelt wird, als gestört angesehen werden darf, und dass ebenfalls aus diesem Grunde reflectorische Reizmittel in Anwendung zu ziehen sind.

Da die Gefässverengerung, namentlich diejenige, die das Pfortadergebiet betrifft, nicht bloss die Blutfülle und Blutspannung in den von der Verengerung nicht ergriffenen Gefässgebieten steigert, sondern durch die Spannung der Wand des linken Ventrikels eine secundäre Insufficienz desselben erzeugen kann, so muss die Behandlung trachten, die Blutfülle

---

*) Auch eine Behinderung des Blutstromes in der *Vena portae* kann zu einer Blutüberfüllung der Gefässe des Pfortadergebietes führen. Die Vorstellung für das Zustandekommen einer derartigen Blutfülle der Unterleibsorgane gewinnt man durch den Thierversuch, welcher lehrt, dass nach Unterbindung der *Vena portae* der Arteriendruck sinkt. Dieses Sinken ist darauf zu beziehen, dass sich grosse Blutmengen im Pfortadergebiete anhäufen, daselbst stagniren, und so für den allgemeinen Kreislauf, selbstverständlich auch für die Füllung der Arterien verloren gehen.

nicht bloss ihretwillen und wegen der directen Folgen derselben, d. i. wegen der Congestion, Gefässzerreissung etc., sondern auch wegen der Mitleidenschaft des Herzens zu beseitigen.

Es muss also der hohe Arteriendruck beseitigt werden, zunächst selbstverständlich dadurch, dass man die Ursachen fernehält, die ihn zur Steigerung brachten. Zu diesen Ursachen gehören körperliche und gemüthliche Aufregungen, übermässiger Genuss von Alkohol, Kaffee und Nicotin, Bleiintoxication, üppige Lebensweise etc. Die Anregung starker Darmsecretion durch Abführmittel scheint vorzüglich zu jenen Mitteln zu gehören, durch welche der hohe arterielle Blutdruck herabgesetzt werden kann. Auch hier wird man an die Compensationsvorgänge, die einen hohen Blutdruck in einen niedrigen verwandeln, und an deren therapeutische Ausnützung zu denken haben.

Wenn durch Gefässverengerung das Herz in Mitleidenschaft gezogen wird, so geschieht dieses nach den früheren Betrachtungen durch eine Accommodationsstörung desselben.

Bei der Behandlung einer Accommodationsstörung werden wir im Einklange mit dem eben Gesagten zuerst die Beseitigung der Herzspannung ins Auge zu fassen haben. Schonung und Ruhe des Herzens bilden also hier unter Umständen die Hauptaufgaben der Therapie. Dieselben werden namentlich da geboten erscheinen, wo die hohe Herzspannung durch körperliche Ueberanstrengung entstand, sie sind aber auch nicht in jenen Fällen ausser Acht zu lassen, wo pathologische Widerstände, wie die Arteriosklerose zur höheren Herzspannung Veranlassung geben. Nebstbei wird man die Arteriosklerose selbst zu behandeln haben, indem man die hauptsächlichste Ursache derselben, d. i. den Alkoholgenuss, möglichst reducirt. In letzter Zeit wird auch den Jodpräparaten nachgerühmt, dass sie auf die Arteriosklerose direct einwirken.

Ist die Accommodationsstörung eine ständige geworden, oder befindet sich das Herz in jenem Zustande, den ich als den der Labilität bezeichnet habe, so wird man durch Herzmittel den Contractionsmodus desselben günstiger zu gestalten versuchen müssen. Auf das gleiche Ziel kann man auch durch vorsichtige Anwendung von Hautreizen oder jenen, die durch leichte körperliche Bewegung geliefert werden, lossteuern. Jedenfalls wird man mit diesem letzteren Eingriffe bei der secundären Insufficienz des Herzens noch viel vorsichtiger verfahren müssen, als bei der primären Insufficienz. Denn die Erzeugung einer höheren Herzspannung kann eventuell der primären Insufficienz zu Gute kommen, weil sie die Füllung der *Art. coronaria cordis*, und hiemit die Ernährung des Herzens begünstigt, während die Erzeugung einer höheren Herzspannung sehr nachtheilig auf die secundäre Insufficienz einwirken kann. In diesem Sinne scheint es erklärlich, dass dieselbe planmässige körperliche Uebung, die

für die primäre Insufficienz eventuell von Nutzen sein kann, die secundäre Insufficienz ungünstig beeinflusst.

Von den Accommodationsstörungen der Gefässe scheint besonders jene von Wichtigkeit, welche dieselbe um die Fähigkeit bringt, sich der
vermehrten Füllung ohne eine Steigerung ihrer Spannung anzupassen.
Denn in einem solchen Falle kann es, wie ich früher bemerkt habe, zu
einer *Plethora universalis* und deren oberwähnten Folgeerscheinungen
kommen. Hier kann die Verminderung der Blutmasse durch Ent-
ziehung von Getränken einen therapeutischen Wert besitzen.
Solange aber die Gefässe nach dieser Richtung ihre Accommodationsfähigkeit
bewahrt haben, kann man einer solchen therapeutischen Massnahme keinen
besonderen Wert beimessen.

Wenn die Accommodationseinrichtungen gestört sind, welche die
Gefässe befähigen, sich einer geringeren Füllung, respective einer ver-
minderten Blutmenge anzupassen, dann bleibt wohl nichts übrig, als die
Blutmenge durch Infusion zu vermehren.

Eine Therapie, die von derartigen Betrachtungen, wie die eben vorgebrachten, sich leiten lässt, ist in erster Reihe insofern eine symptoma-
matische, als sie die Symptome, respective das Verständnis derselben
zum Ausgangspunkte jener Ueberlegung nimmt, welche dem therapeutischen
Plane zu Grunde liegen soll. Sie ist zugleich eine rationelle, weil sie
sich der *ratio* bewusst zu werden trachtet, die dem jeweiligen therapeutischen Eingriffe zu Grunde liegen soll. Sie ist auch insofern eine empi-
rische, als sie sich auf Erfahrungen über die Wirkungsweise der therapeutischen Eingriffe zu stützen vermag, sie darf aber keine grob empiri-
sche sein, in dem Sinne, dass sie sich einzig und allein auf die Erfahrung
stützt, wie in dem oder jenem früheren Fall der oder jener therapeutische
Eingriff gewirkt hat.

In solchem Geiste getrieben, ist Behandeln im Wesentlichen nichts
anderes als Experimentiren. Man muss selbstverständlich vorsichtig,
aber auch so experimentiren, dass man nicht bloss den Ausgang des Experimentes abwartet, sondern in stetem Studium
genau den Aenderungen folgt, die mitten im Experimente eintreten.

Das Verfolgen dieser Aenderungen im Verlaufe des therapeutischen
Experimentes muss den wichtigsten Wegweiser für unser therapeutisches
Handeln abgeben. Der Verlauf erst muss uns lehren, ob der vorgefasste
therapeutische Plan ein richtiger, ob derselbe weiter zu verfolgen, zu
ändern oder aufzugeben sei.

Mit anderen Worten, richtig behandeln heisst richtig beobachten, und richtig beobachten heisst nicht bloss die Erscheinungen wahrnehmen, sondern sie durchblicken, d. i. sie

mit Bezug auf ihre Entstehung und Fortentwicklung gründlich
beurtheilen.

Der Arzt muss bei der Behandlung nicht bloss mit vorherzusehenden,
sondern auch mit unvorhergesehenen Thatsachen zu rechnen wissen, und
seine Kunst und Einsicht sind umso grösser, je weniger er sich von letzteren überraschen lässt.

k. u. k. Hofbuchdruckerei Jos. Feichtingers Erben, Linz.